T0220329

Makromoleküle I

Helmut Ritter

Makromoleküle I

Von einfachen Chemierohstoffen zu Hochleistungspolymeren

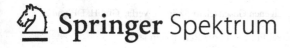 Springer Spektrum

Helmut Ritter
Universität Düsseldorf
Düsseldorf, Deutschland

ISBN 978-3-662-55955-0   ISBN 978-3-662-55956-7   (eBook)
https://doi.org/10.1007/978-3-662-55956-7

Die Deutsche Nationalbibliothek verzeichnet diese Publikation in der Deutschen Nationalbibliografie; detaillierte bibliografische Daten sind im Internet über http://dnb.d-nb.de abrufbar.

Springer Spektrum
© Springer-Verlag GmbH Deutschland, ein Teil von Springer Nature 2018

Verantwortlich im Verlag: Rainer Münz
Einbandabbildung: © Thomas Oldenburg, Target Systemelektronik

Gedruckt auf säurefreiem und chlorfrei gebleichtem Papier

Springer Spektrum ist ein Imprint der eingetragenen Gesellschaft Springer-Verlag GmbH, DE und ist ein Teil von Springer Nature
Die Anschrift der Gesellschaft ist: Heidelberger Platz 3, 14197 Berlin, Germany

Vorwort

Das vorliegende Buch ist ein Vorlesungsskript zum Thema „Kunststoffe" und richtet sich an Studierende der Chemie, Physik, Biologie, Ingenieurwissenschaften und Medizin sowie an Anwender, mit den Zielen:

- Grundlagen nachhaltig zu erlernen,
- Zusammenhänge zu verstehen und kreativ weiterzuführen,
- Forschungsvorhaben und Entwicklungen anzustoßen.

Was ist anders an diesem Buch?
Dieses Buch habe ich verfasst, um meine persönliche Freude und immer wieder neue Begeisterung an der Chemie, insbesondere an der Polymerchemie, an interessierte Menschen weiterzugeben. Ich möchte versuchen, diese Faszination mithilfe des vorliegenden Buches zu vermitteln. Sie trägt dazu bei, Probleme zu erkennen, neue Erkenntnisse zu gewinnen und praktische Fortschritte zu ermöglichen. Gerne vergleiche ich die Welt der Chemie mit dem Schachspiel. Erst wenn man die Figuren und Züge genau kennt, kann man anfangen Schach zu spielen. Genau wie in der Chemie gibt es Strategien, Rückschläge und Erfolge.

Das Erlernen und Verstehen von Grundlagen und komplexen Zusammenhängen im Bereich der Polymerwissenschaften ist die Basis, um durch kreativ geplante Experimente wirklich Neues schaffen zu können.

Ein Lehrbuch stellt allgemein ein klassisches, aber grundsätzlich geeignetes Medium dar, das dazu beiträgt, diese Basis zu liefern. Für die Studierenden ist es natürlich mühsam, sich in die spezielle Materie der Polymerchemie einzufinden, und es erfordert Geduld. Es muss es daher spannend sein, um bald zu begreifen, dass das nachhaltig Erlernte später vielseitig angewendet werden kann.

Auf dem Gebiet der Polymerchemie gibt es viele Journale, Patentschriften und Tabellenwerke und das Internet mit unterschiedlichen Schwerpunkten und Darstellungsarten. Und es gibt übergreifende Lehrbücher. Brauchen wir daher noch ein weiteres Lehrbuch? Wenn ja, dann sollte es andersartig sein. Was ist nun speziell an diesem Lehrbuch anders? Hier meine kurze Antwort: Ich habe dieses Buch mit einer persönlichen Note versehen, auch in Erinnerung an die eigenen

Schwierigkeiten während des Chemiestudiums. Insofern trägt dieses Buch in mehrfachem Sinne meine „persönliche Handschrift".

- Es sind einerseits die handschriftlichen Tafelbilder, die meiner langjährigen Vorlesung entnommen wurden, in der ich stets mit Tafel, Kreide und Wischlappen gearbeitet habe. Klassische Abbildungen, Schemata und Tabellen erscheinen deshalb hier als Tafelbilder und werden insofern auch als „Tafel X.Y" bezeichnet. Die individuellen Tafelbilder meiner akademischen Lehrer sind mir für lange Zeit im Gedächtnis geblieben.
- Außerdem sind es neben fachlichen Erläuterungen die Erzählungen kleiner, zum Teil auch persönlicher Geschichten, die zur Veranschaulichung bestimmter Inhalte beitragen sollen.
- Meine „persönliche Handschrift", bedingt durch meine Zeit in der Industrie, drückt sich zudem in meinem Anliegen aus, Interesse für die Herkunft der für die Kunststoffindustrie notwendigen Grundchemikalien zu wecken. PVC oder Styrol wächst nun mal nicht auf Bäumen. Im Gegensatz zu anderen Lehrbüchern auf diesem Sektor möchte ich praktisch relevante Synthesen einbeziehen und erklären, weshalb bestimmte Kunststofftypen wirtschaftlich und auch wissenschaftlich besonders erfolgreich sind.

Dieses Buch kann und soll andere Lehrbücher, die zum Teil umfangreicher sind und andere Schwerpunkte beinhalten, nicht ersetzen, sondern sie lediglich ergänzen. Es ist mein Anliegen, das Erlernen, Verstehen und Anwenden der sehr spannenden, sich dynamisch weiter entwickelnden Polymerwissenschaften durch die persönlichen Komponenten zu erleichtern.

Helmut Ritter

Inhaltsverzeichnis

Einführung

1

1.1 Hinweise auf Lehrbücher

1. Koltzenburg S, Maskos M, Nuyken O (2014) Polymere: Synthese, Eigenschaften und Anwendungen. Springer-Spektrum, Berlin/Heidelberg
2. Braun D, Cherdron H, Rehahn M, Ritter H, Voit B (2013) Polymer Synthesis: Theory and Practice, Fundamentals, Methods, Experiments. 5. Aufl. Springer, Berlin/Heidelberg
3. Tieke B (2014) Makromolekulare Chemie. Eine Einführung. 3. Aufl. Wiley VCH, Weinheim
4. Lechner MD, Gehrke K, Nordmeier EH (2014) Makromolekulare Chemie. Ein Lehrbuch für Chemiker, Physiker, Materialwissenschaftler und Verfahrenstechniker. Springer, Berlin/Heidelberg
5. Odian G (2004) Principles of Polymerization. 4. Aufl. Wiley, New York
6. Vollmert B (1979) Grundriss der makromolekularen Chemie in fünf Bänden. Vollmert-Verlag, Karlsruhe (antiquarisch)

Sonstiges: Patente, Zeitschriften und umfangreiche Sach- und Literaturinformationen aus dem Internet.

1.2 Wirtschaftliche Bedeutung von Kunststoffen

Materialien spielten für die Menschheit von jeher eine wesentliche Rolle, sodass ganze Epochen danach benannt wurden, beispielsweise die Steinzeit, Bronzezeit oder Eisenzeit. Die Neuzeit darf aus gutem Grunde als „Kunststoffzeitalter" bezeichnet werden.

Moderne Kunststoffe werden heutzutage überwiegend aus Erdöl gewonnen. Erdöl ist aber nicht nur Rohstoff für die Chemie, sondern überwiegend auch Energielieferant. So wird importiertes Erdöl leider zu über 90 % verbrannt und steht nur zu

© Springer-Verlag GmbH Deutschland, ein Teil von Springer Nature 2018
H. Ritter, *Makromoleküle I*, https://doi.org/10.1007/978-3-662-55956-7_1

ca. 10 % für die Großchemie zur Verfügung. Im Zuge der weltweit angespannten Energiesituation besteht natürlich ein großes Interesse darin Erdöl einzusparen. Hier spielen Kunststoffe, die ja aus Erdöl gewonnen werden, indirekt eine wichtige Rolle. Die perfekt aufgebauten Schäume zur Isolierung von Häusern und Kühlzellen helfen ein Vielfaches der eingesetzten Erdölmenge einzusparen. Der moderne Leichtbau von Fahrzeugen und Flugzeugen ist ohne Kunststoffelemente nicht denkbar. Somit konnte der Benzinverbrauch durch die Gewichtsreduzierung nachhaltig gesenkt werden. Auch bei der Herstellung von langlebigen Produkten aus Kunststoffen, z. B. von Abwasserohren aus PVC, wird für den gleichen Zweck erheblich weniger Energie benötigt als bei alternativer Nutzung von klassischen Materialien. Dies gilt z. B. für Abwasserrohre aus Ton oder Metall mit gleicher Funktion. Ton muss unter Aufbringung erheblicher Mengen an Primärenergie zur Verfestigung gebrannt werden. Für die Herstellung von Gegenständen aus Eisen gilt Ähnliches, denn erst durch energieintensive Reduktion von Eisenoxiden und Schmelzen des Roheisens bei hohen Temperaturen wird die gewünschte Form erhalten.

Neben den Massengrundstoffen spielen Spezialanwendungen wirtschaftlich heutzutage eine zunehmende Rolle. Durch die alternde Bevölkerung sind im medizinischen Bereich spezielle Materialien nachgefragt, z. B. Knochenzemente, Prothesen, Gehhilfsmittel, Augenlinsen usw. Auch im Dentalbereich sind große Fortschritte erzielt worden; so wurde z. B. der Ersatz von Amalgam erst durch Einsatz von Kunststoffen möglich. Um die Lebensqualität von Kranken und Gebrechlichen zukünftig weiter zu verbessern, bedarf es weiterer Entwicklungen.

Die in den letzten Jahren rasant erfolgte Entwicklung der Mikroelektronik und der Bilddarstellung wäre ohne Kunststoffe, zu denen auch Beschichtungen und Klebstoffe zählen, undenkbar gewesen. Zwar werden hier nur kleine Mengen verarbeitet, die aber werden hochpreisig gehandelt. Lacke dienen dazu, langlebiger Gebrauchsgüter, wie Eisen vor Säure oder oxidativem Angriff zu schützen. Klebstoffe vereinfachen die Produktion komplexer Bauteile und senken damit die Herstellungskosten.

1.3   Geschichtliches

Einige bedeutende Daten der Kunststoffchemie

Die unten angegebenen Jahreszahlen bedeuten das Jahr der Marktreife des entwickelten Materials bzw. den Beginn der technischen Produktion.

1844
Herstellung von **Gummi:** Charles Goodyear entdeckt die Vulkanisation von Kautschuk zu Gummi und schafft es somit, ein halbsynthetisches Material mit vielseitigen Anwendungen aus einem Naturstoff und Schwefel zu generieren. Der aufgrund seiner Molekülstruktur leicht klebrige und noch dazu fließfähige Naturkautschuk war als Material eher unbrauchbar. Es wurden nur wenige Anwendungen zur Wasserabweisung beschrieben. Dazu zählen kautschukbeschichtete Textilien sowie einige Gebrauchsgegenstände.

Die große Erfindung war, diesen Naturkautschuk, der aus Isopren-Einheiten aufgebaut und daher sehr viele Doppelbindungen in der Kette enthält, mit Schwefel zu vermengen und anschließend zu erhitzen. Dabei entsteht durch kovalente Vernetzung ein festes, aber elastisches Material: *Gummi!* Damit wurde die Grundlage für die Reifenindustrie und im Weiteren für die überaus erfolgreiche Autoindustrie geschaffen. Ein Autoreifen, der den heutigen Ansprüchen genügt, ist jedoch sehr komplex aufgebaut. Ein wichtiges Kriterium dabei ist allgemein, dass neben dem Schwefel auch Ruß als Additiv verwendet wird. Daher gibt es eigentlich nur schwarze Reifen. Dieser Ruß ist hydrophob und hat eine sehr gute Wechselwirkung mit dem ebenfalls hydrophoben Kautschukmaterial. Ruß ist deshalb kein einfacher Füllstoff, sondern ein typisches Verstärkermaterial. Weitere Additive für Reifen, die hohe Geschwindigkeiten und mechanische Belastungen aushalten müssen, sind z. B. Fasern und Gewebe, hydrophobe, paraffinartige Weichmacher sowie Ozonstabilisatoren.

Würde man beispielsweise einen Gummischlauch von morgens bis abends im Freien der Sonne aussetzen, so könnte man abends gravimetrisch eine deutliche Massezunahme feststellen. Ozon aus der Luft reagiert mit den vorhandenen Doppelbindungen des Kautschukmaterials und wird quasi eingebaut. Das Material wird nicht nur schwerer, sondern außerdem durch Kettenabbau brüchig.

1870
Hyatt patentiert die Erfindung des **Zelluloids** als Ersatz für Elfenbein. Beispielsweise wurden Klaviertastaturen mit Elfenbein beschichtet; auch gab es eine Schmuckindustrie auf Elfenbeinbasis. Vor allem aber wurde Elfenbein in großen Mengen für die Herstellung von Billardkugeln verwendet. Da das Elfenbein aber durch das brutale Abschlachten von Elefanten gewonnen wurden, führte dies sehr schnell dazu, dass die Elefanten vom Aussterben bedroht waren. In Erkennung dieser kritischen Situation gab es ein Preisausschreiben mit dem Ziel, einen künstlichen Ersatz für Elfenbein zu entdecken. In diesem Zusammenhang war es Hyatt gelungen, das bereits bekannte spröde Cellulosenitrat mit einem Weichmacher, dem Campher, zu versetzen und somit ein mechanisch verarbeitbares Produkt zu gewinnen: *Zelluloid.* Dieses neuartige Zelluloid diente von Beginn an bereits dazu, kunststoffverarbeitende Maschinen zu entwickeln, die es heute im Prinzip noch gibt. Es begann ein Siegeszug dieses Materials. Beispielsweise wurde es verwendet, um Filme, sogenannte *Zelluloidstreifen,* herzustellen, als eine Basis für die aufkommende Filmindustrie. In der Spielwarenindustrie wurden Puppen aus Zelluloid hergestellt, die erfreulicherweise beim Hinfallen nicht mehr zerbrachen. Dies war bei Porzellanpuppen stets der Fall und führte zu Tränen bei den Kindern. Damals gab es noch den „Puppendoktor", der diese Porzellanstücke wieder zusammengefügte.

Allerdings hat Zelluloid zwei entscheidende Nachteile:

• Der weichmachende Campher verdunstet, und das restliche Material wird spröde, obschon ein angenehmer Geruch damit verbunden ist. Alte zerbrechliche Puppen aus Zelluloid werden daher heute z. B. nur in schützenden Glasschränken zur Ansicht aufbewahrt.

- Ein wichtiger Gefahrenaspekt bei *Zelluloid* ist, dass es sehr leicht entzündlich ist und extrem gut brennt. Zelluloid, das einen Salpetersäureester der Cellulose enthält, ist nämlich quasi auch eine Art Sprengstoff. Man kann Zelluloid in gewissem Sinne mit der chemischen Struktur des Sprengstoffs „Nitroglycerin" vergleichen, bei dem analog die freien OH-Gruppen mit Salpetersäure verestert werden. So hat es in Kinosälen anfänglich bei Vorführungen gelegentlich verheerende Brände gegeben. Ausgelöst wurde das Feuer bei laufender Vorführung der Filme dadurch, dass der Projektor, der damals mit heißen Kohlelampen betrieben wurde, das Filmmaterial zum Brennen brachte. Deswegen wurde damals beschlossen, bei Filmvorführungen den Projektor vom Zuschauerraum getrennt zu positionieren. Von Zeitzeugen wurde auch berichtet, dass die beim Verbrennen alter *Zelluloid*-Puppen in gusseisernen Kanonenöfen entstehende extreme Hitze sich durch eine fast explosionsartig auftretende Rotglut im Ofenrohr bemerkbar machte.

1907

Baekeland erfindet und produziert aus Phenol und Formaldehyd **Bakelit,** den ersten vollsynthetischen Kunststoff. Bakelit erfuhr schnell große Verbreitung, obwohl es anfänglich mechanisch nicht besonders stabil war. Beispielsweise durften damals Telefonhörer aus Bakelit nur vorsichtig eingehängt werden, auch wenn man zornig war. Weiterhin entwickelte Bakelit einen gewissen Geruch, der natürlich aus den noch vorhandenen Restmonomeren, nämlich Phenol und Formaldehyd, sowie von methylenverbrückten Phenolen herrührte. In Verbindung mit faserigen Zusatzstoffen wie Glasfasern, Holzmehl oder auch Wolle – Letzteres wurde in Ostdeutschland für die Produktion von Pkw- Teilen (Trabant) eingesetzt – zeigt Bakelit sehr gute Materialeigenschaften.

1926

PVC erobert mit seinen herausragenden Materialeigenschaften den Markt. Ganz nebenbei war es ein willkommenes Material zur Verwendung von Chlor, das bei der Kochsalzelektrolyse zur Natronlaugegewinnung in großen Mengen anfiel. Natronlauge wurde für die Verseifung von Fetten zur Seifengewinnung in großen Mengen benötigt. Von Zeitzeugen wurde berichtet, dass gelegentlich überschüssiges Chlor, mit dem man nichts anzufangen wusste, nachts über hohe Schornsteine abgelassen wurde. Dieses gesundheitlich inakzeptable Verfahren wurde aber rasch verboten. Weiterhin diente Chlor zur Herstellung von Holzschutzmitteln unter Verwendung von aromatischen Teerprodukten. Es wurde beispielsweise das heute streng verbotene Insektizid DDT erfunden, das mit einem Chloranteil von ca. 50 Gew.-% besonders zur Bekämpfung der Malaria in Sumpfgebieten nützlich war. Erst später wurde festgestellt, dass die biologische Abbaubarkeit von DDT und ähnlichen Produkten, z. B. Lindan oder PCP, im Vergleich zur deren Produktion viel zu langsam ist.

Erst durch die Erfindung von PVC war die oben genannte „Chlorsenke" gefunden worden. Immerhin beträgt der Gewichtsanteil von Chlor in reinem PVC rechnerisch etwa 57 %. PVC erfuhr eine weite Verbreitung. Für die Musikbranche war es ein großer Fortschritt, als das Material der alten empfindlichen Schellackplatten durch PVC

(„Vinyl") ersetzt werden konnte. Heute werden z. B. langlebige Fußböden, Fenster-
rahmen und Rohre in großem Umfang aus PVC hergestellt, nachdem das Problem
mit den schädlichen Restmonomeren gelöst war. Auch sind neue nichttoxische
phthalatfreie Weichmacher für PVC entwickelt worden, z. B. 1,2-Cyclohexan-
dicarbonsäure-di-isononylester, die auch für Kinderspielzeuge, z. B. zur Produktion
von „Quietscheenten" verwendet werden dürfen. PVC ist thermoplastisch und aufgrund der vielen C-Cl-Dipole leicht zu bedrucken und gut zu verkleben.

1928

In Europa wird **PMMA,** ein voll transparentes, hartes Material mit den Namen
Plexiglas oder Acrylglas entwickelt.

1933

Durch die Erfindungen von Otto Röhm in Darmstadt gelingt es, Kunstglasscheiben
aus **Plexiglas** herzustellen, die sich durch ein geringeres spezifisches Gewicht
mit ca. 1,2 g/ccm auszeichnen, wogegen klassisches Glas 2,5 g/ccm aufweist. In
dieser Phase wurde die Firma *Röhm und Haas AG* in Darmstadt gegründet, die
heute zu Evonik gehört. Somit war ein Werkstoff gefunden worden, der in der
aufkommenden Flugzeugindustrie bestens zur Herstellung von Frontscheiben
geeignet war. Im Zweiten Weltkrieg wurden alle Kampfflugzeuge mit diesem
Werkstoff ausgestattet. Nach Zeitzeugenberichten sollen die Zahlen der gemäß
damaliger Kriegspropaganda angeblich benötigten Frontscheiben für Flugzeuge
und die der tatsächlichen Nachfrage weit auseinander gelegen haben.

Damals wurde im Labor häufig beobachtet, dass bei der radikalischen Polymerisation des Monomers Methylmethacrylat (MMA) gelegentlich, besonders bei
nicht ausreichender Kühlung, ein explosionsartiger Reaktionsverlauf stattfindet. Eine
Erklärung für diese Beobachtung, die später in diesem Buch ausführlich behandelt
wird, gab seinerzeit der seit 1933 bei *Röhm & Haas* forschende Chemiker Ernst
Trommsdorff. Dieses allgemeine Phänomen wird seitdem „Trommsdorff-Effekt"
oder „Trommsdorff-Norrish-Effekt" genannt.

Wer schon einmal Plexiglasscheiben zersägt oder durchbohrt hat, kennt den
strengen Geruch des Monomers MMA, das sich aufgrund punktueller Erhitzung
durch Kettenabbau bildet. Dieser typische Geruch konnte beispielsweise in den
1950er-Jahren, je nach Windrichtung, in Darmstadt in der Nähe des Werkes *Röhm
& Haas* zum Teil sehr intensiv wahrgenommen werden. An solche Gerüche kann
ich mich aus eigener Kindheitserfahrung noch sehr gut erinnern. Durch viele
umweltschützende Maßnahmen ist heutzutage natürlich keinerlei Geruch mehr in
der Nähe des Werkes wahrnehmbar.

1931

In zunehmenden Mengen wird **Polystyrol** im Werk der damaligen *IG Farben* in
Ludwigshafen, der heutigen *BASF,* technisch produziert. Etwa 20 Jahre danach, im
Jahr 1952, wird ein schaumartiges Produkt aus Polystyrol, das *Styropor,* bei der
Warmtrocknung einer lösemittelhaltigen Polystyrolprobe in einer leeren Schuh-
cremeschachtel zufällig entdeckt und direkt danach auf der Kunststoffmesse in

Düsseldorf vorgestellt. Heute zählt Polystyrol aufgrund des niedrigen Preises zu den großen Massekunststoffen.

1935

Hochdruck-**Polyethylen (PE)** wird in England durch die Firma ICI technisch produziert. Wie eingangs erwähnt, sind Materialien wie Steine, Bronze oder Eisen für die Menschheit schon immer von großer Bedeutung gewesen. In den folgenden Kriegsjahren konnten mithilfe von gut isolierenden PE-Folien erstmals Kondensatoren hergestellt werden, welche die Erzeugung kürzerer elektromagnetischer Wellen für Radaranlagen erlaubten. Durch die verfeinerte Radartechnik und höhere Bildauflösung konnten deutsche U-Boote bzw. Flugzeuge von den Engländern früh genug entdeckt werden, um Gegenmaßnahmen ergreifen zu können. Also erwies sich PE tatsächlich als ein Material, das kriegsentscheidend sein sollte.

1937

Polyamid von DuPont erobert unter dem Namen **Nylon** den Markt. Das thermoplastische, faserbildende Material basiert auf den theoretischen Vorarbeiten von Wallace H. Carothers, die später in Kap. 4 behandelt werden. Sehr rasch entstand eine große Nachfrage nach den völlig neuartigen, seidenähnlichen Fasern: So werden zunächst Zahnbürsten mit relativ dicken Borsten vermarktet und kurz danach feinfaserige Damenstrümpfe, die „Nylons". Bis dahin bestanden Damenstrümpfe meist aus hautunfreundlicher, gestrickter Wolle, die quasi über Nacht durch die synthetischen Gewebe ersetzt wurden.

1938

Durch die Arbeiten von Paul Schlack (I.G. Farben, Berlin) gelingt es in Deutschland, einen Ersatzstoff für Nylon zu entwickeln: **„Perlon".** Interessanterweise kann Schlack dieses Perlon durch Ausnutzung einer Patentlücke patentrechtlich schützen. Während Nylon aus zwei Komponenten, dem C_6-Diamin und der C_6-Dicarbonsäure, durch Kondensationsreaktionen aufgebaut ist, wird Perlon durch ringöffnende Polymerisation aus einer synthetischen C_6-Aminosäure hergestellt. Die Materialien ähneln sich in ihren physikalischen Eigenschaften (siehe dazu ausführlich Kap. 4).

1940

Es beginnt die technische Produktion von ersten **Polyurethanen,** deren chemische Entwicklung bei den IG Farben in Leverkusen von Otto Bayer um **1937** angestoßen wurde. Hier setzt nach Ende des 2. Weltkrieges eine rasche Entwicklung ein, welche die immense physikalische und chemische Bandbreite dieser Materialklasse aufdeckt.

1941

Polyacrylnitril (PAN), auch „Acryl" genannt, wird von DuPont unter dem Namen **„Orlon"** entwickelt und vermarktet. Es hat wollähnliche Griffeigenschaften. Da sich das Material in der Nähe seines Schmelzpunktes chemisch zersetzt, konnten

„Acrylfasern" nur durch Verwendung des Lösemittels Dimethylformamid (DMF) hergestellt werden. Für diesen Zweck wurde die technische Synthese von DMF, ausgehend von Dimethylamin und CO, vorangetrieben. **1954** wird von der Bayer AG in Dormagen eine Produktionsanlage für PAN errichtet. Das Fasermaterial wird hier als **„Dralon"** bezeichnet.

1943

Es beginnt die technische Synthese von **„Teflon"**, dem Polytetrafluorethylen (PTFE), das bereits **1938** entdeckt, aber erst ab **1954** zur Beschichtung von Pfannen genutzt wird. Es handelt sich hierbei also nicht um ein „Abfallprodukt" aus der sogenannten Weltraumforschung, sondern um eine unabhängige Entwicklung.

1953

Das transparente, schlagzähe Material **„Makrolon"**, ein Vertreter der **Polycarbonate,** wird in der Gruppe um Hermann Schnell bei der Bayer AG in Krefeld-Uerdingen zur Marktreife gebracht. Wie schon oben im Zusammenhang mit „Perlon" erwähnt, konnte auch hier zum wirtschaftlichen Schutz des Materials eine Patentlücke genutzt werden. Während damals sämtliche Polyester von Bisphenol A mit den unterschiedlichsten Dicarbonsäure-Komponenten bereits umfangreich patentiert worden waren, hat man solche Polyester, die aus der einfachsten Dicarbonsäure, nämlich der Kohlensäure, bestehen, schlichtweg vergessen. Dies war ein wichtiger Grundstein für die wirtschaftlich erfolgreiche Vermarktung von Polycarbonaten. Das anfänglich nicht völlig farblose, eher gelblich gefärbte Material wurde zunächst aus Diphenylcarbonat und Bisphenol A bei hohen Temperaturen durch Umesterung gewonnen. Durch Entwicklung geeigneter Phosphorverbindungen als Additive gelang es bald, absolut farbloses Material herzustellen. Seit etwa 1980 hat Polycarbonat durch die Erfindung der CD eine sprunghaft zunehmende Marktrelevanz erlangt. Dafür wird ein relativ kurzkettiges Polycarbonat benötigt, das sich möglichst schnell thermisch verarbeiten lässt und für Laserstrahlen transparent ist.

1953

Karl Ziegler entdeckt am MPI für Kohlenforschung in Mülheim an der Ruhr eher zufällig, dass sich bei Normaldruck und bei Raumtemperatur unter Verwendung von bestimmten Ti-Komplexen hochmolekulares, lineares **Polyethylen** gewinnen lässt. Dieses Verfahren ließ sich auch auf die Herstellung von hochmolekularem **Polypropylen** anwenden, das bislang auf keinem anderen Wege herstellbar war.

1965

Von Stephanie Kwolek bei DuPont wurden **Aramide,** aromatische Polyamide, entwickelt; aktuell werden sie in Form von hochfesten Fasermaterialien z. B. für Sicherheitsgurte oder kugelsichere Westen vermarktet.

Einige bedeutende Polymerforscher

Hermann Staudinger (1881–1965, Nobelpreis 1953) hat bereits 1920 – entgegen der herrschenden Lehrmeinung – postuliert, dass es stabile, hochmolekulare Verbindungen geben muss. Der Nachweis gelang anhand von Viskositätsmessungen (Staudinger-Index) und chemischen Modifizierungen von Polysacchariden, den „polymeranalogen Umsetzungen". Interessanterweise meldete sich 1956 bei Hermann Staudinger der engagierte Student Helmut Ringsdorf (geb. 1929) zur Diplomarbeit. Ringsdorf war später ein international sehr bekannter Hochschullehrer und Forscher, unter dessen hochgradig motivierender Anleitung ich zwischen 1972 und 1976 meine Diplom- und Doktorarbeit anfertigte.

Hermann Mark (1895–1992) gehört zu den Pionieren der Polymerchemie. Er befasste sich frühzeitig mit der Röntgenbeugung zur Charakterisierung teilkristalliner Polymermaterialien. Mark hatte in seiner Zeit bei *IG Farben* in Ludwigshafen (heute *BASF*) entscheidend bei der Vermarktung von Polystyrol, PVC und synthetischem Gummi mitgewirkt. Als Jude sah er sich 1938 gezwungen, dem terroristischen Druck des Naziregimes aus Deutschland zu entfliehen und in die USA auszuwandern. Durch seine Erfindungen hatte er ein beachtliches Vermögen erlangt, das er auf geniale Weise in die USA transferieren konnte: Er bog nämlich dicken Platindraht, der verzinktem Eisen ähnlich sieht, zu Kleiderbügeln und behängte diese mit den Kleidern seiner Frau. Wie zu erwarten war, passierte er unbehelligt alle Grenzkontrollen. Aus der sicheren Schweiz, seinem Zwischenaufenthalt auf dem Weg in die USA, bat er seine in Österreich lebende Tante, ihm ein paar alte Blechteile, die er zu Reparaturzwecken in der Garage gelagert habe, in einem schlichten Paket in die Schweiz nachzusenden. Auch diese Teile waren aus reinem Platin. 1944 gründete Mark das Polymer Research Institute in Brooklyn, NY, und war lange Jahre Fachberater bei Dupont.

Karl Ziegler (1898–1973) erhielt 1963 zusammen mit Giulio Natta den Nobelpreis. Während Ziegler die drucklose Olefin-Polymerisation entdeckt hatte, konnte Natta die Stereochemie näher beschreiben, die nach einem Vorschlag seiner Frau, die Musikerin war, „Taktizität" genannt wurde.

Paul Flory (1910–1985, Nobelpreis1974) hat sich besonders durch statistische Methoden für Strukturen von Makromolekülen hervorgetan.

Robert Bruce Merrifield (1921–2006) erhielt 1984 den Nobelpreis für die Entwicklung der Festphasen-Peptidsynthese.

Alan Jay Heeger (geb. 1936) erhielt 2000 zusammen mit **Alan G. MacDiarmid** und **Hideki Shirakawa** den Nobelpreis für die Entdeckung und Entwicklung elektrisch leitfähiger Polymere.

1.4 Was sind „makromolekulare Stoffe" bzw. Kunststoffe

1. Reine Polymere
2. Gemische aus verschiedenartigen Polymeren („blends"): homogen oder heterogen
3. Polymere mit niedermolekularen Zusätzen: z. B. Lichtstabilisatoren, Antioxidanzien, Weichmacher, Antistatika, lösliche Farbstoffe
4. Polymere mit dispergierten Zusatzstoffen: z. B. Glasfasern, Kohlenstofffasern, Füllstoffe, Farbpigmente, Holzmehl
5. Polymere in Schichten aus verschiedenen Polymerkomponenten

1.5 Kunststoffgruppen

- **Elastomere:** gering vernetzte Materialien (Gummi) mit hoher Beweglichkeit der Molekülsegmente. Sie sind makroskopisch formstabil und unlöslich, in geeigneten Lösemitteln aber quellfähig.
- **Thermoplastische Elastomere:** physikalisch vernetzte Polymere, die in der Hitze verformbar sind.
- **Duromere:** hochvernetze, harte Materialien. Sie sind allgemein unlöslich und nicht quellbar, d. h., sie nehmen nur sehr wenig niedermolekulare Stoffe auf.
- **Polymere mit flüssigkristallinen** („liquid crystalline", LC) **Eigenschaften:** Wie später noch ausführlich zu behandeln sein wird, werden *lyotrope* LC-Polymere, die nur in einem Lösemittel geordnet sind, von *thermotropen* LC-Polymeren unterschieden, deren Ordnung thermisch kontrolliert wird.
- **Elektrisch leitfähige Polymere:** durch ausgedehnte, konjugierte π-Elektronensysteme und ein Oxidationsmittel charakterisiert.
- **Biologisch abbaubare Polymere:** durch biolabile Gruppen, z. B. Estergruppen oder Glycosidbindungen in der Hauptkette gekennzeichnet.

1.6 Aufgaben der Makromolekularen Chemie

In den letzten Jahrzehnten hat sich die „Makromolekulare Chemie" zunehmend als eigenständige, übergreifende Wissenschaft etabliert. Es werden Methoden der Organischen Chemie und der Physikalischen Chemie, der Physik und der Biologie angewendet und kombiniert, um zu neuen Erkenntnissen und Produkten zu gelangen.

Die Aufgaben der Polymerchemie lassen sich vereinfacht durch folgende Punkte benennen:

- Synthese und Umwandlung von Makromolekülen.
- Charakterisierung von Polymeren in Lösung und in kondensierter Phase bezüglich Zusammensetzung, mechanischer, optischer, elektrischer oder magnetischer Eigenschaften.

- Biologische Methoden: enzymatisch katalysierte Synthese, Anwendung von Mikroorganismen, oder Pflanzen, Untersuchungen zum Abbau von Kunststoffen in der freien Natur.
- Nachhaltigkeit: Die unerwünschte Anreicherung von Kunststoffresten ein n Weltmeeren, an Küsten und Stränden stellt eine hochaktuelle Aufgabe dar, die nur durch Verwendung geeigneter, schnell abbaubarer, nichttoxischer Materialien gelöst werden kann.

Grundlagen

2

2.1 Benennung von Makromolekülen

Aus dem Griechischen kommen die Begriffe:

- *poly:* viel, mehr
- *oligo:* wenig
- *mer:* Teil, Untereinheit

Polymer bedeutet also: *viele Einzelteile* oder *viele Moleküleinheiten.* Der alternative Begriff **Makromoleküle** (engl. „macromolecules") wurde von H. Staudinger 1922 geprägt. Es sind „Riesenmoleküle", also identisch mit dem Namen „Polymere".

Monomer ist das Molekül, das durch Polymerisation kovalent zu Makromolekülen verknüpft wird.

Dimer, *Trimer, Tetramer, Pentamer, Hexamer* usw. beinhalten griechische Zahlwörter, welche die genaue Anzahl an verknüpften Monomeren definieren.

Oligomer bedeutet nach IUPAC, dass statistisch gerade so wenige Monomere kovalent miteinander verknüpft sind, dass bei Wegnahme einer Einheit die Eigenschaften nicht signifikant verändert werden. Üblicherweise betragen die Molmassen von Oligomeren um die 1000 g/mol.

Die genaue Benennung der einzelnen Polymere wird wie folgt vorgenommen:

- **Trivialbezeichnung** ergibt sich durch: Poly*(monomer),* z. B. Poly(styrol) oder Poly(vinylchlorid), Poly(acrylnitril), also durch Kombination des eingebauten Monomers bzw. des Grundbausteins mit dem Präfix *Poly-.*
- Nach der kleinsten konstitutionellen bzw. strukturellen Wiederholungseinheit („subunit") **gemäß IUPAC:** Poly(1-phenylethen) oder Poly(chlorethen).
- Beim Zeichnen der Polymere wird eine sogenannte **Polymerklammer** verwendet, die eine strukturelle Wiederholungseinheit beinhaltet. Die zur Polymerkette gehörigen Atome werden in die Tafelebene gezeichnet. Der Buchstabe „n" steht für

© Springer-Verlag GmbH Deutschland, ein Teil von Springer Nature 2018
H. Ritter, *Makromoleküle I,* https://doi.org/10.1007/978-3-662-55956-7_2

eine natürliche Zahl. *Polyethylen* (trivial), das aus Ethen hergestellt wird, darf nicht durch den Begriff *Polymethylen* ersetzt werden, da Letzteres nicht die verwendete Monomereinheit „Ethen" beinhaltet und mathematisch betrachtet auch für ungeradzahlige Wiederholungseinheiten steht. Dies ist chemisch nur möglich, wenn der Kettenaufbau mit einem C_1-Monomer, nämlich mittels Methylcarben, erfolgt.

- **Regel der Seniorität** (wird von sämtlichen Polymerzeitschriften oft vernachlässigt):
  - Heterocyclischer Ring>acyclische Einheit mit Heteroatom>Carbocyclen>C–C-Ketten
  - Heteroatome haben höhere Seniorität als C-Atome: O>S>N>P>Si>Ge (nach zunehmender Wertigkeit, dann jeweils von oben nach unten im Periodensystem)
  - C-Atome werden durch deren Substitution abgestuft (z. B. C–Cl>C–H)
  - Höher ungesättigte vor weniger gesättigten Carbocyclen

Die Benennung soll in Tafel 2.1 beispielhaft anhand technisch wichtiger, als Kunststoffe eingesetzter Polymere veranschaulicht werden. Die verwendeten Abkürzungen findet man in: *Pure Appl Chem 1987; 59(5): 691–693.*

Erläuterungen zu Tafel 2.1
Zeile 1: Polyethylen wird als Werkstoff üblicherweise nur dann verwendet, wenn sehr hohe Molmassen (M>100.000) vorliegen. Demnach ist es für alle Eigenschaften völlig belanglos, ob das „n" an der Polymerklammer geradzahlig oder ungeradzahlig ist. Bei kurzkettigen, wachsartigen Oligomeren sind gemäß Definition (s. o.) die wichtigsten Eigenschaften noch von den Molmassen abhängig, sodass man auch von dem in Tafel 2.1 gezeigten Polymethylen von Polyethylen unterscheiden muss.

Zeile 2: Polymere mit konjugierten π-Elektronen besitzen eine hohe praktische Bedeutung wegen ihrer elektrischen Leitfähigkeit, die nach Oxidation bzw. Dotierung eintritt. Beispiele sind Polyacetylen, Polythiophen, Polypyrrol und Poly(phenylen-ethylen).

Zeile 3: Die Herstellung von stabilen Materialien aus Formaldehyd versuchte bereits H. Staudinger in den Anfangszeiten der wissenschaftlichen Polymerchemie. Erst durch Einbau stabilisierender Gruppen, wie z. B. Acetyloxyendgruppen oder Hydroxyethyloxyfunktionen gelang es, Hochleistungsmaterialien technisch zu gewinnen.

Zeile 4: PVC ist ein wirtschaftlich bedeutsames Polymer mit reinen C–C-Ketten (Isokettenaufbau). Um die Polymerklammer IUPAC-konform zu setzen, beginnt man mit dem höher substituierten C-Atom.

Erläuterungen zu Tafel 2.2
Polyethylen (PE) zählt durch die einfache Zugänglichkeit aus Erdöl ganz klar zu den bedeutsamsten Polymermaterialien. Durch Erdölzersetzung entsteht Ethen als

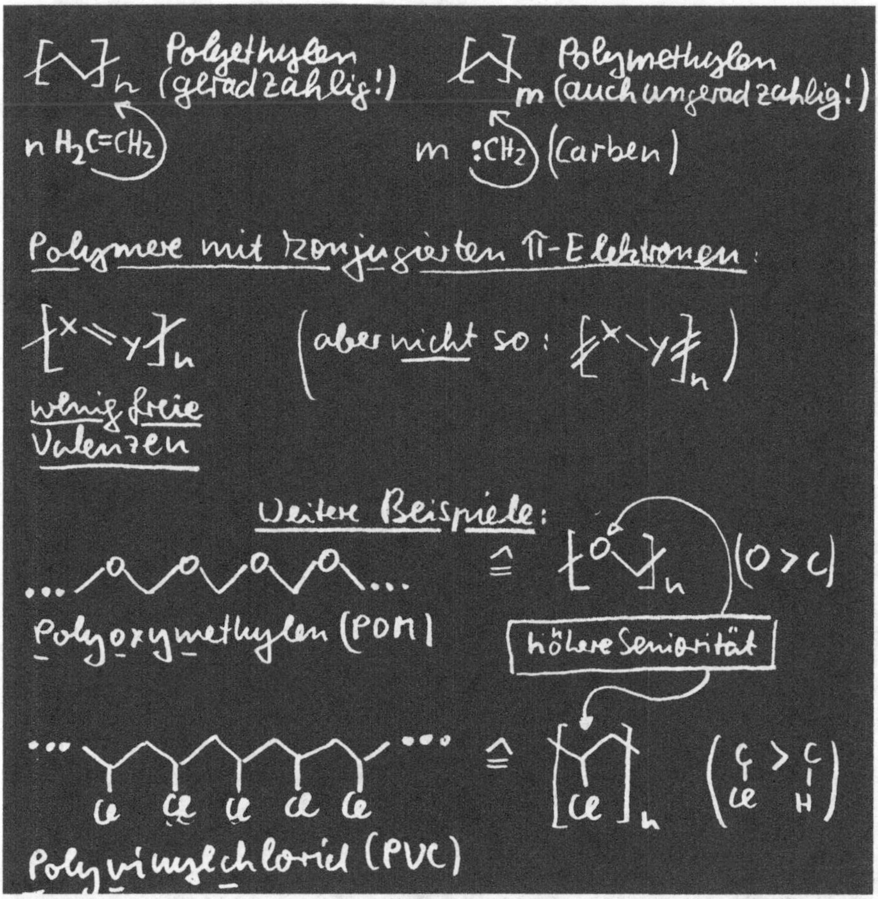

Tafel 2.1 Benennung einiger technisch wichtiger Kunststoffe

ungesättigter C_2-Baustein und kann direkt der Polymerisation zugeführt werden. Es wurde beschrieben, dass in Brasilien Ethen aus Gärungsalkohol und Wassereliminierung gewonnen wird. Somit ist in diesem Fall PE indirekt ein Produkt der alkoholischen Gärung von Rohrzucker. Dieses Verfahren ist aber nicht wirtschaftlich: Der Anbau und die Ernte von Zuckerrohr, die Isolierung von Glucose, deren Vergärung mit Hefe, die Abtrennung von Ethanol vom überschüssigen Wasser sowie die abschließende Wassereliminierung zu Ethen umfassen viele energieintensive Schritte mit sehr schlechter „Raum-Zeit-Ausbeute".

Die Verwendung von Propen als Baustein für die Kunststoffsynthese ist, wie oben erwähnt, erst dadurch gelungen, dass geeignete Katalysatoren durch Ziegler und Natta gefunden wurden. Durch die höhere Kettensteifigkeit im Vergleich zu PE sind relativ temperaturstabile Materialien herstellbar.

Styrol, das aus Ethylbenzol durch Dehydrierung gewonnen wird, lässt sich thermisch ohne Initiator direkt in PS umwandeln. Dieses Verfahren wird später noch genauer beschrieben.

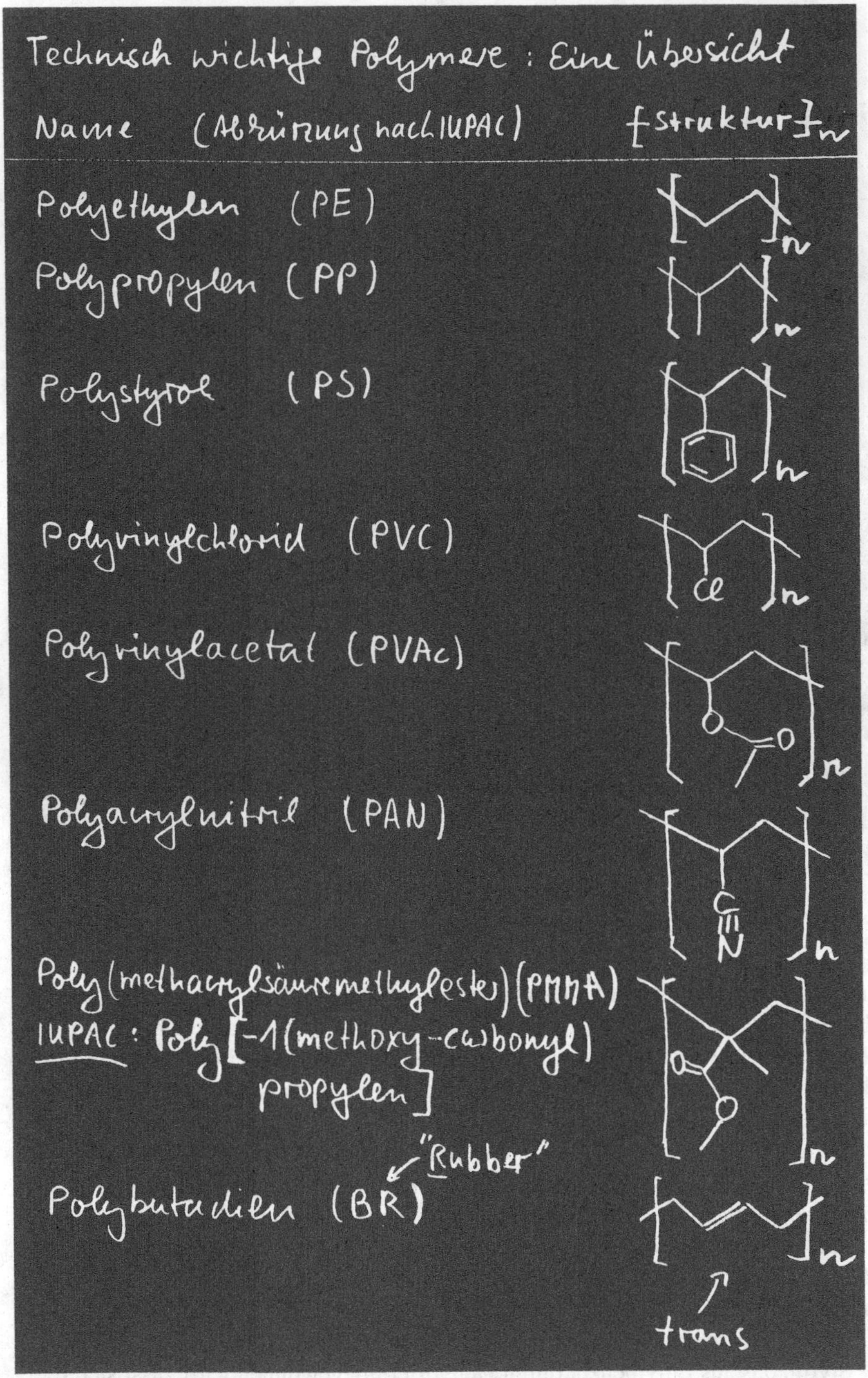

Technisch wichtige Polymere: Eine Übersicht

Name (Abkürzung nach IUPAC) $\{$ Struktur $\}_n$

Polyethylen (PE)

Polypropylen (PP)

Polystyrol (PS)

Polyvinylchlorid (PVC)

Polyvinylacetat (PVAc)

Polyacrylnitril (PAN)

Poly(methacrylsäuremethylester) (PMMA)
IUPAC: Poly[-1(methoxy-carbonyl)propylen]

"Rubber"
Polybutadien (BR)

trans

Tafel 2.2 Namen und Strukturen technisch bedeutsamer Kunststoffe

PVC zählt nach Jahren der Kritik inzwischen wieder zur Gruppe der wirtschaftlich bedeutsamsten Kunststoffe. Wie erwähnt, ist der relativ hohe Cl-Anteil wichtig für die Chlorbilanz der Grundchemie. Aber auch die Dipolmomente der C–Cl-Bindung liefern Voraussetzungen z. B. für gute Bedruckbarkeit, Haftung von Klebstoffen, Dimensionsstabilität bei Formteilen wie Fensterprofilen oder Röhren.

Vinylacetat wird aus Essigsäure und Ethen durch oxidative Kupplung technisch gewonnen. PVAc wird in Form von Dispersionen oft als Bindemittel für Anstriche und Leime (Kleber) verwendet. Auch gewinnt es Bedeutung als Grundmasse für Kaugummi.

Acrylnitril (PAN) ist durch Ammonoxidation aus Propen und Ammoniak technisch zugänglich. PAN ist relativ temperatursensibel und kann daher nicht thermoplastisch verarbeitet werden. Fasern aus PAN, im Volksmund „Acrylfasern" genannt, werden durch Einspritzen einer DMF-Polymerlösung in Wasser hergestellt. Wasser ist für PAN ein Fällungsmittel, für DMF dagegen ein Lösemittel. So ist in den Textilabteilungen von Kaufhäusern am „Wühltisch" gelegentlich ein gewisser DMF-Geruch wahrnehmbar.

PMMA hat große Bedeutung zur Herstellung transparenter Kunststoffe. Im Vergleich zu transparentem PS ist PMMA aufgrund der fehlenden Aromaten und der fehlenden benzylischen H-Atome relativ lichtstabil. PS wird dagegen wegen dieser benzylischen H-Atome in der Wiederholungseinheit leicht oxidativ angegriffen.

Vernetztes Polybutadien ist ein synthetischer, gummiartiger Werkstoff, der überwiegend in der Reifenindustrie Anwendung findet. So waren die „BUNA-Werke" in Schkopau bei Halle-Merseburg, benannt durch das anionische Copolymerisationsverfahren von **Bu**tadien und Styrol („**s**tyrene **b**utadien **r**ubber", SBR) mittels **Na**trium als Initiator, von großer wirtschaftlicher Bedeutung.

Erläuterungen zu Tafel 2.3
Polycarbonat (PC) wurde, wie oben erwähnt, 1953 in Krefeld-Uerdingen zur Marktreife entwickelt. Nur die Kohlensäure konnte damals aus patentrechtlichen Gründen verwendet werden, um mit Bisphenol A neue Polyester herzustellen. PC trägt im Gegensatz zu PS keine benzylischen Wasserstoffatome und ist daher sehr stabil gegen Licht und Sauerstoff. Das Monomer Bisphenol A wird mittels saurer Ionenaustauscherkatalyse unter Wasserabspaltung aus Phenol und Aceton gewonnen und hochgradig gereinigt. Danach erfolgt die Polykondensation von Bisphenol A mittels Phosgen an der Phasengrenzfläche Wasser/Methylenchlorid. Alternativ wird heute wieder zunehmend das alte Umesterungsverfahren unter Verwendung von Bisphenol A und Diphenylcarbonat anstelle von Phosgen verwendet.

Der Polyester PET hat den Getränkemarkt in der heutigen Form erst ermöglicht. Durch biaxiales mechanisches Verstrecken beim Aufblasen von heißen reagenzglasförmigen Rohlingen bilden sich parallel zur Oberfläche hochgeordnete Polymerstrukturen. Durch dieses Streckblasverfahren werden seit den 1990er-Jahren leichte PET-Flaschen hergestellt, aus denen kaum noch gasförmiges CO_2 durch Diffusion entweicht. Weitere Anwendungen liegen im Textilbereich. Aus PET können nämlich sehr feste Fasern gewonnen werden.

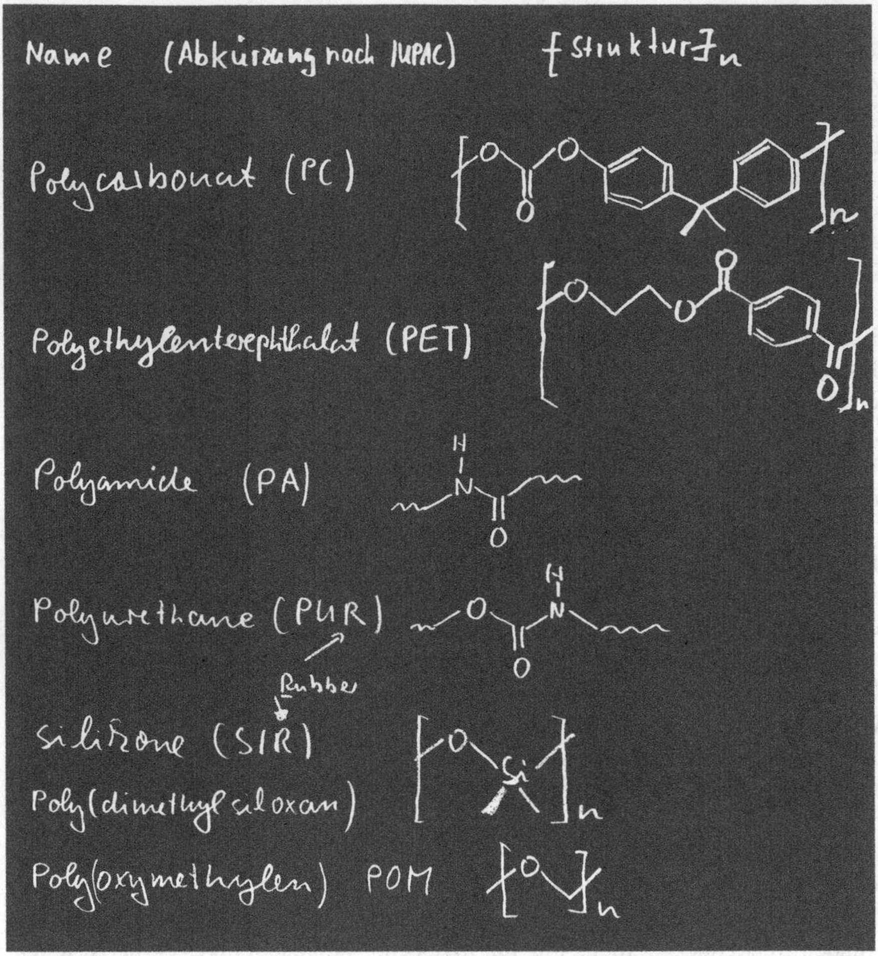

Name   (Abkürzung nach IUPAC)   ⸦ Struktur ⸧ₙ

Polycarbonat (PC)

Polyethylenterephthalat (PET)

Polyamide (PA)

Polyurethane (PUR)

Rubber

Silikone (SIR)
Poly(dimethylsiloxan)

Poly(oxymethylen) POM

Tafel 2.3 Namen und Strukturbausteine praktisch bedeutsamer Kunststoffe

Polyamide (PA) benötigen keine hohen Molmassen, um stabile Materialien zu ergeben. Die vielen H-Brücken zwischen den Polymerketten behindern deren Vorbeigleiten unter Krafteinwirkung. Die M_n-Werte liegen bei technischen Polyamiden üblicherweise nur im Bereich von ca. 10.000–20.000 g/mol.

Polyurethane werden ebenfalls noch ausführlich behandelt. Ihre Eigenschaften sind neben der steuerbaren Kettenflexibilität besonders durch die H-Brücken-bildende Urethanstruktur verursacht.

Man unterscheidet aromatische und aliphatische PA-Produkte.

Silikone („silicon rubber", SIR) sind trotz der Dipole entlang der Kette sehr flexibel. Die abschirmenden Methylgruppen verhindern eine Kette-Kette-Wechselwirkung.

Polyoxymethylen (POM) neigt durch aufgrund der Dipole entlang der Kette zur Bildung stabiler Kristallanteile im Material, womit dessen extrem hohe mechanische Stabilität erklärt wäre.

Erläuterungen zu Tafel 2.4

Erdöl wird bei hohen Temperaturen und unter Sauerstoffausschluss zersetzt, wobei unter Spaltung der C–C-Bindungen Gemische kleiner ungesättigter Moleküle unterschiedlicher Molmassen entstehen. Je höher die Zersetzungstemperatur, desto kleiner sind im Mittel die entstehenden Moleküle. In hohen Destillationskolonnen

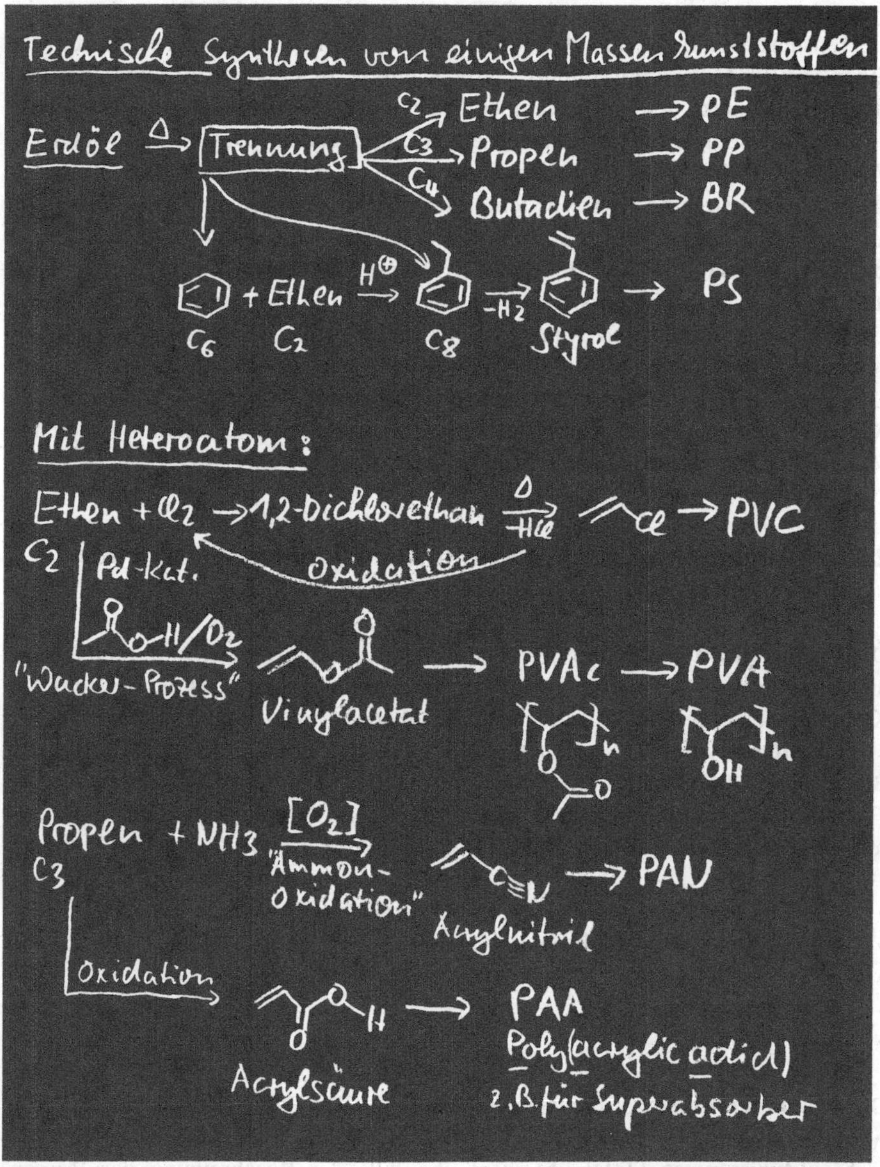

Tafel 2.4 Hinweise zu großtechnischen Synthesewegen von wichtigen Monomeren

lassen sich die Fraktionen dieser überwiegend ungesättigten Verbindungen nach der Zahl der C-Atome trennen. Zu den C_2–C_4-Fraktionen zählen die Vinylverbindungen Ethen, Propen und Butadien, die direkt polymerisierbar sind. Die C_4-Fraktion besteht außerdem aus Buten und Isobuten. Letzteres wird kationisch zu Polyisobuten (PIB) umgesetzt und z. B. als Öladditiv zur Viskositätskontrolle verwendet.

Bei der katalytischen Erdölaufbereitung lässt sich die Bildung von thermodynamisch stabilem Benzol in der C_6-Fraktion nicht vermeiden. Dies erklärt auch die Existenz von Benzolanteilen im Fahrbenzin. Benzol lässt sich technisch mit Ethen aus der C_2-Fraktion mittels saurer Katalyse zu Ethylbenzol alkylieren und am Al_2O_3-Kontakt bei hohen Temperaturen unter H_2-Abspaltung in das stabile Styrol, das konjugierte π-Bindungen enthält, umwandeln. Das ist das wichtigste Verfahren auf dem Weg zur Produktion von PS. Weiterhin wird Ethen großtechnisch zur Herstellung von Vinylchlorid und von Vinylacetat verwendet. Die *Ammonoxidation* spielt in der Technik eine wichtige Rolle. So entsteht aus Methan und NH_3 Blausäure, die z. B. für die Synthese von MMA sowie für die Herstellung des Radikalinitiators Azobisisobutyronitril (AIBN) benötigt wird. Analog lässt sich aus Propen und Ammoniak oxidativ großtechnisch Acrylnitril (AN) gewinnen. AN kann partiell zu Acrylamid hydrolysiert werden.

Von großer wirtschaftlicher Bedeutung ist die partielle Oxidation von Propen zu Acrylsäure. Schwach vernetztes PAA ist das meistverwendete superabsorbierende Material für Hygieneartikel, z. B. Babywindeln.

2.2 Allgemeines zur Struktur und Zusammensetzung von Polymeren

Die **Primärstruktur** definiert den chemischen Aufbau der Kette bzw. die Abfolge und Struktur der Monomerkomponenten. In der Biochemie ist es die Sequenz der Kettenbausteine, z. B. die Art der in Proteinen eingebauten Aminosäuren.

Isokettenpolymere: Die Hauptkette des Polymers besteht nur aus C-Atomen; Beispiele: PE, PP, PS, PMMA, PVC, Kautschuk.

Heterokettenpolymere: Die Hauptkette des Polymers besteht aus verschiedenen Atomen. Beispiele: PET, POM, Cellulose.

- –O– Polyester, Polyether, Polyacetale, Polysaccharide
- –N– Polyamide, Polyurethane, Polyamine
- –Si–O– Polysiloxane
- –SO_2– Polysulfone
- –S– Polysulfide

Die **Monomereinheit** ist der kleinste Abschnitt der Polymerkette, der den verwendeten Monomeren entspricht.

Strukturisomerie (Tafel 2.5) dient ebenfalls der Beschreibung der Primärstruktur.

Erläuterungen zu Tafel 2.5
Idealerweise existiert eine Polymerkette in Form eines linearen Fadenmoleküls. Typische Vertreter dieser linear strukturierten Polymerklasse sind PE oder PP, die durch Polyinsertion hergestellt werden. Aber auch viele Polykondensate wie Polyester, Polyether oder Polyamide sind meistens streng lineare Kettenmoleküle. Bei freier radikalischer Polymerisation bilden sich jedoch durch Übertragungsreaktionen oft verzweigte („branched") Polymere oder sogar verzweigte Verzweigungen. Verzweigte und hyperverzweigte Strukturen lassen sich, wie später gezeigt wird, gezielt synthetisieren und spielen wegen ihrer besonderen Fließeigenschaften eine gewisse praktische Rolle.

Erläuterungen zu Tafel 2.6
Sternförmige Polymermoleküle tragen zum theoretischen Verständnis des Verhaltens von Polymeren in Lösung bei. Es ist z. B. interessant, die Viskosität und den Durchmesser von sternförmigen Polymermolekülen mit denen von linearen Polymeren zu vergleichen, welche dieselbe Molmasse aufweisen. Eine gewisse praktische Bedeutung haben sie in der Klebstoffindustrie erlangt.

Hauptketten-Polyrotaxane finden seit den grundlegenden Arbeiten in den frühen 1990er-Jahren in Osaka und Mainz starke Beachtung. So lassen sich solche komplexen Strukturen, z. B. aus Polyethylenoxid (A. Harada, M. Kamachi) oder aus Polyaminen (G. Wenz) und Cyclodextrinen, durch einfaches Mischen der Komponenten in Wasser generieren. Wegen der Einfachheit dieser Polyrotaxanherstellung haben sich unzählige Folgearbeiten ergeben. Eine erwähnenswerte praktische Bedeutung haben diese Strukturen allerdings bisher nicht erlangt.

Vernetzte Polymere besitzen dagegen, wie erwähnt, eine immense praktische Bedeutung. Schwach vernetzte Strukturen, z. B. ausgehend von Kautschuk und Schwefel, ermöglichten überhaupt erst die rasch wachsende Reifenindustrie. Weiterhin sind vernetzte Materialien wichtig z. B. für Beschichtungen, Superabsorber, synthetische Zahnfüllungen oder die Herstellung von Intraokularlinsen (IOL) zur Therapie des grauen Stars.

Erläuterungen zu Tafel 2.7
Die Eigenschaften von Homopolymeren, die nur aus einheitlich wiederkehrenden Monomereinheiten bestehen, sind limitiert. Erst durch den zusätzlichen Einbau „fremder" Monomere zum Aufbau von Copolymeren lassen sich viele Eigenschaften wie Löslichkeit, Kettensteifigkeit, Kristallisationsfähigkeit oder Reaktivität gezielt beeinflussen.

Ein Sonderfall ist das alternierende Copolymer (a), das z. B. radikalisch herstellbar ist.

Üblicherweise bilden sich durch freie radikalische Polymerisation statistisch aufgebaute Copolymere (b). Diese besitzen in der Praxis wegen der bequemen Zugänglichkeit die größte Bedeutung.

Die gezeigten Blockcopolymere (c) können durch anionische bzw. durch kontrollierte radikalische Polymerisation sowie durch gezielte Verknüpfung von reaktiven Endgruppen verschiedener Oligomere aufgebaut werden. Bestehen die

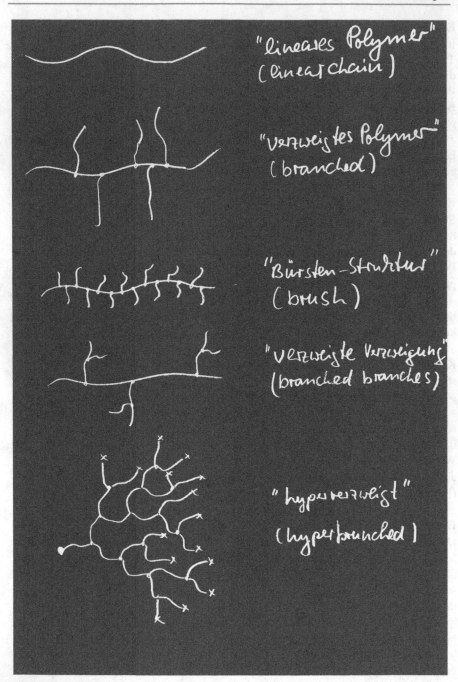

Tafel 2.5 Isomere Kettenstrukturen zur Beschreibung der Makromoleküle

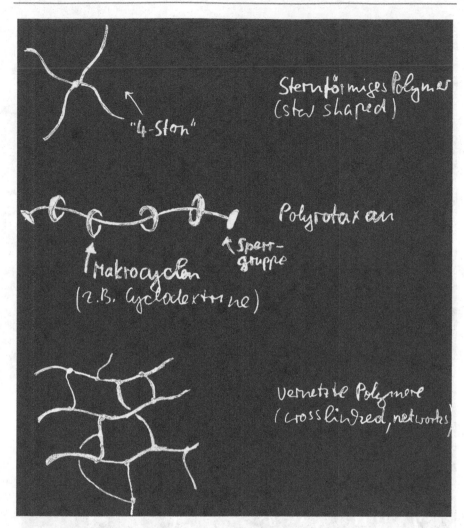

Tafel 2.6   Beispiele aus der Vielfalt von bekannten Polymerstrukturen

Blöcke aus **Hart-Weich-Hart**-Segmenten, so sind diese oft elastisch und können im Gegensatz zu dreidimensional kovalent vernetztem Kautschuk thermoplastisch verformt werden. Sie werden, wie oben erwähnt, auch „thermoplastische Elastomere" genannt.

Pfropfcopolymere (d) spielen eine praktische Rolle. So lassen sich z. B. Polyacrylate an reaktive Biopolymere wie Cellulose oder Chitin aufpropfen.

Erläuterungen zu Tafel 2.8
Beim Aufbau von Polymeren aus Vinyleinheiten lassen sich grundsätzlich zwei Arten der Monomerverknüpfung beobachten. Sterische, elektronische und/oder

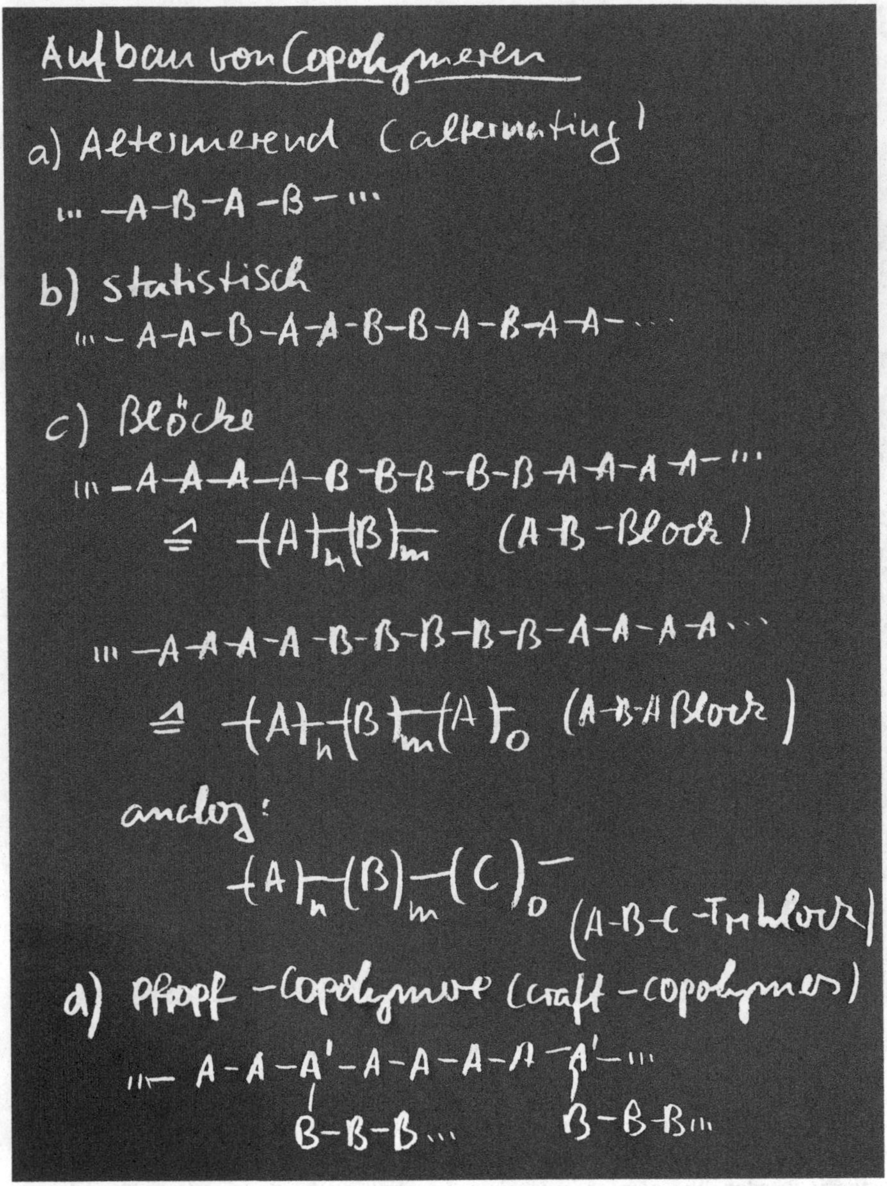

Aufbau von Copolymeren

a) Alternierend (alternating)

　… –A–B–A–B– …

b) statistisch

　… –A–A–B–A–A–B–B–A–B–A–A– …

c) Blöcke

　… –A–A–A–A–B–B–B–B–B–A–A–A–A– …

　$\;\triangleq\; \leftidx{}{(A)}{}_n (B)_m$　　(A-B-Block)

　… –A–A–A–A–B–B–B–B–B–A–A–A–A …

　$\;\triangleq\; (A)_n (B)_m (A)_o$　　(A-B-A Block)

anolog:

　$(A)_n (B)_m (C)_o$ $^{-}$　　(A-B-C-Triblock)

d) Pfropf-Copolymere (graft-copolymers)

　… –A–A–A'–A–A–A–A–A'– …
　　　　　　|
　　　　B–B–B…　　　　　　B–B–B…

Tafel 2.7　Beispiele für mögliche Strukturen von Polymeren aus verschiedenen Monomeren

dipolare Ursachen für den einseitigen Ablauf sind in Tafel 2.8 aufgeführt: Es wird die absolut bevorzugte Head-to-tail- oder die viel seltenere Tail-to-tail- bzw. Head-to-head-Verknüpfung beobachtet. Der Begriff stammt aus dem Tierreich. Ein praktisches Beispiel ist Polyvinylalkohol, der durch Hydrolyse aus PVAc hergestellt wird. Es konnte die Existenz von Kopf-Kopf-Strukturen durch Periodat

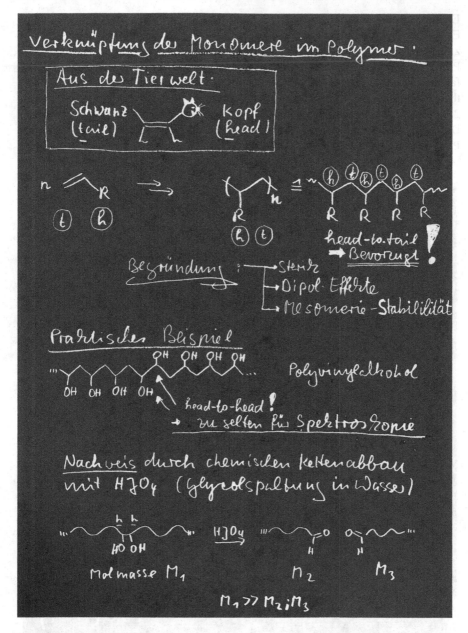

Tafel 2.8 Anordnungsmöglichkeiten und Nachweis der Verknüpfungsart der Vinylmonomere in einer Polymerkette

verursachte Glycolspaltung nachgewiesen werden. Da diese Struktur sehr selten entlang der Kette vorkommt, sind spektroskopische Nachweise nicht sensibel genug. Erst die Bestimmung der Molmassen vor und nach Glycolspaltung ergibt hinreichende Belege für die Existenz der 1,2-Diole.

Erläuterungen zu Tafel 2.9

Es hat in der Vergangenheit, d. h. in den 1960er-Jahren, zahlreiche Arbeiten, z. B. von T. Otsu et al. gegeben, die technisch wichtige Polymere wie PVC, PMMA den Kopf-Kopf-verknüpften Analoga gegenüberstellten. Eine Zusammenfassung liefern O. Vogl et al. (1999) in Prog Polym Sci; 24: 1481–1525. Zur Synthese lässt sich die Kopf-Kopf-Struktur durch Verwendung der entsprechenden 2,3-disubstituierten Butadiene anstelle der üblichen Vinyleinheit quasi erzwingen. Durch Chloraddition an Poly(1,4-butadien) entsteht sofort Kopf-Kopf-verknüpftes PVC.

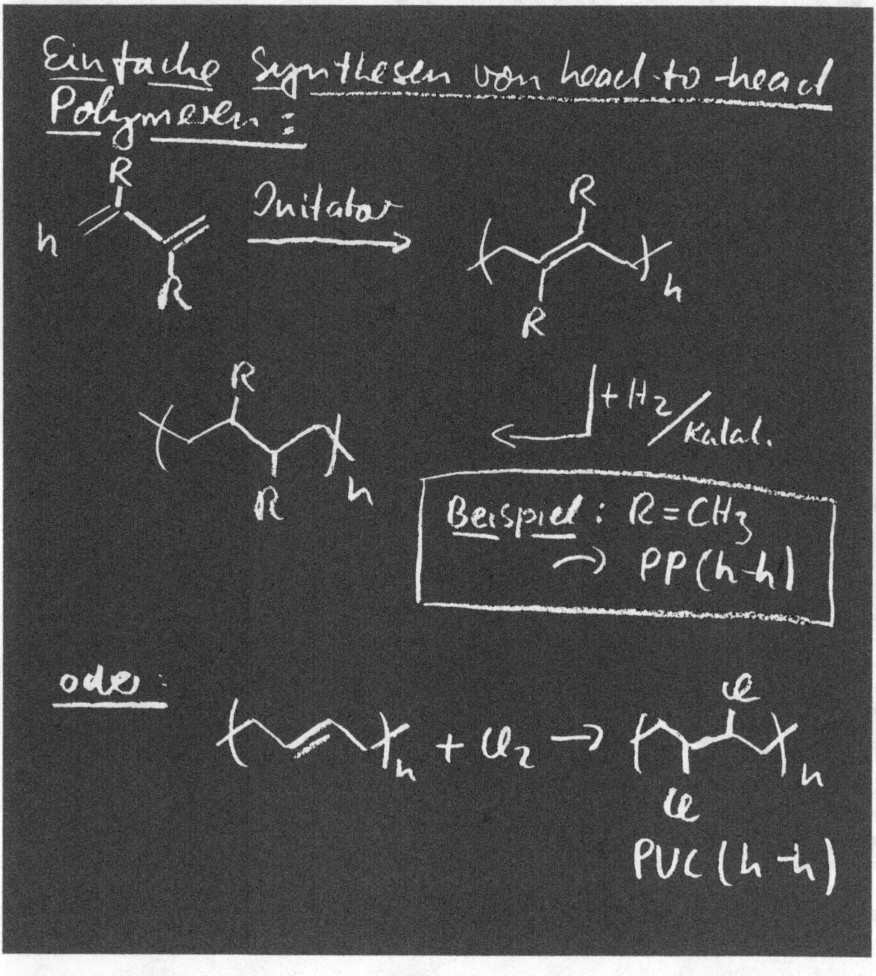

Tafel 2.9 Synthesemöglichkeiten für Kopf-Kopf-verknüpfte Polymere mit praktischer Bedeutung

Erläuterungen zu Tafel 2.10

In einem Gedankenexperiment wird gezeigt, dass z. B. monodeuteriertes Ethen aufgrund fehlender Steuerung nahezu statistisch Kopf-Kopf- bzw. Kopf-Schwanz-verknüpfte Polymere liefert. Ein praktikabler Synthesevorschlag basiert auf käuflichem D_2O sowie $NaBD_4$, das zur Reduktion von Ethanal verwendet werden kann. Das deuterierte Zwischenprodukt D-Ethanol sollte sich basisch oder sauer in das gewünschte deuterierte Ethen umwandeln lassen.

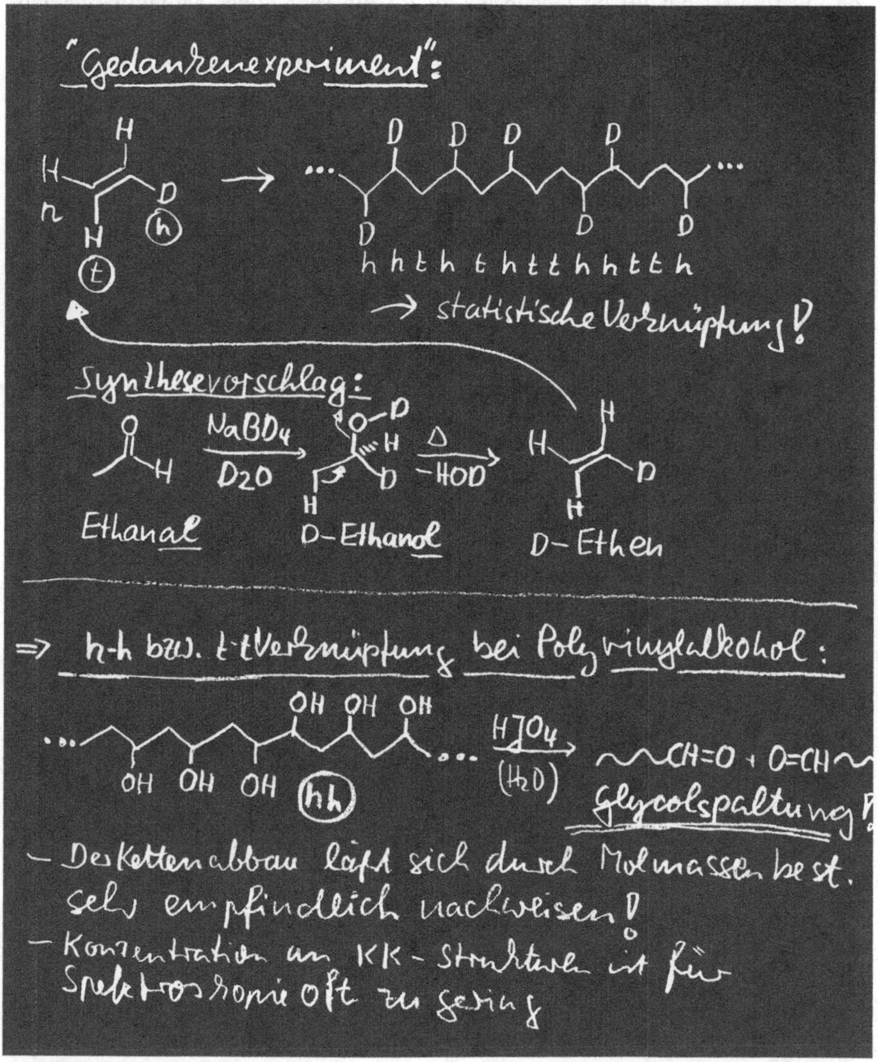

Tafel 2.10 Ein umfassendes Gedankenexperiment zur Herstellung statistisch verteilter Verknüpfungen ohne Stereokontrolle, Dipoleffekte oder elektronische Einflüsse unter Nutzung der großen Ähnlichkeit von Wasserstoff und Deuterium sowie Nachweis der h-h Verknüpfung bei Polyvinylakohol, s. Tafel 2.9

Minitest

1. Welche übergeordnete Bedeutung hat PVC für die Großchemie?
2. Warum ist PS weniger lichtstabil als PC oder PMMA?
3. Weshalb benutzt man eine Polymerklammer zur Beschreibung eines Makromoleküls?
4. Wie lautet die Definition von *Oligomer* im Gegensatz zu der von *Polymer?*
5. Worin unterscheidet sich ein vernetztes Polymer von einem unvernetzten Polymer?
6. Warum ist bei PE im Gegensatz zu PA ein sehr hohes Molekulargewicht nötig, um geforderte Materialeigenschaften zu erzielen?
7. Welche praktische Bedeutung könnte ein ABA-Blockcopolymer haben?
8. Gibt es Polymere, die elektrische Leitfähigkeit aufweisen?
9. In welchen Eigenschaften könnte sich ein lineares Polymer von einem entsprechenden sternförmigen Polymer gleicher Molmasse unterscheiden?
10. Welche Heterokettenpolymere kann es in der Praxis geben?
11. Wie gelingt es, PET-Flaschen mit geringer CO_2-Durchlässigkeit herzustellen?
12. Welche historische Bedeutung kommt PE zu?
13. Wie konnte H. Mark in Nazi-Deutschland sein Privatvermögen in die USA transferieren?
14. Welche zwei historischen Patentlücken führten zur Entwicklung wichtiger Kunststoffklassen?

Charakterisierung und Eigenschaften von Makromolekülen

In der Bevölkerung ist allgemein die fälschliche Ansicht verbreitet, dass Kunststoffe bzw. Polymere generell unlöslich sind. Dies basiert auf Erfahrungen mit üblichen vernetzten oder schwer löslichen Gebrauchsmaterialien. Seit den bahnbrechenden Arbeiten mit Biopolymeren von Hermann Staudinger mittels modifizierter Polysaccharide ist dieses Vorurteil aber klar widerlegt.

In diesem Kapitel wird zuerst das Verhalten von Polymerketten in Lösung behandelt und mit dem gewonnenen Verständnis im zweiten Kapitel auf die Eigenschaften von Polymeren in fester bzw. kondensierter Phase eingegangen.

3.1   Polymere in Lösung

Stereochemie

Die Kenntnis und Kontrolle der Polymerkettenstereochemie ist für die gezielte Steuerung vieler physikalischer Eigenschaften polymerer Materialien von großer Wichtigkeit.

Erläuterungen zu Tafel 3.1

Polymere mit Doppelbindungen entlang der Kette sind aus der Natur bekannt und können aus Pflanzen isoliert werden: *Naturkautschuk*, der *cis*-Doppelbindungen in der Polyisoprenkette (*cis*-1,4-Polyisopren) enthält, ist zähflüssig, während das *trans*-verknüpfte Polyisopren *Guttapercha* (*trans*-1,4-Polyisopren) zur Kristallisation neigt und daher fest ist. Der Schmelzpunkt von *Guttapercha* liegt zwischen 50 und 60 °C. Feine Stifte aus *Guttapercha* werden zusammen mit reaktiven „Sealer-Harzen" zur Füllung und Abdichtung von Wurzelkanälen in der Zahnheilkunde verwendet. Kautschuk ist dafür ungeeignet. Die Ursache für das unterschiedliche Verhalten der beiden Biopolymere liegt darin, dass die *trans*-Doppelbindungen bei Guttapercha eine Zusammenlagerung der Ketten zu

© Springer-Verlag GmbH Deutschland, ein Teil von Springer Nature 2018
H. Ritter, *Makromoleküle I*, https://doi.org/10.1007/978-3-662-55956-7_3

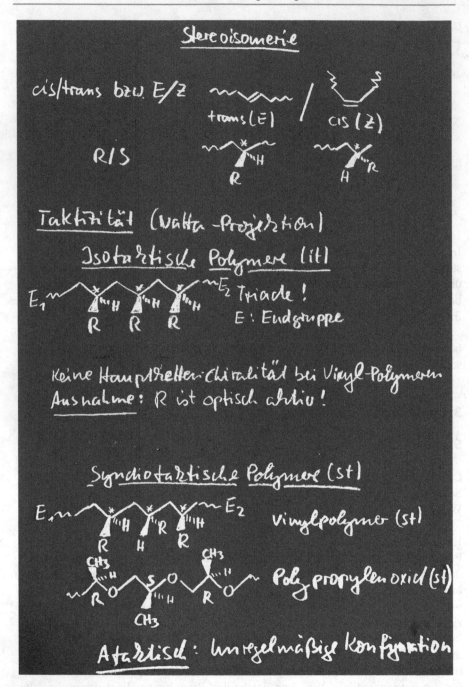

Tafel 3.1 E/Z- und R/S-Stereoisomerie bei Polymeren

kristallinen Einheiten ermöglichen, während dies bei Kautschuk mit seinen *cis*-Strukturen aus sterischen Gründen nicht gelingt.

Die R/S-Anordnung bzw. Taktizität bei Polymeren spielt eine ähnlich wichtige Rolle bezüglich der Materialeigenschaften. Beim Formelzeichnen von Polymerketten werden immer nur die Atome der Hauptkette in die Tafelebene gelegt („Natta-Projektion"). Jetzt müssen die Substituenten, die vor bzw. hinter der Tafelebene liegen, durch Keile räumlich gekennzeichnet werden. Dabei ist zu beachten, dass auch die gestrichelten Keile nach hinten spitz zulaufen (Tafel 3.1) und nicht umgekehrt. Letzteres wäre optisch falsch. Gegenüber der klassischen Fischer-Projektion ist die hier ausschließlich verwendete „Natta-Projektion" erheblich einfacher und auch viel anschaulicher.

Zur Beschreibung dieser Stereoanordnung bzw. *Taktizität* genügen grundsätzlich drei verknüpfte Monomereinheiten, die dementsprechend als Triaden bezeichnet werden. Bei Vinylpolymeren können prinzipiell die gleichen Substituenten alle vor der Tafelebene, d. h. *isotaktisch* (it), oder alternierend vor bzw. hinter der Tafelebene, also *syndiotaktisch* (st), angeordnet sein. Eine *ataktische* (at) Anordnung entspräche dann einer statistischen R- bzw. S-Verknüpfung. Die für chirale Moleküle zu verwendende R/S-Nomenklatur macht jedoch bei den langkettigen Vinylpolymeren, die nur C-Atome in der Hauptkette tragen, wenig Sinn, da bei der Festlegung der Prioritäten der Substituenten die Kettenlänge mit hineinspielt. Die eventuell unterschiedlichen Endgruppen spielen bei den hohen Molmassen faktisch keine Rolle. Optisch aktive Vinylpolymere liegen immer dann vor, wenn sie chirale Seitengruppen in den Wiederholungseinheiten tragen.

Bei Heterokettenpolymeren – wie z. B. bei Polypropylenoxid – ist die R/S-Nomenklatur sehr wohl zur Definition der einzelnen Asymmetriezentren geeignet. Ein wiederkehrendes Heteroatom in der Hauptkette legt die Priorität einzelner C-Atome mit 4 verschiedenen Substituenten eindeutig fest.

Erläuterungen zu Tafel 3.2
Der einfache Fall einer Taktiziätsbestimmung ergibt sich am Beispiel von PMMA dadurch, dass die beiden Methylenprotonen der *isotaktisch* angeordneten Kette eine erkennbar unterschiedliche chemische Umgebung aufweisen. Das bedeutet, dass ein typisches AB-Spektrum (2 jeweils aufgespaltene Signale mit „Dacheffekt") zu beobachten ist. Wichtig ist, dass die Spektren in verdünnter Lösung und bei erhöhter Temperatur aufgenommen werden, um die Signalbreite durch magnetische Wechselwirkung zu verringern. Bei *syndiotaktischem* PMMA fällt diese Aufspaltung der Methylensignale weg, und es ergibt sich ein einzelnes Signal für die beiden magnetisch identischen Methylenprotonen. Bei *ataktischem* PMMA zeigt sich quasi ein gemitteltes Spektrum. Natürlich sind auch die Signale der beiden CH_3-Gruppen von der Umgebung abhängig. Eine genauere Analyse der Taktizität von Polymeren erfolgt mittels ^{13}C-NMR-Spektroskopie. Im Gegensatz zur ^{1}H-NMR-Spektroskopie sind hier die Signale scharf.

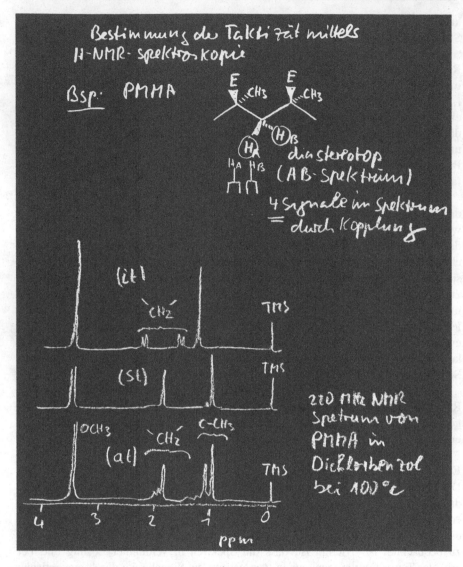

Tafel 3.2 Bestimmung der Taktizität mittels ^{1}H-NMR am Beispiel von PMMA

Knäuelbildung

Erläuterungen zu Tafel 3.3

Die chemischen Strukturen von Poly(1,4-isopren) sowie allgemein von Sekundär-strukturen, die bei Polymeren wichtig sind, sind in Tafel 3.3 zusammengefasst. Je nach chemischer Beschaffenheit und Lösemittel können die Polymere auch gestreckt vorliegen. Dies ist bei kettensteifen Makromolekülen gegeben sowie bei Polymeren, die entlang der Kette stets gleiche, sich gegenseitig abstoßende Ladungen tragen.

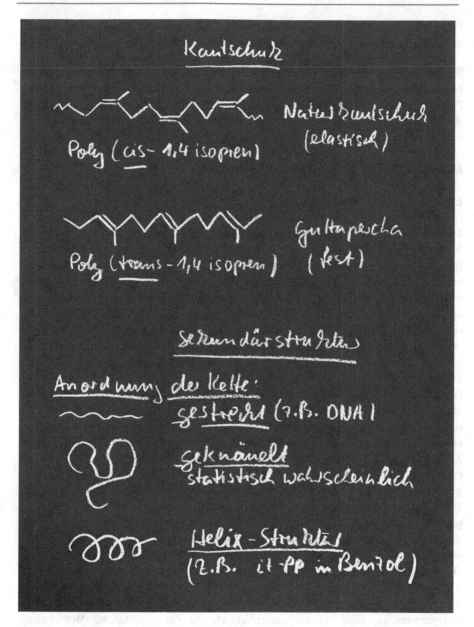

Tafel 3.3 Chemische Strukturen von Poly(1,4-isopren) sowie von Polymersekundärstrukturen: linear, geknäuelt, helixartig

Der geknäulte Zustand von linearen Ketten enstpricht maximaler Entropie und wird immer dann bevorzugt eingenommen, wenn es das System zulässt. In guten Lösemitteln liegen flexible Ketten im Ruhezustand geknäult vor. Wenn allerdings äußere Scherkräfte einwirken, die z. B. immer dann auftreten, wenn eine verdünnte

Polymerlösung durch eine Kapillare gepresst wird, kann eine Streckung der Ketten in Fließrichtung erzwungen werden; Man spricht dann von *Strömungsorientierung*.

Die helikale Anordnung wird quasi sterisch erzwungen, wenn die Substituenten, wie bei isotaktischem Polypropylen, eine Drehrichtung der Kette begünstigen. Damit gehen meist optische Aktivitäten einher. Die bekannteste Polymerdoppelhelix ist die DNA-Kette. Diese stabilisiert sich umfangreich durch wiederkehrende H-Brücken. Auch bestimmte Proteine bilden helikale Sequenzen.

Molmassen und Molmassenverteilung

Erläuterungen zu Tafel 3.4

In Tafel 3.4 sind die wichtigsten Kriterien im Zusammenhang mit Molmasse und Molmassenverteilung zusammengefasst. Werden n Moleküle Styrol zu langen Ketten verknüpft, so entsteht ein Gemisch von Makromolekülen mit unterschiedlichen Kettenlängen. Im Gegensatz zur niedermolekularen Organischen Chemie, bei der Molmassen, wie z. B. die von Benzoesäure, immer sehr genau angegeben werden können, ist das bei synthetischen Polymeren nicht möglich. Hier müssen statistische Methoden angewendet werden. Jede einzelne Kette im Gemisch unterschiedlich langer Ketten hat natürlich eine definierte Molmasse, die das n-Fache der Molmasse des verwendeten Monomers (plus die Molmassen der Endgruppen) beträgt. Wichtig für die Eigenschaften der Polymere in Lösung und in kondensierter Phase ist nun die Kenntnis der Molmassenverteilung, der *Dispersität* (D) und der Molmassenmittelwerte. In Tafel 3.4 ist eine übliche Verteilungskurve skizziert, und es sind zwei wichtige Mittelwerte, nämlich das *Zahlenmittel* M_n und das *Gewichtsmittel* M_w, angegeben. Das *Zahlenmittel* lässt sich an folgendem Beispiel leicht erklären: In einem Hörsaal sind 33 Studierende mit unterschiedlichem Körpergewicht. Alle stellen sich auf eine Lkw-Waage und teilen anschließend das ermittelte Gesamtgewicht durch die Zahl 33, was das *Zahlenmittel* des Körpergewichts liefert. In Tafel 3.4 wird deutlich, dass man bei den Diagrammen auch Fraktionen erhalten kann, die jeweils ein unterschiedliches mittleres Molekulargewicht besitzen. Diese Auftrennung der Verteilungsfunktion wird klassisch als *Streifenmethode* bezeichnet. Mittels dieser Fraktionen lässt sich das Zahlenmittel bzw. das Gewichtsmittel gemäß der Definition (s. Tafel 3.5) errechnen. Bei Polymeren ist das *Zahlenmittel* deshalb so wichtig, weil sich damit stöchiometrisch rechnen lässt. Eine 1:1-Stöchiometrie ist beispielsweise erforderlich bei Verknüpfung eines langkettigen Diols mit einer beliebigen Dicarbonsäure durch Polyveresterung. Hier müssen ausschließlich die *Zahlenmittel* zur Berechnung verwendet werden.

Im Gegensatz dazu wird beim *Gewichtsmittel* die Molmasse der Kettenmoleküle bei der Mittelwertberechnung stärker berücksichtigt. Die Kenngröße *Gewichtsmittel* macht deshalb Sinn, weil bestimmte physikalische Methoden zur Molmassenbestimmung, wie die im Folgenden behandelte Lichtstreuung oder auch die Viskosimetrie, exakt oder angenähert das *Gewichtsmittel* liefern.

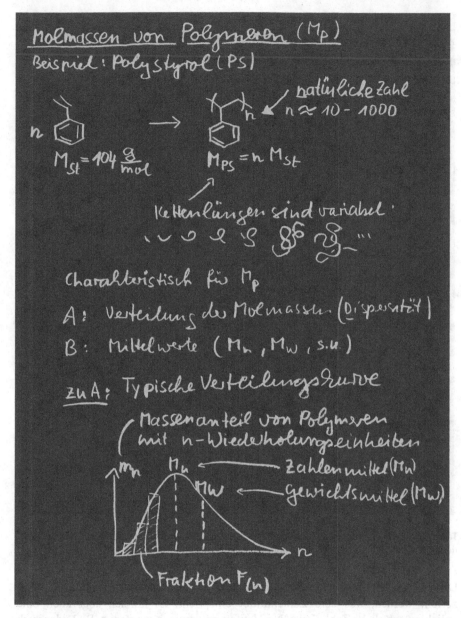

Tafel 3.4 Molmassen und Molmassenverteilung bei Polymeren

Erläuterungen zu Tafel 3.5

In Tafel 3.5 wird angedeutet, dass mathematisch grundsätzlich unendlich viele Mittelwerte möglich sind. Anschaulich ergibt sich das aus folgendem *Gedankenexperiment*: Auf einem Tisch befinden sich n unterschiedlich große Häufchen Sand. Diese n Häufchen werden zu einem großen Sandhaufen zusammengeführt.

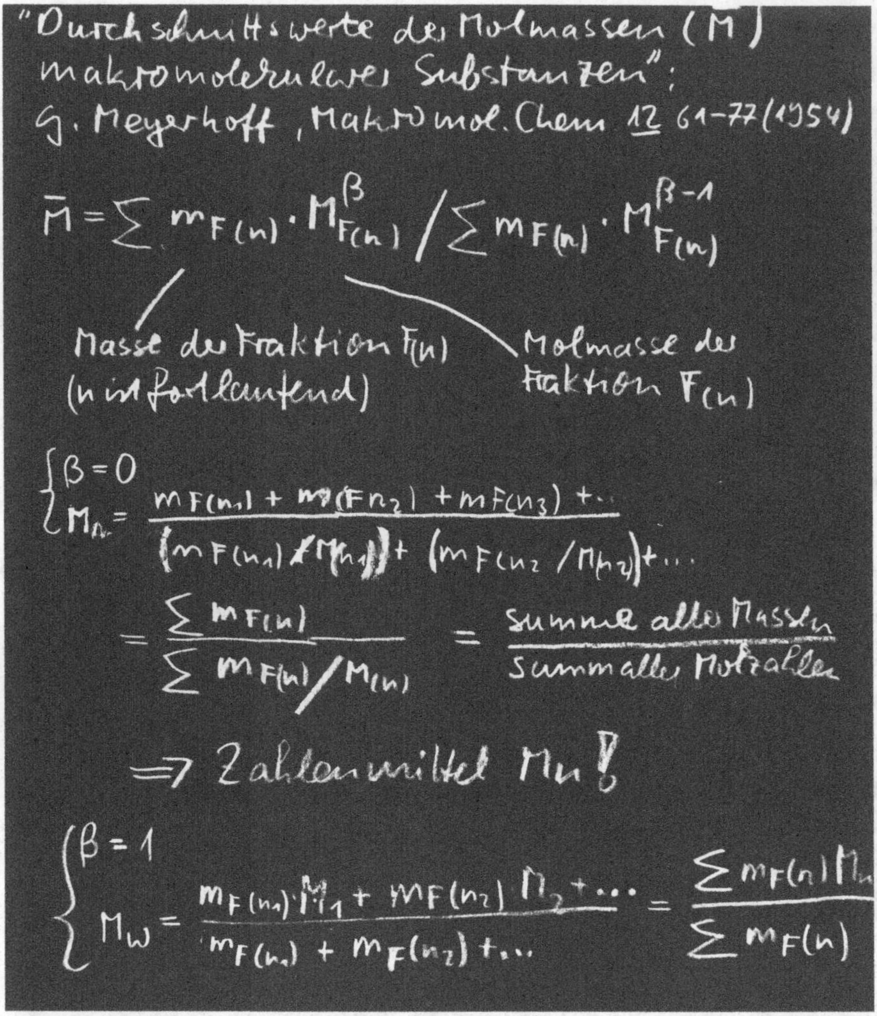

"Durchschnittswerte der Molmassen (M)
makromolekularer Substanzen";
G. Meyerhoff, Makromol.Chem. $\underline{12}$ 61–77 (1954)

$$\bar{M} = \sum m_{F(n)} \cdot M_{F(n)}^{\beta} \Big/ \sum m_{F(n)} \cdot M_{F(n)}^{\beta-1}$$

Masse der Fraktion $F_{(n)}$ Molmasse der
(n ist fortlaufend)   Fraktion $F_{(n)}$

$$\begin{cases} \beta = 0 \\ M_n = \dfrac{m\,F_{(n_1)} + m_{(Fn_2)} + m\,F_{(n_3)} + \cdots}{\left(m\,F_{(n_1)} / M_{(n_1)}\right) + \left(m\,F_{(n_2)} / M_{(n_2)}\right) + \cdots} \end{cases}$$

$$= \frac{\sum m_{F(n)}}{\sum m_{F(n)} / M_{(n)}} = \frac{\text{Summe aller Massen}}{\text{Summ aller Molzahlen}}$$

$$\Longrightarrow \text{Zahlenmittel } M_n \text{!}$$

$$\begin{cases} \beta = 1 \\ M_w = \dfrac{m_{F(n_1)} \cdot M_1 + m_{F(n_2)}\, M_2 + \cdots}{m_{F(n_1)} + m_{F(n_2)} + \cdots} = \dfrac{\sum m_{F(n)}\, M_n}{\sum m_{F(n)}} \end{cases}$$

Tafel 3.5 Zwei wichtige Durchschnittswerte von Molmassen makromolekularer Stoffe: $\beta = 0$ liefert das Zahlenmittel M_n und $\beta = 2$ liefert das Gewichtsmittel M_w

Dieser kann jetzt in genau n gleiche Sandhäufchen mit jeweils gleichem Gewicht zerteilt werden, was dem Zahlenmittel entspricht. Es können aber auch eine beliebige natürliche Zahl n' gleicher Haufen entnommen werden, z. B. 2 oder auch 321. Eine allgemeine Gleichung für Polymermittelwerte stammt von Meyerhoff aus dem Jahr 1954.

Erläuterungen zu Tafel 3.6
Die in Tafel 3.6 aufgeführten Methoden, die alle noch behandelt werden, unterscheiden sich dadurch, dass einige davon absolute Werte liefern, während andere erst durch Eichung brauchbare Molmassen ergeben. Die Endgruppenbestimmung

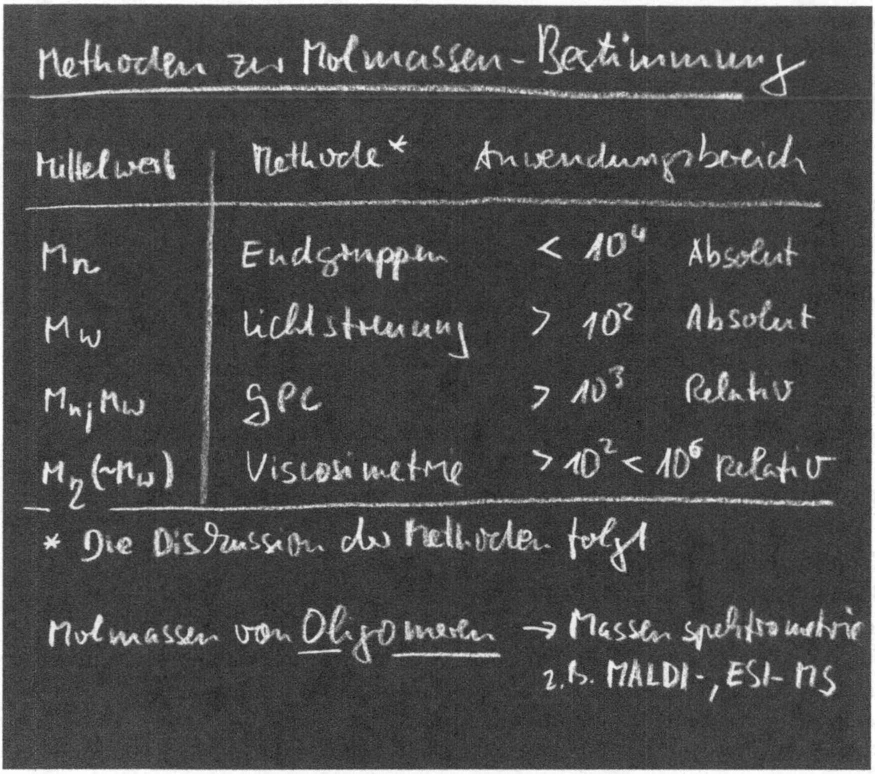

Methoden zur Molmassen-Bestimmung

Mittelwert	Methode*	Anwendungsbereich
M_n	Endgruppen	$< 10^4$ Absolut
M_w	Lichtstreuung	$> 10^2$ Absolut
M_n, M_w	GPC	$> 10^3$ Relativ
$M_z (\sim M_w)$	Viscosimetrie	$> 10^2 < 10^6$ Relativ

* Die Diskussion der Methoden folgt

Molmassen von Oligomeren $\rightarrow$ Massenspektrometrie z.B. MALDI-, ESI-MS

Tafel 3.6 Methoden zur Molmassenbestimmung bei Polymeren

liefert bei genügender Sensibilität absolute, zahlengemittelte Molmassen M_n. Diese Methode eignet sich aber eher nur für kurzkettige Moleküle. Die Lichtstreumethode liefert dagegen Absolutwerte von M_w. Mittels Gelpermeationschromatographie (*GPC* oder engl. „size exclusion chromatography", *SEC*)können bei einem Standard-RI-Detektor, der lediglich den sich ändernden Brechungsindex erfasst, nur Relativwerte der Molmassen erhalten werden. Absolute Werte liefert dagegen ein Lichtstreudetektor, der – an die GPC-Säule gekoppelt – jede ankommende Fraktion erfasst und die zugehörigen Molmassen liefert. Da die GPC-Methode die Gemische der unterschiedlich langen Polymerketten in Fraktionen trennt, können nicht nur unterschiedliche Mittelwerte und die Dispersität D berechnet werden, sondern es wird die gesamte Verteilungskurve erfasst. Die Viskosimetrie zählt zu den einfachsten klassischen Methoden für die Bestimmung von M_{visko}, ein Wert, der annähernd M_w entspricht. Schließlich hat sich die Massenspektrometrie (z. B. MALDI-TOF bzw. ESI-TOF) als genaue Methode auch zur Erkennung von Molmassen der Polymere/Oligomere einschließlich deren Endgruppen zunehmend etabliert, jedoch sind höhere Molmassen über ca. 5000 g/mol kaum erfassbar.

Erläuterungen zu Tafel 3.7

Wenn sich bei bekannter Molekülstruktur der molare Anteil an Endgruppen in Bezug zur Kette erfassen lässt, kann die zahlengemittelte Molmasse M_n bzw. der zahlengemittelte Polymerisationsgrad P_n dieser Polymere/Oligomere ermittelt werden. Dies ist relativ einfach bei hochempfindlicher NMR-Spektroskopie. Im Idealfall lassen sich hier die Integrale von n-fach auftretenden Protonen der Wiederholungseinheiten mit erfassbaren Integralen der Endgruppenprotonen ins Verhältnis setzen. In den frühen 1970er-Jahren wurde durch Verwendung von ^{14}C, d. h. radioaktiv markierten Endgruppen, mit großer Präzision auch die Molmasse von hochmolekularen Verbindungen erfasst. Heute wird die UV- bzw. Fluoreszenzspektroskopie zur Endgruppenanalyse bevorzugt, sofern sich die Endgruppen von den Wiederholungseinheiten spektroskopisch hinreichend unterscheiden. Bei Titration von Endgruppen lässt sich die Molzahl pro 1 g Einwaage bei Oligomeren erfassen. Tafel 3.7 liefert ein Beispiel für säurehaltige Polyester. In der Industrie wird die Säurezahl wegen ihrer Einfachheit auch heute noch zur Bestimmung von Molmassen verwendet.

Erläuterungen zu Tafel 3.8

Bereits Isaac Newton hat sich grundlegend mit dem Fließverhalten von Flüssigkeiten befasst. Befindet sich zwischen 2 Glasplatten mit dem Abstand x eine Flüssigkeit und bewegt man nun die obere Platte parallel zur unteren mit einer bestimmten Geschwindigkeit v, wird eine bestimmte Kraft F zur Überwindung der inneren Reibung benötigt. Wichtig ist, dass sich die an der Glasgrenzfläche befindlichen Lösemittelmoleküle genau mit der gleichen Geschwindigkeit bewegen wie die Platte selbst. Da die Platten relativ zueinander eine unterschiedliche Geschwindigkeit besitzen, entsteht innerhalb der Flüssigkeit auf dem Weg von Platte zu Platte ein Geschwindigkeitsgradient. Die damit verknüpfte Reibungskraft und die für die Wegstrecke aufzuwendende Arbeit hängen von der Viskosität der Flüssigkeit ab. Es interessiert aber hier nicht der absolute Wert der Viskosität, sondern der Unterschied zwischen dem reinen Lösemittel und der Lösung. Man erhält so die *spezifische Viskosität*. Um von der Konzentration zu abstrahieren, wird die *reduzierte spezifische Viskosität* ins Spiel gebracht, d. h., man teilt den Wert noch durch die Konzentration c. Natürlich versucht man, die Menge an Polymeren in der Lösung so gering wie möglich zu halten, um intermolekulare Kette zu Kette Wechselwirkungen zu vermeiden. Daher erstellt man eine Konzentrationsreihe und extrapoliert auf den Wert $c \to 0$, da man ja bei $c = 0$ nicht sinnvoll messen kann. Erhalten wird die *Grenzviskosität* bzw. der *Staudinger-Index*. Dieser Index steht mit der Molmasse in Zusammenhang (Tafel 3.10). Um die Erstellung einer Konzentrationsreihe zu umgehen, hat sich die Methode nach Huggins bewährt.

Erläuterungen zu Tafel 3.9

Die Viskositätsmessung ist aus industrieller Sicht immer noch die einfachste und somit preisgünstigste Methode. Im besten Fall verwendet man einen sogenannten „DIN-Auslaufbecher" und misst die Zeit, bis eine bestimmte Menge an viskoser

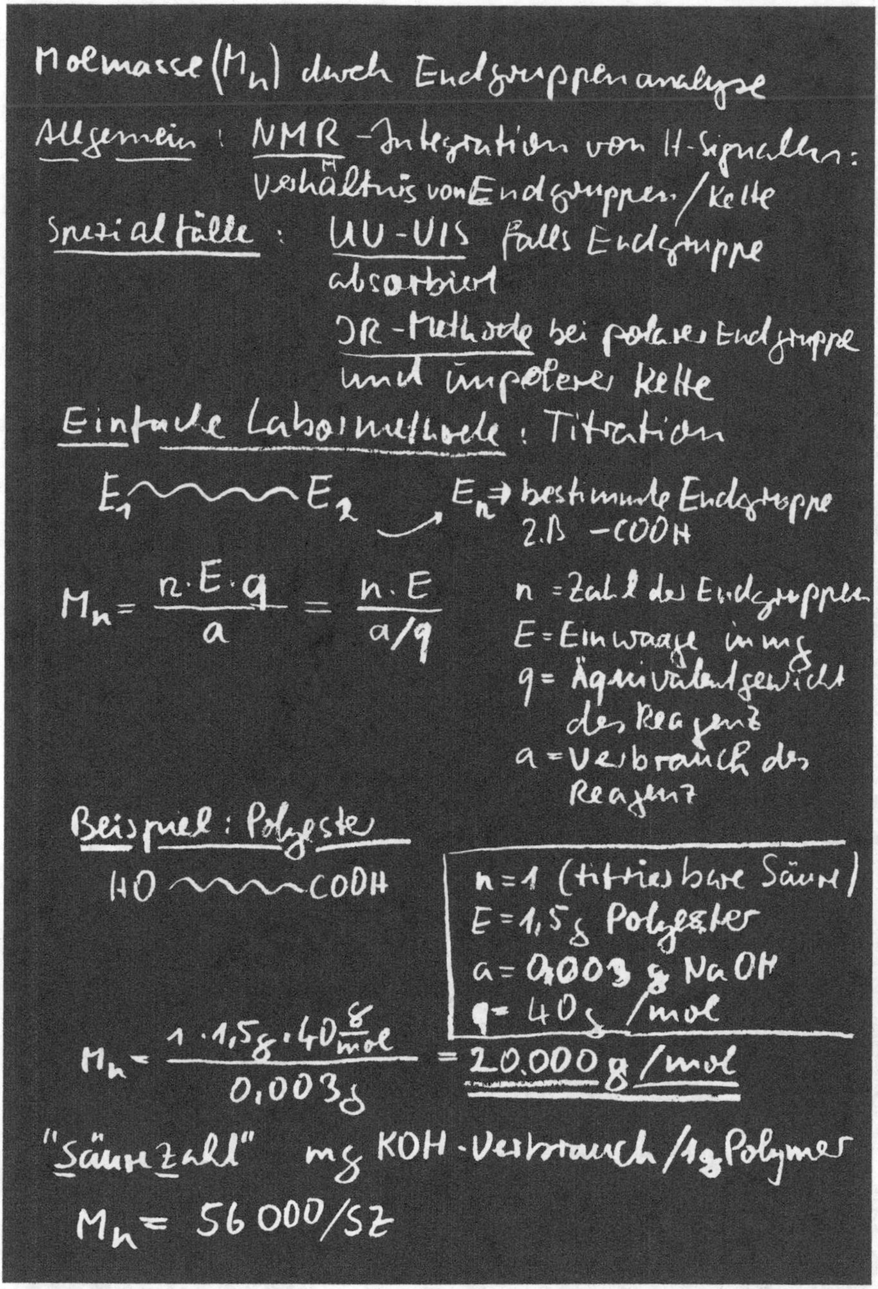

Molmasse (M_n) durch Endgruppenanalyse

<u>Allgemein</u>: NMR-Integration von H-Signalen:
Verhältnis von Endgruppen/Kette

<u>Spezialfälle</u>: UU-VIS falls Endgruppe absorbiert

IR-Methode bei polarer Endgruppe und unpolarer Kette

<u>Einfache Labormethode</u>: Titration

$E_1 \frown\frown\frown E_2 \longrightarrow E_n \Rightarrow$ bestimmte Endgruppe
z.B. $-COOH$

$$M_n = \frac{n \cdot E \cdot q}{a} = \frac{n \cdot E}{a/q}$$

n = Zahl der Endgruppen
E = Einwaage in mg
q = Äquivalentgewicht des Reagenz
a = Verbrauch des Reagenz

<u>Beispiel: Polyester</u>

HO $\frown\frown\frown$ COOH

n = 1 (titrierbare Säure)
E = 1,5 g Polyester
a = 0,003 g NaOH
q = 40 g/mol

$$M_n = \frac{1 \cdot 1,5g \cdot 40\frac{g}{mol}}{0,003g} = \underline{20.000\,g/mol}$$

"<u>Säurezahl</u>" mg KOH-Verbrauch/1g Polymer

$$M_n = 56\,000/SZ$$

Tafel 3.7 Bestimmung von Molmassen durch Endgruppenanalyse

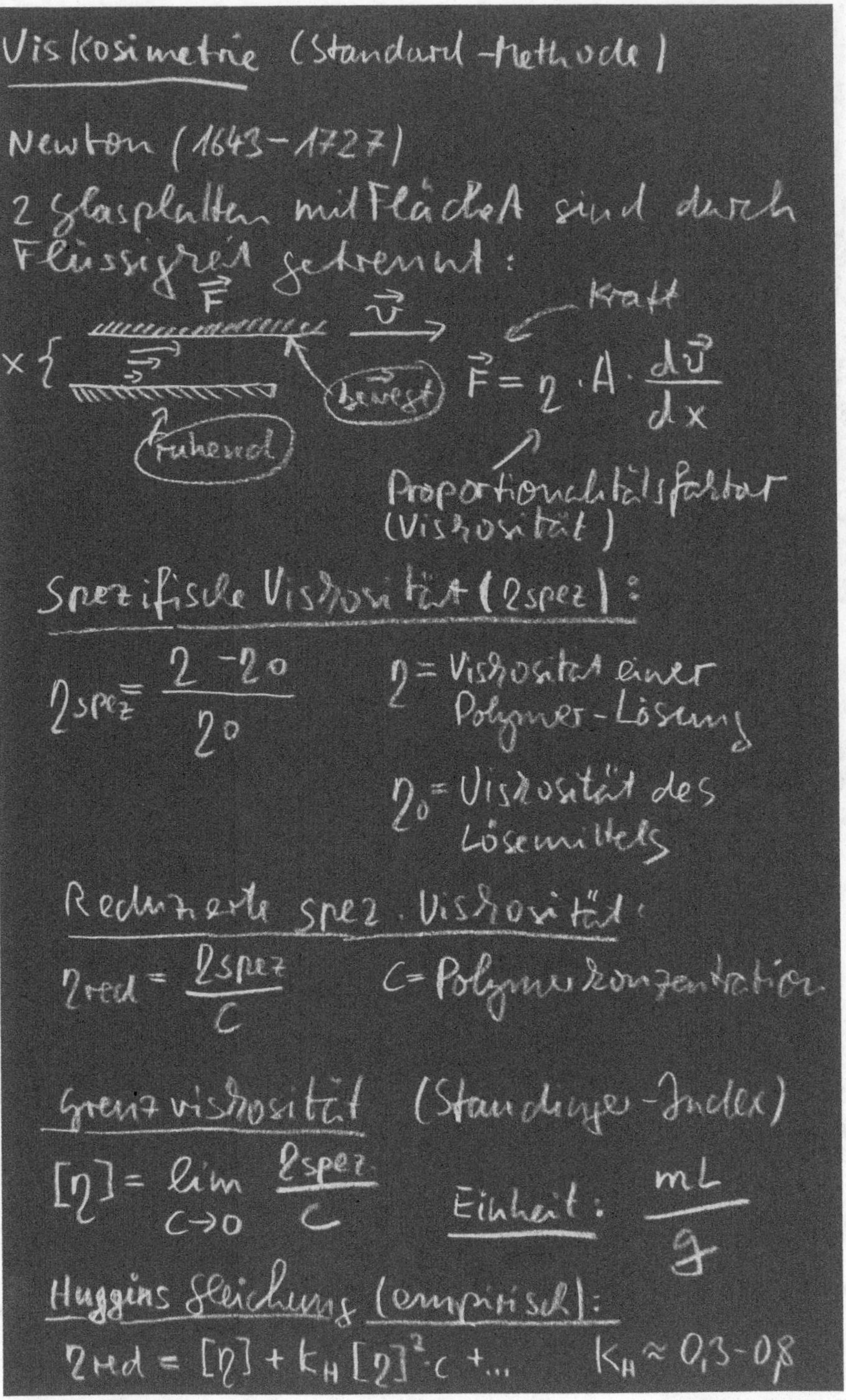

Viskosimetrie (Standard-Methode)

Newton (1643-1727)

2 Glasplatten mit Fläche A sind durch
Flüssigkeit getrennt:

$$\times \{ \qquad \vec{F} \qquad \vec{v} \rightarrow \qquad \text{Kraft}$$

$$\vec{F} = \eta \cdot A \cdot \frac{d\vec{v}}{dx}$$

(bewegt)

(ruhend)

Proportionalitätsfaktor
(Viskosität)

Spezifische Viskosität (η_{spez}):

$$\eta_{spez} = \frac{\eta - \eta_0}{\eta_0} \qquad \eta = \text{Viskosität einer Polymer-Lösung}$$

$$\eta_0 = \text{Viskosität des Lösemittels}$$

Reduzierte spez. Viskosität:

$$\eta_{red} = \frac{\eta_{spez}}{c} \qquad c = \text{Polymerkonzentration}$$

Grenzviskosität (Staudinger-Index)

$$[\eta] = \lim_{c \to 0} \frac{\eta_{spez}}{c} \qquad \text{Einheit: } \frac{mL}{g}$$

Huggins Gleichung (empirisch):

$$\eta_{red} = [\eta] + k_H [\eta]^2 \cdot c + \dots \qquad k_H \approx 0{,}3 - 0{,}8$$

Tafel 3.8 Viskosimetrie als Standardmethode

Flüssigkeit bei Raumtemperatur ausgelaufen ist. Für Relativmessungen ist diese Methode erstaunlich genau.

Für präzise Messungen wird auch heute noch die Kapillarviskosimetrie herangezogen. Dieses Glasviskosimeter befindet sich in einem Wasserbad, da die Viskosität einer Flüssigkeit stark von der Temperatur abhängt. Man pumpt die Lösung von rechts mit einem Gummiball über die obere Markierung links und misst mit einer Stoppuhr die Zeit, die vergeht, bis der untere Meniskus erreicht

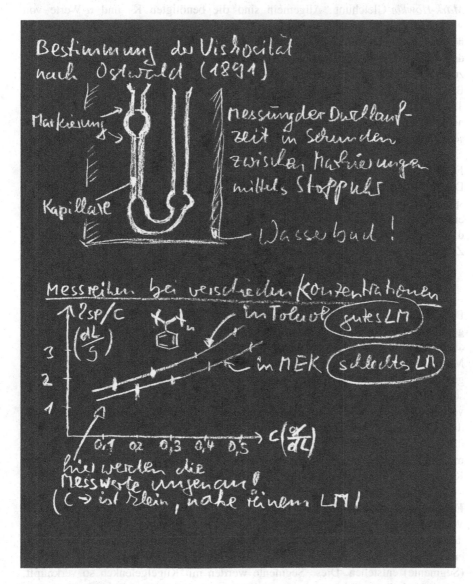

Tafel 3.9 Bestimmung der Viskosität nach Ostwald

wird. Die Durchlaufzeit sollte 100 s nicht unterschreiten, damit keine Strömungsorientierung der Polymerketten entlang der Kapillarachse erfolgt. Um die *Grenzviskosität* zu erhalten, werden Messreihen bei unterschiedlichen Konzentrationen
durchgeführt und graphisch auf c → 0 extrapoliert (vgl. Text zu Tafel 3.8).

Erläuterungen zu Tafel 3.10
Wie bereits oben erwähnt, besteht ein exponentieller Zusammenhang zwischen
der *Grenzviskosität* und der mittleren Molmasse der gelösten Polymere: die *Kuhn-
Mark-Howkin*-Gleichung. Allgemein sind die benötigten K- und α-Werte von
vielen Standardpolymeren tabelliert und allgemein zugänglich. Nur bei völlig
neuen Polymeren muss eine Eichung erfolgen, wobei *Absolutmethoden*, z. B.
die Lichtstreuung, herangezogen werden. Im unteren Teil von Tafel 3.10 wird
zum Verständnis der empirisch gefundenen Zusammenhänge eine theoretische
Basis geschaffen. Hier hat R. Kuhn das Segmentmodell ins Spiel gebracht (vgl.
Tafel 3.12). Bevor aber das Segmentmodell angewendet werden kann, muss vorab
noch die *Einstein-Formel* für die Viskosität gemäß Tafel 3.11 betrachtet werden, um
schließlich den Zusammenhang zwischen Viskosität und Molmasse zu verstehen.

Erläuterungen zu Tafel 3.11
Die von Einstein 1905 hergeleitete Formel zeigt den Zusammenhang zwischen der
spezifischen Viskosität η_{spez} und dem Volumenbruch φ dispergierter Teilchen in
einer Flüssigkeit auf. Dieser Volumenbruch lässt sich so umschreiben, dass man n,
d. h. die Zahl der Kugeln (Knäuel) pro Volumeneinheit, mit der Konzentration in
Zusammenhang bringt. Somit gilt:

$$n = c / (M \cdot \times N_{Av})$$

Das ist anschaulich, da die Konzentration bedeutet: Masse/Volumeneinheit
geteilt durch die Molmasse der dispergierten Knäuel. Der Wert c/M bedeutet
also: Molzahl pro Volumeneinheit, da Masse/Molmasse die Molzahl darstellt.
Multipliziert man noch mit der Avogadrozahl N_{Av}, (ca. 6×10^{23}) so erhält man
genau die Zahl der einzelnen Knäuel pro Volumeneinheit. Multipliziert man
schließlich noch die Zahl der Knäuel mit ihrem mittleren Volumen {Knäuel-
volumen $= (4/3) \cdot \pi \cdot r^3$}, so erhält man also den gewünschten Volumenbruch
dispergierter Teilchen (Tafel 3.11). Somit sind die Konzentration und der Knäueldurchmesser in die einfach erscheinende Einstein-Formel eingebracht. Wie gelangt
man aber zum mittleren Radius der Knäuel? Hier spielt wieder das oben erwähnte
Kuhnsche Segmentmodell (Tafel 3.12) eine Rolle.

Erläuterungen zu Tafel 3.12
Wie bereits in Tafel 3.10 angedeutet, dient das Segmentmodell zur Berechnung
des mittleren Knäueldurchmessers. Man teilt dazu in einem Gedankenexperiment
eine beliebig flexible Polymerkette so in Segmente ein, dass quasi starre Stäbchen
(Segmente) entstehen. Diese Segmente werden mit Kugelgelenken so verknüpft,
dass sie jede Raumrichtung einnehmen können. Ist die Polymerkette flexibel, dann
sind die Segmente kurz und umgekehrt. Die Flexibilität einer Hauptkette ergibt

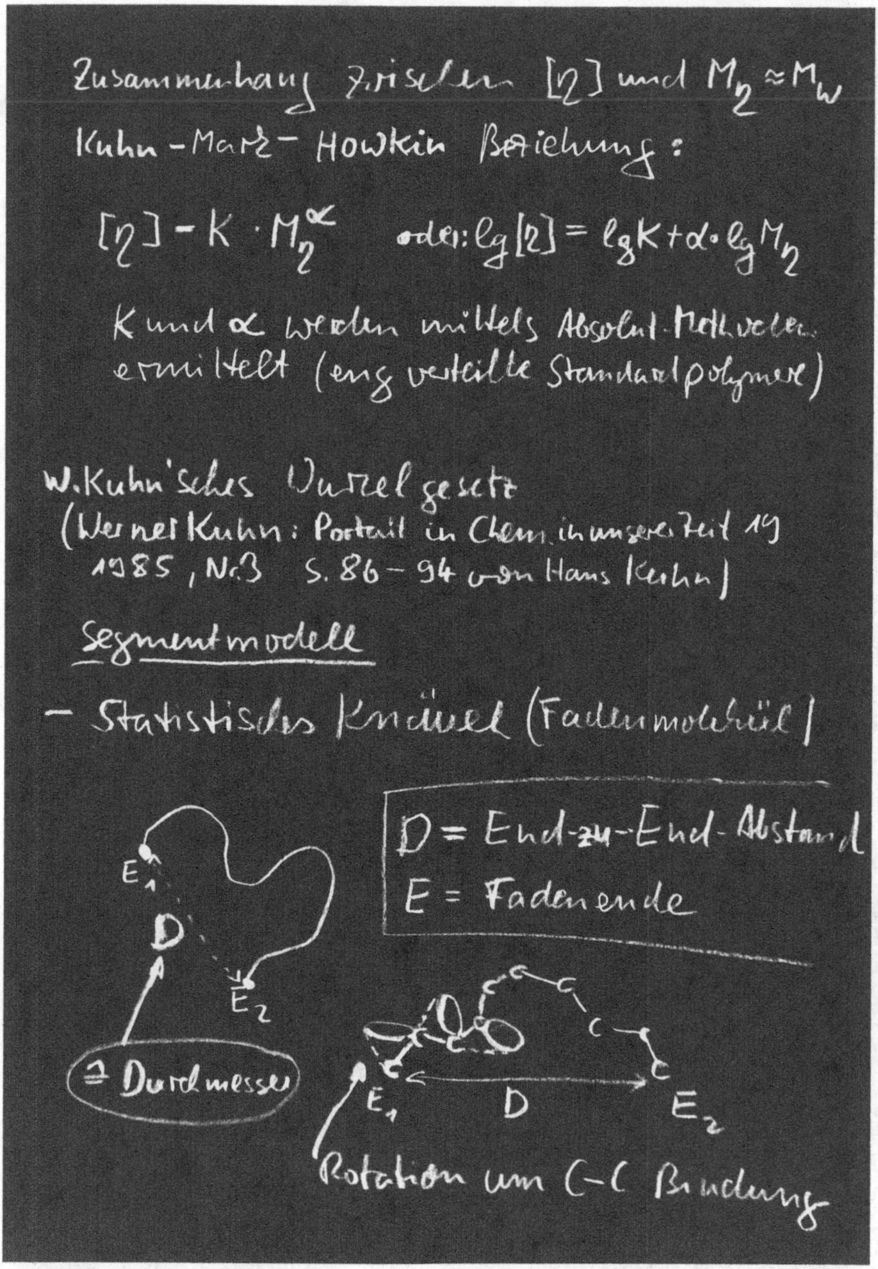
Zusammenhang zwischen [η] und M_η ≈ M_w
Kuhn-Mark-Howkin Beziehung:
[η] = K · M_η^α oder: lg[η] = lg K + α · lg M_η
K und α werden mittels Absolut-Methoden ermittelt (eng verteilte Standardpolymere)
W. Kuhn'sches Wurzelgesetz
(Werner Kuhn: Portrait in Chem. in unserer Zeit 19 1985, Nr. 3 S. 86–94 von Hans Kuhn)
Segmentmodell
– Statistisches Knäuel (Fadenmolekül)
D = End-zu-End-Abstand
E = Fadenende
E1
D
E2
≙ Durchmesser
C
E1
D
E2
Rotation um C-C Bindung

Tafel 3.10 Zusammenhang zwischen Viskosität und Molmasse

sich aus der mittleren gehinderten Drehbarkeit aller am Kettenaufbau beteiligten Atombindungen. Wichtig beim Segmentmodell ist der statistische End-zu-End-Abstand, d. h. die mittlere Länge von E_1 zu E_2. Dieser berechnete Wert wird als

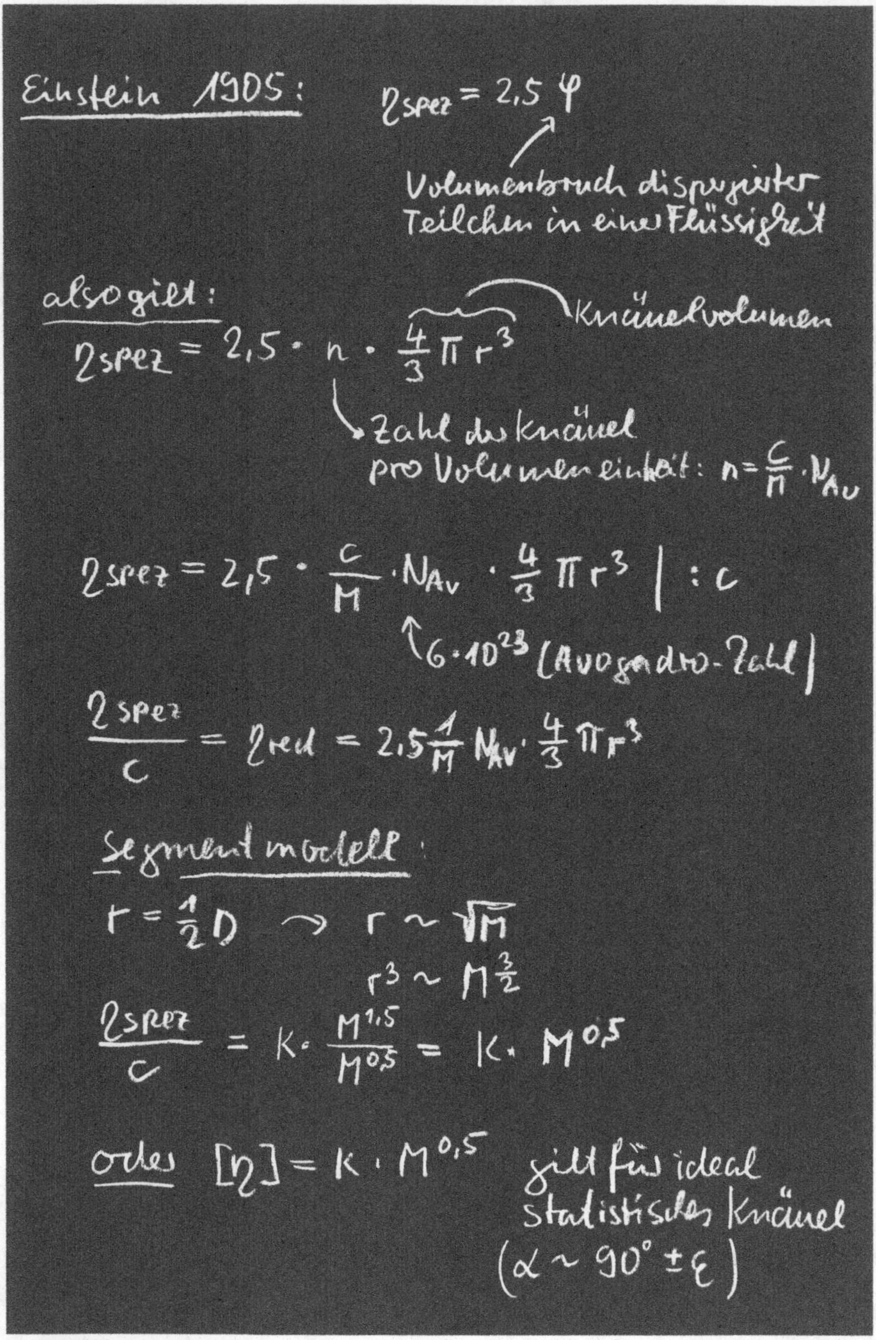

$$\underline{Einstein \ 1905:} \qquad \eta_{spez} = 2{,}5 \ \varphi$$

Volumenbruch dispergierter Teilchen in einer Flüssigkeit

$$\underline{also \ gilt:}$$

Knäuelvolumen

$$\eta_{spez} = 2{,}5 \cdot n \cdot \frac{4}{3} \pi r^3$$

Zahl der Knäuel pro Volumeneinheit: $n = \frac{c}{M} \cdot N_{Av}$

$$\eta_{spez} = 2{,}5 \cdot \frac{c}{M} \cdot N_{Av} \cdot \frac{4}{3} \pi r^3 \ \Big| \ : c$$

$6 \cdot 10^{23}$ (Avogadro-Zahl)

$$\frac{\eta_{spez}}{c} = \eta_{red} = 2{,}5 \frac{1}{M} N_{Av} \cdot \frac{4}{3} \pi r^3$$

$$\underline{Segmentmodell:}$$

$$r = \frac{1}{2} D \ \rightsquigarrow \ r \sim \sqrt{M}$$

$$r^3 \sim M^{\frac{3}{2}}$$

$$\frac{\eta_{spez}}{c} = k \cdot \frac{M^{1{,}5}}{M^{0{,}5}} = k \cdot M^{0{,}5}$$

$$\underline{oder} \quad [\eta] = k \cdot M^{0{,}5} \quad gilt \ f\ddot{u}r \ ideal$$
statistisches Knäuel

$$(\alpha \sim 90° \pm \varepsilon)$$

Tafel 3.11 Einstein-Viskositätsgesetz und Segmentmodell

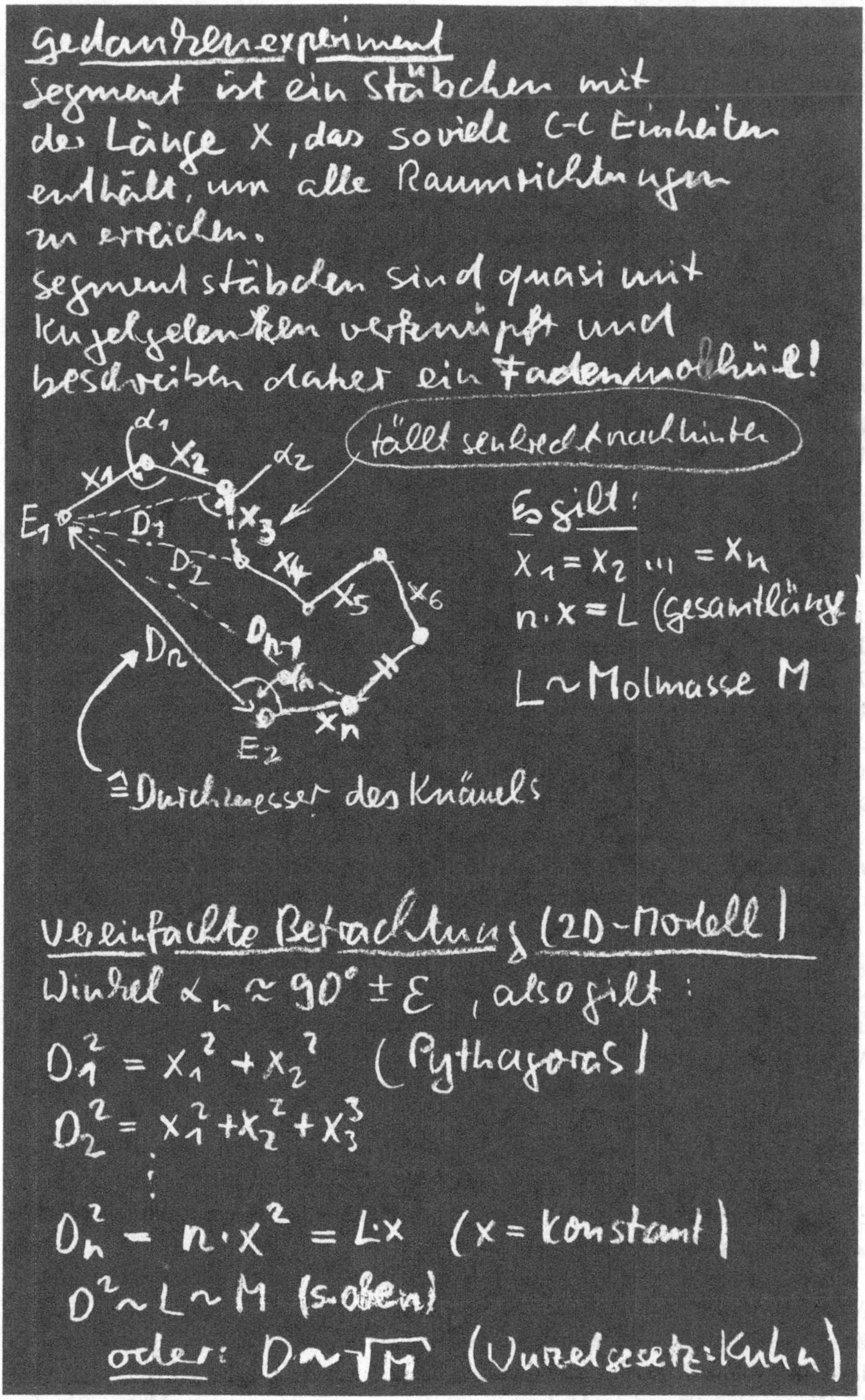
Gedankenexperiment
Segment ist ein Stäbchen mit der Länge x, das soviele C-C Einheiten enthält, um alle Raumrichtungen zu erreichen.
Segmentstäbchen sind quasi mit Kugelgelenken verknüpft und beschreiben daher ein Fadenmolekül!
α1
x1
x2
α2
x3
x4
x5
x6
E1
D1
D2
Dn-1
Dn
αn
xn
E2
fällt senkrecht nach hinten
Es gilt:
x1 = x2 ... = xn
n·x = L (Gesamtlänge)
L ~ Molmasse M
≙ Durchmesser des Knäuels
Vereinfachte Betrachtung (2D-Modell)
Winkel αn ≈ 90° ± ε, also gilt:
D1² = x1² + x2² (Pythagoras)
D2² = x1² + x2² + x3²
Dn² = n·x² = L·x (x = konstant)
D² ~ L ~ M (s. oben)
oder: D ~ √M (Wurzelgesetz: Kuhn)

Tafel 3.12 Gedankenexperiment zur Herleitung des mittleren End-zu-End-Abstands (Durchmesser) bei Knäuelmolekülen mithilfe des Kuhn-Segmentmodells

Knäueldurchmesser D_n postuliert. Natürlich sind die Kettenlängen über alle Knäuel verschieden, und der Durchmesser schwankt ebenfalls durch die Bewegungen der Kette in der Lösung.

Wie gelangt man zu dem gesuchten mittleren End-zu-End-Abstand bzw. zu D_n?

Man geht schrittweise vor und benötigt dazu n Einzelschritte, um vom ersten D_1 über alle D_x-Werte zum gesuchten D_n zu gelangen: Gestartet wird bei E_1 mit den Segmenten X_1 und X_2. Hinzu kommt, dass die Längen X aller Stäbchen per definitionem gleich sind und die Gesamtlänge des Fadenmoleküls L den folgenden Wert besitzt: $L = n \times X \times L$. Der Wert L ist naturgemäß proportional zur Molmasse des Fadenmoleküls. Die ursprünglich variabel angesetzte Länge der Segmente X_n ergab sich – wie bereits erwähnt – historisch aus der Theorie der damals schon bekannten Irrflugstatistik von Gasteilchen, die sich in einem Volumenelement bewegen und durch Stöße ständig ihre Richtung ändern. Bekannte Berechnungen aus der Gastheorie wurden nahezu 1:1 auf die Struktur eines Fadenmoleküls übertragen. Um nun zu D_1 zu gelangen, muss der Kosinussatz angewendet werden, da der Winkel α_1 grundsätzlich variiert. Bedenkt man aber, dass der mittlere Winkel α_n über den gesamten Bereich weder in der Nähe von 180° (unwahrscheinlich, da der Faden komplett gestreckt wäre) noch bei 0° (ebenfalls unwahrscheinlich, da der Faden kompakt gefaltet sein müsste) sein kann, sondern am wahrscheinlichsten ungefähr in der Mitte davon liegen muss, also bei $90° \pm \varepsilon$. Es gilt somit in erster Näherung schlicht der Satz des Pythagoras. Dazu muss man sich aber vorstellen, dass das Fadenmolekül im dreidimensionalen Raum angeordnet ist und die im mittleren Winkel von 90° verknüpften Segmente teils in der Tafelebene, aber auch senkrecht dazu angeordnet sind. Nur so kann ein statistisches Knäuel im Raum entstehen. Wie aus Tafel 3.12 ersichtlich, ergibt sich $D_n^2 = n^x \cdot x^x \cdot x$ oder bzw. $D_n^2 = L^x \cdot x$.

Da x eine Konstante ist, ergibt sich daraus, dass D_n^2 proportional zur Molmasse sein muss bzw. dass die Wurzel aus der Molmasse *proportional* zum Fadendurchmesser ist. Dies gilt für sogenannte *idealstatistische* Knäuel, d. h. für Knäuel mit einem mittleren Winkel von $\alpha = 90° \pm \varepsilon$.

Mit Blick auf Tafel 3.11 rundet sich das Viskositätsgesetz ab. Es gilt, dass bei einem Exponenten von 0,5 ein idealstatistisches Knäuel vorliegt. Verändert man z. B. die Temperatur oder die Qualität des Lösemittels, kommt es zu Abweichungen von diesem Wert.

Erläuterungen zu Tafel 3.13
Für den Fall, dass aufgrund schlechter werdender Polymerlöslichkeit der Segment-zu-Segment-Winkel α unter den wahrscheinlichen Wert von 90° sinkt, findet im Extremfall, nämlich bei $\alpha = 0$, eine dichte Anlagerung der einzelnen Polymerketten zu kompakten Kugeln statt.

Es ist verständlich, dass das Kugelvolumen proportional zur Molmasse sein muss. Wenn man z. B. einen Wollfaden zu einer Kugel wickelt, gilt, dass doppelte Fadenlänge auch doppeltes Kugelvolumen ergibt, und umgekehrt. Das Kugelvolumen ist durch das Volumen des Fadens gegeben. Durch Einsetzen (Tafel 3.11) resultiert, dass die Grenzviskosität von der Molmasse der Polymere unabhängig ist (M^0).

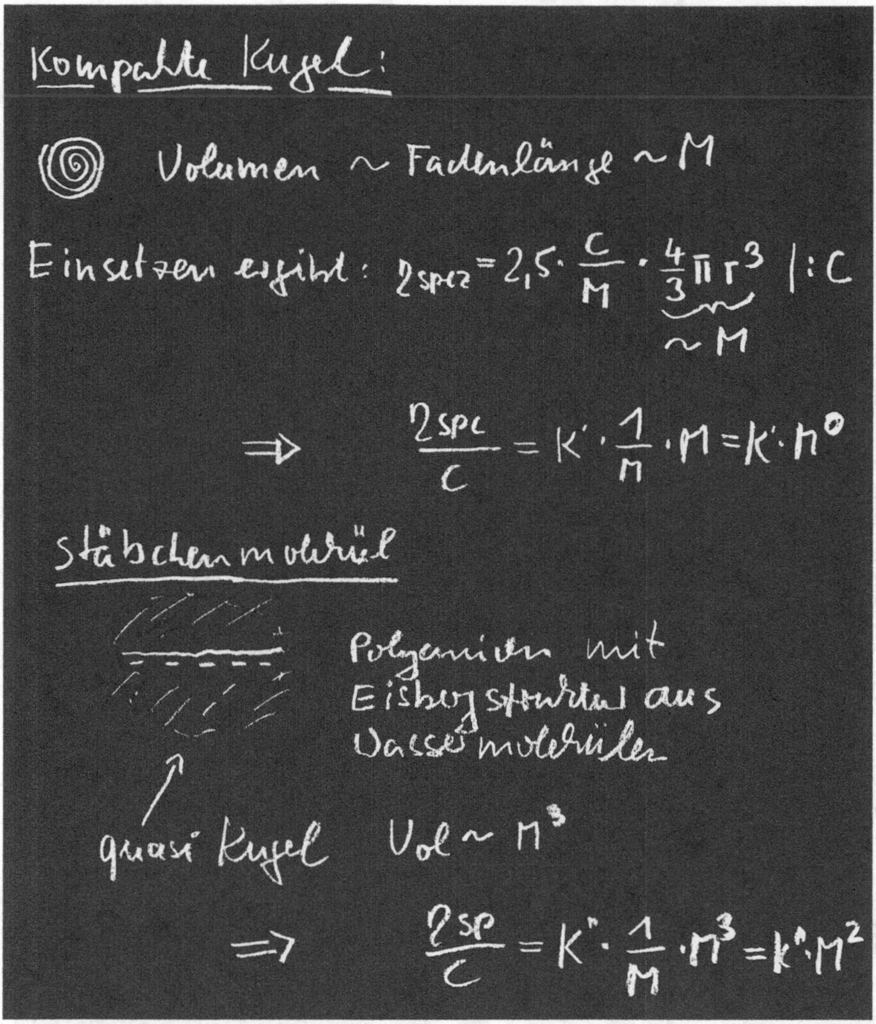

Kompakte Kugel:

$\circledcirc$ Volumen $\sim$ Fadenlänge $\sim M$

Einsetzen ergibt: $\varrho_{spez} = 2,5 \cdot \dfrac{C}{M} \cdot \underbrace{\dfrac{4}{3}\pi r^3}_{\sim M} \; | : C$

$$\Rightarrow \quad \dfrac{\varrho_{spc}}{C} = K' \cdot \dfrac{1}{M} \cdot M = K' \cdot M^0$$

Stäbchenmolekül

Polyanionen mit
Eisbergstruktur aus
Wassermolekülen

quasi Kugel   Vol $\sim M^3$

$$\Rightarrow \quad \dfrac{\varrho_{sp}}{C} = K'' \cdot \dfrac{1}{M} \cdot M^3 = K' \cdot M^2$$

Tafel 3.13 Viskositätsgesetz bei kompakten Kugeln

Wird dagegen ein statistisches Knäuel zu einem Stäbchen gestreckt, so verhält sich dieses Stäbchen in Lösung so, als würde durch schnelle Rotation um dessen Schwerpunkt quasi eine Kugel mit dem Durchmesser der Stäbchenlänge die Viskosität bestimmen Durch Einsetzen in die Gleichung (Tafel 3.11) ergibt sich ein Exponent von 2,0.

Erläuterungen zu Tafel 3.14

Das obere Beispiel dokumentiert das Viskositätsverhalten eines ideal-statistischen Knäuels, nämlich Polystyrol in Cyclohexan bei genau 34 °C. Hier

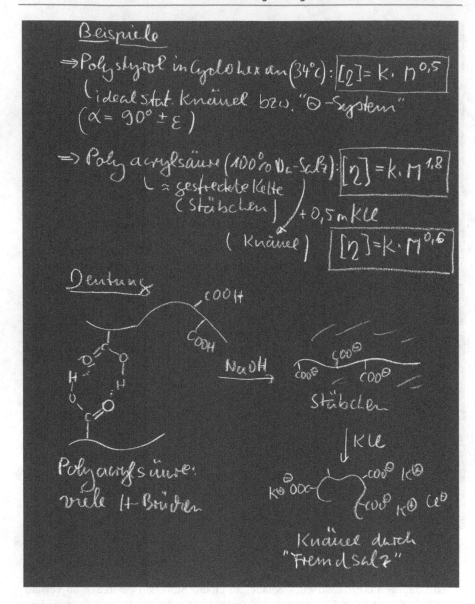

Tafel 3.14 Beispiele zum Viskositätsverhalten bestimmter Polymere

entspricht der ermittelte Exponent von 0,5 exakt der Theorie für den mittleren Segment-zu-Segment-Winkel von $90° \pm \varepsilon$. Man nennt das auch Theta-System (θ-System). Das Salz der Polyacrylsäure kommt dagegen durch die elektrostatische Abstoßung der Carboxylatgruppen schon annähernd an die gestreckte Stäbchenform heran, was sich im Exponenten α von 1,8 widerspiegelt. Fügt man ein Fremdsalz in hinreichender Menge hinzu, z. B. KCl, dann werden die negativen Ladungen durch die K-Ionen elektrostatisch kompensiert, und die Streckung findet nicht mehr statt. Der Exponent von 0,6 zeigt an, dass sich hier ein annähernd statistisches Knäuel bildet.

Gäbe man dagegen $CaCl_2$ zu, würden die Ketten durch die zweiwertigen Ca-Ionen intra- und intermolekular elektrostatisch bzw. durch Ionenkräfte verbunden, und das Polymer würde unter Klumpenbildung komplett ausfallen.

Erläuterungen zu Tafel 3.15

Allgemein zeigen Polyelektrolyte eine typische Knäuelaufweitung, wie in Tafel 3.14 dargestellt. Interessant ist, dass die Viskosität η_{red} mit abnehmender Konzentration von Polyelektrolyten zunächst fällt, bei hoher Verdünnung aber ab einem bestimmten Bereich wieder ansteigt. Dieser Effekt wird unterschiedlich gedeutet. Die einfachste Erklärung ist die, dass eine verstärkte Dissoziation der Ionen in verdünntem Zustand unter Knäuelaufweitung erfolgt. Eine andere Erklärung diskutiert auf Basis von Lichtstreuexperimenten eine zunehmende *Schwarmbildung* von Polymerketten durch Lösemittelzugabe, d. h., Ketten assoziieren bis zu einer bestimmten Verdünnung und vereinzeln aber bei noch größerer Verdünnung. Grundsätzlich verhalten sich Polyelektrolyte nach Salzzugabe wie „normale" Polymere. Im unteren Teil von Tafel 3.15 ist ein photosensitives Copolymer dargestellt, das durch UV-Bestrahlung in ein Polykation umgewandelt wird; dies wird durch den für Polyelektrolyte typischen Viskositätsanstieg angezeigt.

Erläuterungen zu Tafel 3.16

Die statische Lichtstreuung wird heute routinemäßig als Methode zur Bestimmung der mittleren Molmassen (Gewichtsmittel) verwendet, besonders in Kombination mit Trennmethoden (vgl. Tafel 3.20). Werden nämlich Proben mit geringer Dispersität D durch Lichtstreuung vermessen, dann ist der Wert des gemessenen Gewichtsmittels fast identisch mit dem Zahlenmittel des Polymers. Allgemein ist bei dieser Methode das Brechungsinkrement zu ermitteln, bzw. es muss die Änderung des Brechungsindex mit der Konzentration bekannt sein. Wie leicht aus der Grundgleichung ersichtlich, müssen die Konzentration $c \to 0$ und der Streuwinkel auf $\delta \to 0$ extrapoliert werden. Hierzu wird das *Zimm-Diagramm* angewendet (Tafel 3.17).

Erläuterungen zu Tafel 3.17

Da Messungen der Streustrahlung in der Nähe des Primärstrahls nicht möglich sind, muss man bei verschiedenen Winkeln auf diesen Wert extrapolieren. Ebenso muss die Konzentration von c_3 über c_2 und c_1 auf den Wert $c \to 0$ extrapoliert werden. Danach kann man das Gewichtsmittel M_w erhalten.

Erläuterungen zu Tafel 3.18

Löst man beispielsweise eine Probe aus Polystyrol in Cyclohexan auf, so stellt man deutliche Unterschiede in der Löslichkeit fest. Während bei hohen Temperaturen alles gelöst ist, stellt man beim langsamen Abkühlen fest, dass besonders die

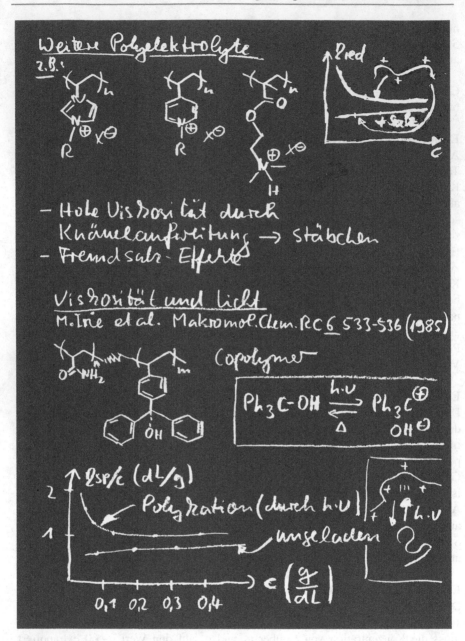

Tafel 3.15 Beispiele für Polyelektrolyte

hochmolekularen Fraktionen zuerst ausfallen. Dieser Effekt kann dadurch erklärt werden, dass hochmolekulare Verbindungen grundsätzlich einen geringeren Entropieverlust beim Ausfällen erfahren und daher schlechter löslich sind als

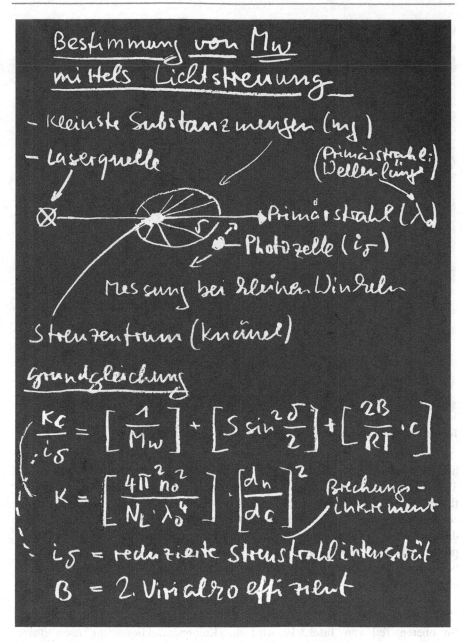

Tafel 3.16 Bestimmung des Gewichtsmittels von Polymeren durch statische Lichtstreuung

ähnlich strukturierte niedermolekulare Verbindungen. Umgekehrt ergibt sich beim Übergang aus der kondensierten Phase in die Lösungsphase ein relativ höherer Entropiegewinn bei kleineren Molekülen, die deshalb besser löslich sind als die

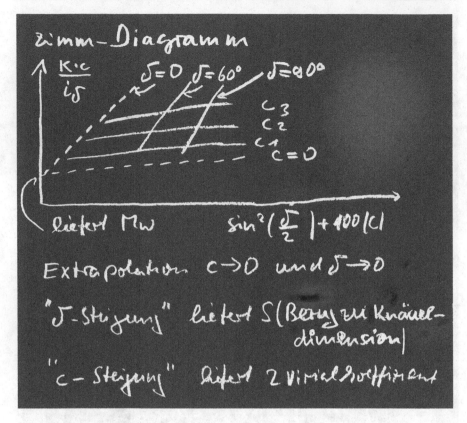

Tafel 3.17 Zimm-Diagramm zur Auswertung der Lichtstreuuntersuchung

hochmolekularen Fraktionen. So lässt sich bei beliebigen Polymermaterialien eine Trennung der hochmolekularen von den kurzkettigen Fraktionen leicht durchführen. Ein erprobtes klassisches Verfahren besteht nun in der sogenannten Dreiecksfraktionierung, die im unteren Teil von Tafel 3.18 dargestellt wird. Nach diesem Verfahren kann in präparativem Maßstab eine Fraktionierung von Polymerproben sukzessiv durchgeführt werden. Dieses zeitaufwendige Verfahren ist aber heute durch die analytische und präparative GPC, die in Tafel 3.19 behandelt wird, abgelöst worden.

Erläuterungen zu Tafel 3.19
Im oberen Teil von Tafel 3.19 wird die Kolonnenfraktionierung nach *Baker Williams* behandelt. Diese basiert darauf, dass die Löslichkeit von Polymeren von der Temperatur (vgl. Tafel 3.18) und natürlich von der Qualität des Lösemittels abhängig ist. Bei diesem Säulenverfahren startet man mit schlechtem Lösemittel und bei hohen Temperaturen und lässt dann in unteren Bereichen der Säule abkühlen, wobei zuerst die großen Moleküle ausfallen. Gleichzeitig wird ein Lösemittelanteil gesteigert, wodurch die Löslichkeit bei den geringen Temperaturen

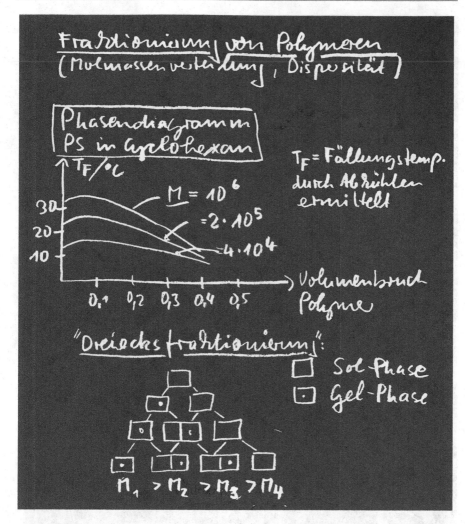

Tafel 3.18 Dreiecksfraktionierung basierend auf der molmassenabhängigen Löslichkeit von Polymeren

wieder verbessert wird. Es findet also ein mehrfaches Ausfällen und wiederholtes Auflösen statt. Schließlich kommen die kleinen Moleküle (Oligomere) aufgrund ihrer entropiebedingten größeren Löslichkeit zuerst aus der Säule. Erst nach und nach erscheinen auch die hochmolekularen Anteile durch das zunehmend bessere Lösemittelgemisch.

Im unteren Teil der Tafel ist das moderne Prinzip der Gelpermeationschromatographie (GPC oder engl. SEC) dargestellt. Dieses universelle Verfahren zur Bestimmung der Molmasse (M_n, M_w) und der Molmassenverteilung hat sich heute allgemein bewährt und wird in vielen Labors der Welt angewendet. Das Trennprinzip basiert darauf, dass kleine Polymermoleküle tiefer in die Poren

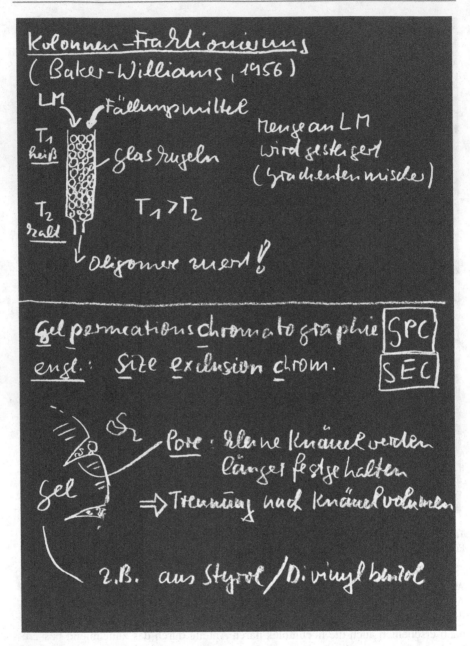

Tafel 3.19 Kolonnenfraktionierung und GPC

der Gelkügelchen eindringen können und deshalb länger festgehalten werden als große Moleküle. Die verwendeten Gelkügelchen bestehen üblicherweise aus divinylbenzolvernetztem Polystyrol. Es gibt allerdings auch vernetzte hydrophile

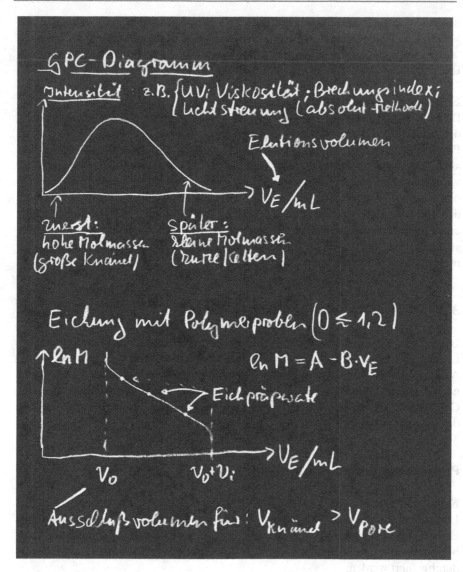

Tafel 3.20 GPC-Diagramm und Eichung

Gele, die üblicherweise aus Acrylamid und Methylenbisacrylamid hergestellt werden. Natürlich muss die GPC-Säule geeicht werden, falls kein Lichtstreudetektor (Tafel 3.16) verwendet wird. Die Detektion der austretenden Lösung erfolgt üblicherweise mittels kontinuierlicher Brechungsindex-Messungen (RI: **R**efractive **I**ndex), Bestimmung der UV-Intensität bei Anwesenheit aromatischer Verbindungen (z. B. Polystyrol), aber auch mittels Staudruckviskosimetrie. Letzteres Verfahren liefert über die universelle Eichbeziehung, die hier nicht behandelt wird, nicht nur direkt die Molmassen, sondern gibt auch Hinweise auf Verzweigungen der Polymerketten. Durch die große Empfindlichkeit der Viskositätsmessung auf äußere Störungen wird dieses Prinzip relativ wenig angewandt. Die erwähnte Lichtstreumessung liefert direkt die zu ermittelnden Molmassen.

Erläuterungen zu Tafel 3.20
Da GPC mit RI-Detektor als Standardmethode angewendet wird, sind Eichungen der erhaltenen Diagramme notwendig. Hierzu werden Standardpolymere, z. B. Polystyrol, mit enger Molmassenverteilung eingesetzt, die käuflich zu erwerben sind. Trägt man nun das Ergebnis logarithmisch auf, so kann man eine Eichung vornehmen. Es muss betont werden, dass die Eichung streng genommen nur mit dem zu analysierenden Polymer erfolgen darf. In der Literatur findet man aber oft den Hinweis: „Polystyrol als Standard". Dies kann bedeuten, dass die Molmassen eines neuen Polymers um eine Größenordnung von den Angaben abweichen. Oft sind aber nur relative Werte interessant und der Existenznachweis von bi- oder mehrmodalen Verteilungsfunktionen gefragt.

3.2   Polymere in kondensierter Phase

Im vorigen Abschn. 3.1 wurde ausschließlich das Verhalten von Polymerketten in Lösung behandelt. In diesem Abschnitt soll nun aus wissenschaftlicher Sicht das Augenmerk auf die feste bzw. die kondensierte Phase gerichtet werden, d. h. quasi nach Entfernen des Lösemittels. Insbesondere soll betrachtet werden, wie die Gebrauchseigenschaften von Polymerprodukten von den chemischen Strukturen der Polymere abhängen.

Phasen und Phasenumwandlung

Erläuterungen zu Tafel 3.21
Um harte Kunststoffe thermisch verarbeiten zu können, muss man ihre Erweichungstemperatur kennen. Nur oberhalb dieser Erweichungstemperatur kann beispielsweise ein sogenannter Spritzguss oder eine Verformung des Materials durchgeführt werden.
    Während organische Verbindungen wie z. B. Benzoesäure einen scharfen Schmelzpunkt aufweisen, ist dies bei Polymeren nicht der Fall. Die Ursache liegt darin, dass Polymermaterialien nicht einheitlich strukturiert sind und auch allgemein keine definierten Einkristalle bilden können.
    Es gibt nichtkristalline, d. h. durchgängig amorphe, Polymerstrukturen und teilkristalline Materialien, die aus kristallisierten und amorphen Domänen bestehen.
    Übergangstemperaturen vom harten in den weichen Zustand der Materialien sind:

- bei amorphen Bereichen die Glasübergangstemperatur (T_g) und
- bei teilkristallinen Strukturen neben T_g noch zusätzlich der oft höher liegende Schmelzbereich der Kristallite (T_m).

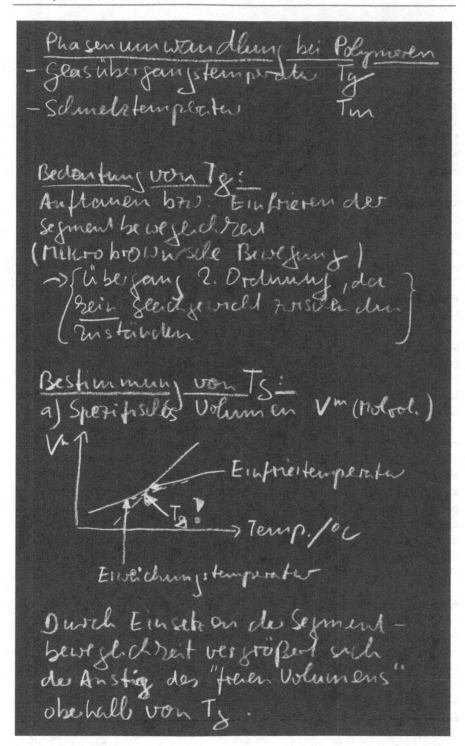

Phasenumwandlung bei Polymeren
- Glasübergangstemperatur Tg
- Schmelztemperatur Tm

Bedeutung von Tg:
Auftauen bzw. Einfrieren der
Segmentbeweglichkeit
(Mikrobrownsche Bewegung)
→ {Übergang 2. Ordnung, da
kein Gleichgewicht zwischen den
Zuständen}

Bestimmung von Tg:
a) Spezifisches Volumen V^m (Molvol.)

V^m ↑

Einfriertemperatur

T_g

→ Temp. /°C

Erweichungstemperatur

Durch Einsetzen der Segmentbeweglichkeit vergrößert sich
der Anstieg des "freien Volumens"
oberhalb von Tg.

Tafel 3.21 Phasenumwandlungen bei Polymeren

Wie kann man nun T_g bestimmen?

Eine allgemeine Festlegung von T_g ist die Veränderung des spezifischen Volumens mit der Temperatur um den T_g-Wert. Während unterhalb von T_g, also im harten Zustand des Materials, der Anstieg des Volumens mit der Temperatur noch relativ moderat ist, steigt der Wert im Bereich des Weichwerdens ab dem T_g-Wert deutlich stärker an. Eine Erklärung dafür ist, dass im Bereich von T_g die sogenannte *Mikro-Brownsche Bewegung* der Segmente einsetzt und dadurch ein größeres freies Volumen entsteht. Durch die einsetzende Kettendynamik im Bereich von T_g ist eine höhere Temperatursensibilität gegeben, und die Volumenzunahme pro Grad Celsius ist stärker als im starren Zustand der Segmente unterhalb von T_g.

Es soll aber nicht unerwähnt bleiben, dass es auch noch Übergangs-temperaturen weit unterhalb von T_g gibt, nämlich die beginnende Rotation von Seitengruppen, z. B. von Esterfunktionen, durch Temperaturanstieg. Dies kann mittels temperatur- und frequenzabhängiger dielektrischer Messungen sehr empfindlich erfasst werden. Dieser Übergang hat aber auf die groben Material-eigenschaften kaum Einfluss und spielt daher in der Industrie keine große Rolle.

Erläuterungen zu Tafel 3.22

Grundsätzlich besteht im amorphen Zustand keinerlei Richtungsordnung bei den Polymerketten. Dies entspricht dem idealstatistischen Knäuel mit einem mittleren Segmentwinkel von 90° (vgl. Polymere in Lösung, Tafel 3.12). Diese statistisch bedingte naheliegende Vermutung konnte am Beispiel von deuterierten PMMA-Molekülen, die in einer nichtdeuterierten PMMA-Matrix einzeln verteilt vor-lagen, mittels Neutronenstrahlung verifiziert werden. Hier gelten dieselben Gesetzmäßigkeiten wie bei der optischen Lichtstreuung (vgl. Tafel 3.16).

Im oberen Teil von Tafel 3.22 wird der Fall angedeutet, dass durch äußere Kraft-einwirkung eine gewisse Richtungsordnung erzwungen werden kann. Da hierbei auch eine Wegstrecke zurückgelegt wird, ist diese Ordnung energetisch auf einem höheren Niveau, d. h. nicht im thermodynamischen Grundzustand. Dieser meta-stabile Zustand ist aber unterhalb von T_g beliebig stabil. Eine solche Richtungs-ordnung kann jedoch sehr stören, wenn man an optische Anwendungen denkt. Bei einem optischen Datenträger wie z. B. einer DVD oder CD darf der Laserstrahl nicht unerwünscht abgelenkt werden. Dies würde geschehen, wenn der Brechungsindex des transparenten Materials nicht in allen Raumsegmenten in der Größenordnung der Wellenlänge des Lichts gleich wäre und nicht von der Richtung abhinge.

Erläuterungen zu Tafel 3.23

Die praktische Bestimmung der Glastemperatur erfolgt nicht über die oben erwähnte Änderung des spezifischen Volumens mit der Temperatur (Tafel 3.21), sondern mittels Differential Scanning Calorimetry (DSC; Tafel 3.23, oben). In einem Ofen befinden sich die Polymerprobe und eine inerte Referenzsubstanz, z. B. Al_2O_3. Durch hochsensible Temperaturfühler in der Probe bzw. Referenz wird eine Phasenumwandlung dadurch erkannt, dass beim Aufheizen eine Differenz der Temperaturverläufe auftritt. Eine Zusatzheizung sorgt dafür, dass diese Temperaturdifferenz stets ausgeglichen wird. Die elektrische Energie der

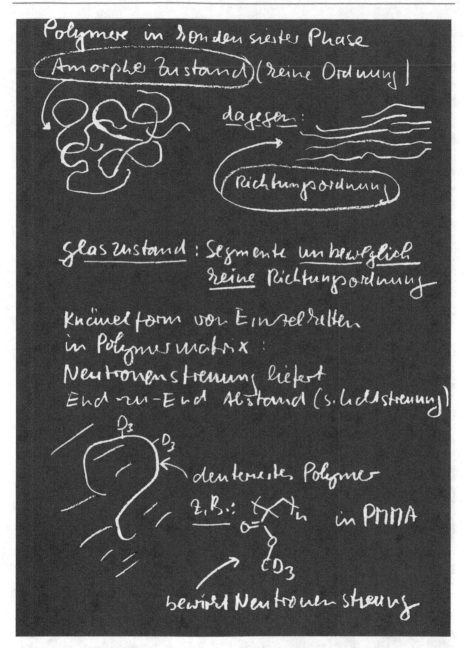

Tafel 3.22 Amorpher Zustand bei Polymeren

Zusatzheizung wird registriert und entspricht bei kristallinen Substanzen der Schmelzenthalpie pro Gramm Einwaage (vgl. Tafel 3.30). Das in Tafel 3.23 gezeigte Diagramm steht für den stufenförmigen Übergang durch Auftauen der

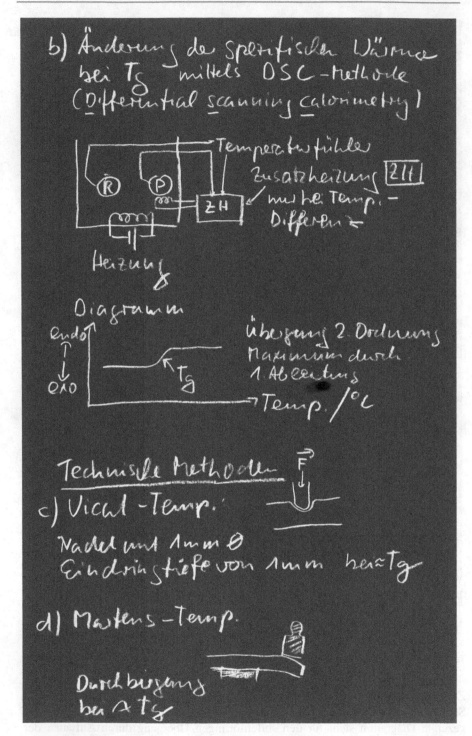

Tafel 3.23 Bestimmung der Erweichungspunkte bzw. der Glasübergangstemperatur T_g

Segmentbeweglichkeit (T_g). Diese Stufe im Diagramm wird Übergang 2. Ordnung genannt, da erst die erste mathematische Ableitung, d. h. das Maximum der Steigung, den T_g-Wert ergibt.

Einfache Bestimmungsmethoden von T_g in der Praxis sind:

- die Erfassung der Erweichungstemperatur durch Eindrücken einer Nadel in eine Polymerprobe *(Vicat-Temperatur)* oder
- das Verbiegen eines Probestabs beim Aufheizen unter Standardbedingungen *(Martens-Temperatur)*.

Erläuterungen zu Tafel 3.24

Für den Anwender ist es oft wichtig, die Erweichungstemperatur (T_g) gezielt an die Materialanforderungen anzupassen. Ist der T_g-Wert zu hoch, muss beispielsweise mehr Heizenergie für die Verformung oder beim Extrudieren aufgebracht werden als nötig. Allerdings müssen die Gebrauchseigenschaften an die Umgebungstemperatur angepasst werden.

Bei einem Autoreifen z. B. muss man den Jahreszeiten gerecht werden. Ein Winterreifen soll auch bei $-20\,°C$ noch elastisch sein, also sollte der T_g-Wert entsprechend tief liegen. Dagegen wäre dieser Reifen im Sommer zu weich und würde daher zu schnell verschleißen. Also stellt man den T_g-Wert für den Sommerreifen entsprechend höher ein. Wie kann man aber als Synthetiker eine solche Anpassung der Erweichungstemperatur (T_g) realisieren?

Hierzu gibt es die Möglichkeit der „inneren Weichmachung", d. h. durch geeignete chemische Modifizierung zur Flexibilisierung der Ketten und/oder der „*äußeren Weichmachung*", d. h. durch Zugabe einer Fremdsubstanz, die zur Erhöhung der Kettenbeweglichkeit führt. In Tafel 3.24 ist schematisch die Flexibilisierung einer Polymerkette durch Einbau hochbeweglicher Kettensegmente dargestellt. Bei Vinylpolymeren kann dies auch durch Copolymerisation (s. Kap. 5) mit einem beweglich machenden Comonomer (z. B. Butylacrylat) erfolgen. Auch können Seitengruppen quasi als Schmiermittel wirken und somit die Gesamtbeweglichkeit der Kette verbessern. Ein gutes Beispiel ist PVC, das eine relativ hohe Glastemperatur aufweist. Die dipolaren C–Cl-Gruppen führen zu elektrostatischen Wechselwirkungen zwischen den Ketten und somit zur Kettenversteifung. Durch Einbau von ca. 20–30 Mol-% Butylacrylat findet die erwähnte Flexibilisierung durch die Schmiereffekte der Butylreste statt, und der T_g-Wert sinkt drastisch.

Im unteren Teil der Tafel wird die äußere Weichmachung dargestellt. Bei PVC werden allgemein bis zu 30 Gew.-% Ester zugesetzt. Bei Autoreifen werden dem Kautschuk in erheblichen Mengen Paraffinöle zugesetzt, um die Laufeigenschaften bei hohen Geschwindigkeiten zu verbessern.

Erläuterungen zu Tafel 3.25

Wie oben erwähnt, können Polymerseitengruppen bei Polymerketten, die dipolare Funktionen tragen, eine flexibilisierende Wirkung ausüben. Hier wirken die Alkylreste quasi wie ein Schmiermittel. Interessant ist gemäß Tafel 3.25, dass die linearen

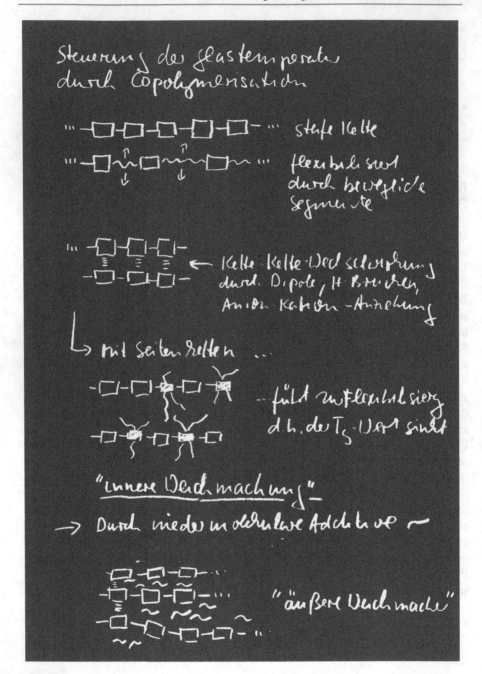

Tafel 3.24 Beeinflussung von T_g

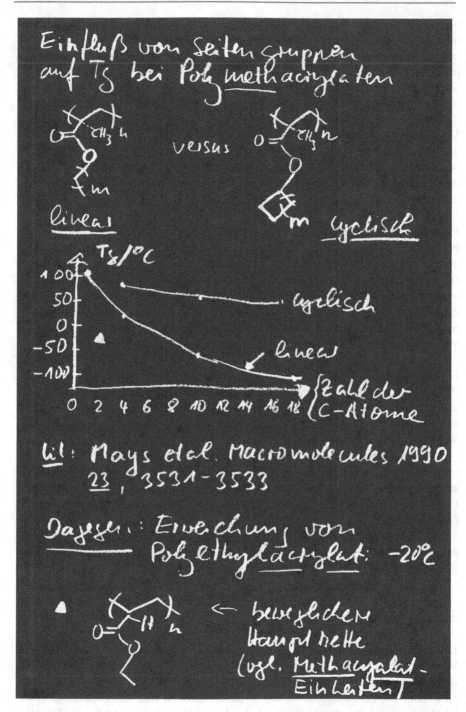

Einfluß von Seitengruppen
auf Tg bei Polymethacrylaten

versus

linear   cyclisch

Lit: Mays et al. Macromolecules 1990
     23, 3531-3533

Dagegen: Erweichung von
         Polyethylacrylat: -20°C

← bewegliche
  Hauptkette
  (vgl. Methacrylat-
   Einheiten)

Tafel 3.25 Einfluss von Seitengruppen auf T$_g$

Seitenketten bei gleicher Anzahl von C-Atomen einen wesentlich höheren Effekt verursachen als ihre cyclischen Analoga. Während PMMA (Anzahl der C-Atome$=0$) einen T_g-Wert von ca. 120 °C aufweist, sinkt dieser bei Anwesenheit linearer Alkylreste mit 16–18 C-Atomen auf ca. -100 °C. Bei den ringförmigen Seitengruppen ist aufgrund der eingeschränkten Beweglichkeit der Ringe offensichtlich nur ein vergleichsweise geringer Einfluss auf die Flexibilität der Hauptkette zu beobachten.

Dies kann jedoch auch von Vorteil sein, wenn z. B. ein geringer Volumenschrumpf bei der Polymerisation (s. Kap. 5) abverlangt wird, ohne dass die Thermostabilität zu stark abnimmt. Der Volumenschrumpf bei der Polymerisation ist nämlich stark abhängig von der Molmasse des verwendeten Monomers, da die Reste wie ein Verdünner wirken, d. h., die Menge an Vinylfunktionen pro Volumeneinheit nimmt ab.

Erläuterungen zu Tafel 3.26

Für viele Polymersynthesen sind kurzkettige Oligomere bzw. Präpolymere mit bestimmten Endgruppen wichtig, um daraus größere Moleküle aufzubauen. Interessant ist, dass mit abnehmender Kettenlänge auch der T_g-Wert gemäß der oben gezeigten *Flory-Fox-Gleichung* fällt. Am Beispiel von Polystyrol wird der Zusammenhang sehr deutlich. Verständlich dabei ist, dass bei kurzkettigen Makromolekülen der prozentuale Anteil an beweglichen Endgruppen, die quasi als Weichmacher fungieren, höher ist als bei hochpolymeren Verbindungen.

Erläuterungen zu Tafel 3.27

PVC zählt zu den Bulkpolymeren, die in großen Tonnagen verwendet werden, und soll daher nochmals hervorgehoben werden. Da die Glastemperatur von reinem PVC bei ca. 79 °C liegt, ist für viele Anwendungen bei Raumtemperatur eine Weichmachung erforderlich.

Die *innere Weichmachung* besteht nun darin, dass Vinylchlorid zusammen mit einem Alkylacrylat copolymerisiert wird (s. Kap. 5). Die eingebauten Alkylketten wirken wie ein Schmiermittel und vermindern dadurch die versteifenden Dipol-Dipol-Wechselwirkungen zwischen den Ketten und vermindern somit die Glastemperatur.

Die *äußere Weichmachung* funktioniert analog. Jedoch wird hier eine geeignete Esterkomponente zugesetzt, die ebenfalls die Dipol-Dipol-Anziehungen der PVC-Ketten vermindert und das Material somit erweicht.

Ferner müssen dem PVC noch Stabilisatoren in Form von geeigneten Salzen zugemischt werden, damit bei der Hochtemperaturverarbeitung keine Salzsäure durch Eliminierung freigesetzt wird.

Erläuterungen zu Tafel 3.28

Wie bereits oben erwähnt, neigen niedermolekulare Verbindungen wie z. B. Benzoesäure mit einem scharfen Fixpunkt (Fp$= 122$ °C) dazu, perfekte Kristalle zu bilden. Dies ist möglich, da das Molekül steif ist und die Dipole eine gute Wechselwirkung bei der Anlagerung der Moleküle an die entstehende Kristalloberfläche ermöglichen. Es finden lediglich Anpassungen bei der Richtungsorientierung statt. Je größer und flexibler die Moleküle aber werden, desto mehr

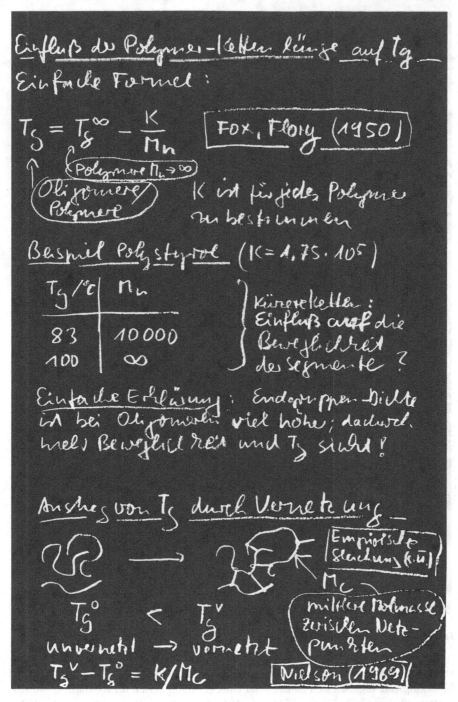

Einfluß der Polymere-Ketten länge auf Tg

Einfache Formel :

$$T_g = T_g^\infty - \frac{K}{M_n}$$ $\boxed{\text{Fox, Flory (1950)}}$

Polymere $M_n \to \infty$

Oligomere
Polymere

K ist für jedes Polymere zu bestimmen

Beispiel Polystyrol $(K = 1,75 \cdot 10^5)$

$T_g / °C$	M_n
83	10 000
100	∞

Kürzere Ketten :
Einfluß auf die
Beweglichkeit
der Segmente ?

Einfache Erklärung : Endgruppen-Dichte
ist bei Oligomeren viel höher; dadurch
mehr Beweglichkeit und Tg sinkt !

Anstieg von T_g durch Vernetzung

Empirische
Störung (k.ü.)

Mc

mittlere Molmasse
zwischen Netz-
punkten

$T_g^0 \quad < \quad T_g^v$

unvernetzt $\to$ vernetzt

$$T_g^v - T_g^0 = K/M_c$$ $\boxed{\text{Nielson (1969)}}$

Tafel 3.26 T_g und Kettenlänge

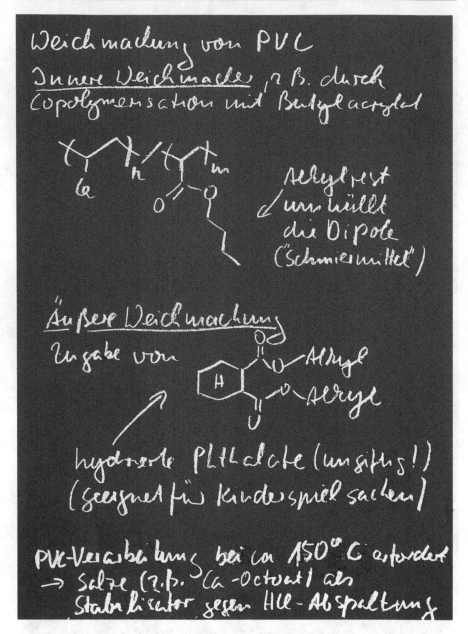

Tafel 3.27   Weichmachung von PVC

sinkt die Wahrscheinlichkeit eines perfekten Kristallaufbaus. Mit wachsender Molekülgröße ergeben sich zunehmend Unregelmäßigkeiten im Kristall.

Betrachten wir beispielhaft lineare Paraffinkristalle. Diese können durchaus perfekte Einkristalle bilden. Beispielsweise schmilzt Eicosan mit 20 C-Atomen

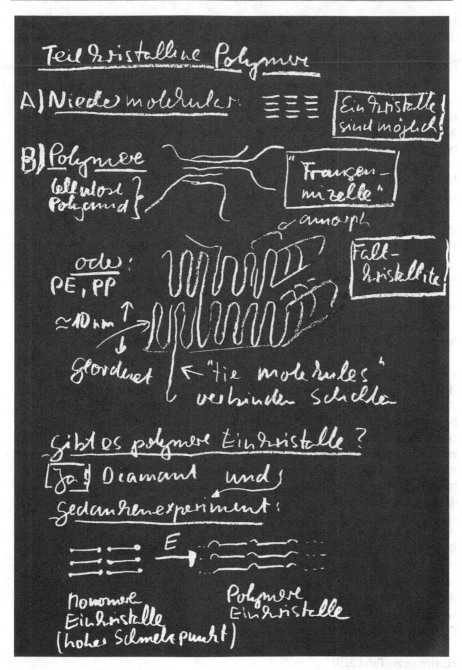

Tafel 3.28 Teilkristalline Polymere und Einkristalle

bei 37 °C. Aufgrund der geringen intermolekularen Wechselwirkungen liegen die Schmelzpunkte bei Alkanen relativ niedrig. 1-Eicosanol mit der polaren OH-Endgruppe ist im Einkristall stabiler und schmilzt daher deutlich höher, nämlich bei 65 °C.

Extrapoliert man bei steigender Kettenlänge die Schmelzpunkte der Paraffine hin zu linearem Polyethylen mit extrem hohen Molmassen, dann findet man mittels DSC einen maximalen Schmelzpunkt (vgl. Tafel 3.30) bei ca. 140 °C. Der Kristallanteil im Material liegt aber nur bei ca. 70 %. Dies bedeutet, dass sich einige Kettenbereiche ordnen, aber nie einen perfekten Einkristall bilden können. Dies wäre aufgrund der vielseitigen Bewegungsmöglichkeiten der langen C–C-Ketten extrem unwahrscheinlich. Gemäß Röntgenuntersuchungen bilden sich hier schichtenförmige Faltkristallite, die geordnete Bereiche neben amorphen, d. h. ungeordneten, Schichten aufweisen. Die Schichten würden bei mechanischer Belastung aneinander vorbeigleiten, wären da nicht Moleküle („tie molecules", d. h. schlipsartige Moleküle), welche die Schichten durchdringen und somit mechanisch miteinander verbinden.

Grundsätzlich kann es dennoch polymere Einkristalle geben, wenn es gelingt, niedermolekulare Einkristalle ohne Zerstörung der Ordnung in Polymere überzuführen. Dies gelang erstmalig vor vielen Jahren G. Wegener et al. durch Photopolymerisation von Diacetylen-Einkristallen.

Den einfachsten Fall für polymere 3D-Einkristalle stellt der Diamant dar. Hier hat nämlich jedes C-Atom seinen festen Platz.

Erläuterungen zu Tafel 3.29
Betrachtet man die Polymerkristallisation im Polarisationsmikroskop während des Abkühlens einer Schmelze, so stellt man häufig die Bildung von kreuzförmigen Strukturen fest. Polarisationsmikroskope sind mit gekreuzten Polfiltern ausgestattet. Befindet sich keine Substanz oder nur ungeordnete, d. h. amorphe Materialien zwischen den Filtern, dann ist das Bild schwarz. Sind aber Substanzen mit einer molekularen Richtungsordnung zwischen diesen optisch gekreuzten Polfiltern vorhanden, dann wird das Licht partiell gedreht und kann somit beide Polfilter durchdringen. Das Bild erscheint hell bzw. farbig durch die Wellenlängenabhängigkeit der optischen Drehung.

Bei den in Tafel 3.29 dargestellten *„Malteserkreuzen"* kann zu deren Entstehung folgende Erklärung geliefert werden: Sind die Ketten parallel oder senkrecht zur Polarisationsebene angeordnet, so findet keine Drehung des polarisierten Lichts statt, und der Bereich erscheint dunkel. Bei schräg angeordneten Polymerketten findet dagegen eine Drehung statt, da die Elektronen gemäß dem elektrischen Feldvektor des eingestrahlten Lichts in Richtung der Kette schwingen und somit die Schwingungsrichtung verändern. Diese Bereiche erscheinen optisch hell.

Hinweise zu Tafel 3.30
Bei allen teilkristallinen Polymeren liegt die Glastemperatur unterhalb der Schmelztemperatur. Dies ist verständlich, da ein Aufschmelzen geordneter Strukturen nur dann möglich ist, wenn die Kettensegmente hinreichend beweglich sind. Vergleicht man die gemessenen Phasenumwandlungswerte technisch interessanter Polymere, so findet man, bezogen auf die absolute Temperatur, grob gesagt eine ca. 2:3-Beziehung.

Tafel 3.29 Bildung von „Sphärolithen" (Malteserkreuze) gemäß Polarisationsmikroskopie

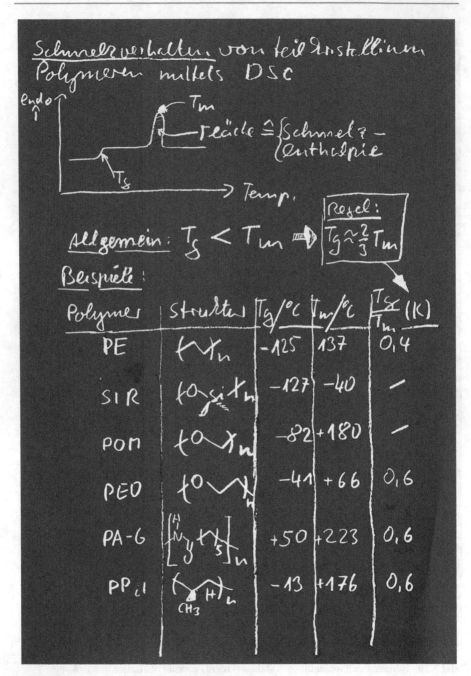

Tafel 3.30 Schmelzverhalten von teilkristallinen Polymeren

Erläuterungen zu Tafel 3.31

Ursprung der Elastizität bei Metallen und bei Gummi. Bei Metallfeder ändern sich durch Dehnung die Atomabstände, bei Gummi die Entropie.

Im oberen Teil von Tafel 3.31 wird eine Metallfeder betrachtet. Es ist *Arbeit (Energie)=Kraft (F) × Weg* bzw. $\Delta G = \Delta H - T \times \Delta S$ nötig, um eine Dehnung

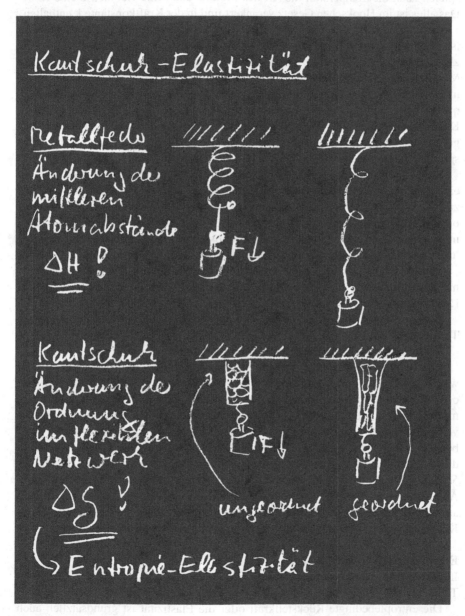

Tafel 3.31 Ursprung der Kautschukelastizität im Vergleich zur Metallelastizität

zu realisieren. Da bei Metallen durch makroskopische Verbiegung der mittlere Atomabstand im Gitter geändert wird, sind elektrostatische Kräfte im Spiel. Die Ordnung (ΔS) der Atomanordnung wird jedoch kaum verändert, d. h., in erster Näherung gilt daher für Metalle: $\Delta S = 0$. Umgekehrt betrachtet wird die Dehnungsarbeit lediglich durch die Enthalpieänderung ΔH bestimmt. Natürlich spielen auch die Temperatur, die Art des Metalls und seine Geometrie eine Rolle. Das alles ist im Hookschen Gesetz verankert und in der Kraftkonstante k enthalten.

Im unteren Teil von Tafel 3.31 wird dagegen ein Gummiband betrachtet. Es ist ebenfalls *Arbeit (Energie) = Kraft (F)* $\times$ *Weg* bzw. nach *Gibbs-Helmholtz* $\Delta G = \Delta H - T \times \Delta S$ nötig, um eine Dehnung zu realisieren. Anders als bei Metallen sind die Atomabstände nahezu unverändert. Hier spielt die Ordnung mit hinein. Da ein Gummi aus beweglichen Ketten aufgebaut ist, die miteinander quervernetzt sind, wird die angestrebte bzw. wahrscheinliche idealstatistische Knäuelstruktur (vgl. Tafel 3.12) durch die makroskopische Dehnung in eine höher geordnete, d. h. weniger wahrscheinliche Kettenanordnung gezwungen. Man spricht daher von Entropieelastizität.

Zur Frage nach der optischen Transparenz von gummielastischen Stoffen kann eine klare Antwort gegeben werden: Das schwach vernetzte Polymermaterial muss zu 100 % amorph sein, es darf im Durchmesserbereich der Wellenlänge des sichtbaren Lichts keine Partikel mit abweichender optischer Dichte enthalten, und es muss einen T_G-Wert unterhalb der Gebrauchstemperatur aufweisen. Ein Beispiel hierfür ist die weiche Kontaktlinse, die elastisch und glasklar ist.

Metalle können dagegen nicht transparent sein, da sie mit ihrem *Elektronengas* mit den elektrischen Feldvektoren des Lichts direkt wechselwirken und daher das Licht reflektieren.

Weitere Frage: Was geschieht, wenn ein gedehntes Gummibändchen unter die T_g abgekühlt wird?

Klare Antwort: Die gedehnte Form bleibt erhalten.

Erst beim Erwärmen über T_g zieht sich ein gedehntes Gummibändchen in die wahrscheinliche Form zurück. Das Prinzip wird auch *„Shape-Memory"-Effekt* oder *Gedächtnispolymer* genannt. Es ist klar, dass schwach vernetzte Materialien mit einer T_g > Raumtemperatur (RT) durch hinreichendes Erwärmen über T_G verformt werden können und diese erzwungene, metastabile Form unter T_g bzw. bei RT beibehalten. Erst nach Erwärmen ohne Krafteinwirkung über T_g kommt die ursprüngliche Form wieder zustande. Dieses Prinzip wird technisch z. B. bei *Schrumpffolien* angewandt, die für die Verpackungsindustrie sehr wichtig sind. Auch sind viele Beispiele von Andreas Lendlein et al. bekannt, die dieses Prinzip auf die Medizintechnik übertragen wollen: Ein geformter, bei RT metastabiler Körper ändert seine Form dramatisch durch Erwärmen auf Körpertemperatur.

Erläuterungen zu Tafel 3.32
In Tafel 3.31 wurde bereits das Prinzip der Kautschukelastizität umrissen. Tafel 3.32 geht noch etwas mehr in die Tiefe.

Die entropiebedingte Rückstellkraft oder die Elastizität ist grundsätzlich auch bei Gasen zu finden. Verdichtet man nämlich den mit Gas gefüllten Zylinder durch

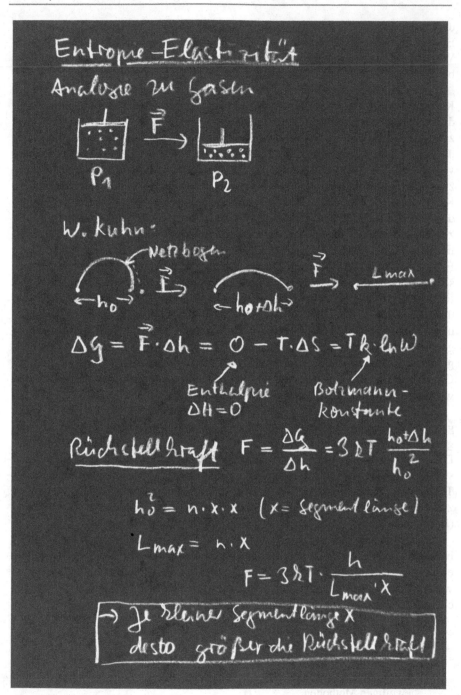

Tafel 3.32 Theorie der Kautschukelastizität

die aufgewendete Kraft mal dem zurückgelegten Weg (entspricht Arbeit bzw. Energie), so erhöht sich lediglich die Ordnung der Gasmoleküle, und zwar in der Weise, dass sich dieselbe Zahl an Einzelmolekülen danach auf engerem Raum befindet, das System also höher geordnet ist.

Überträgt man nach W. Kuhn das Prinzip der Gaskompression auf die Kautschukelastizität, so ist die mittlere Form der Netzbögen zu betrachten, d. h. die beweglichen Kettensegmente zwischen zwei Vernetzungsstellen. Im Ruhezustand ist die Form dieser Netzbögen durch die idealstatistische Anordnung der darin enthaltenen Kettensegmente mit dem mittleren Segment-zu-Segment-Winkel von $\alpha = 90° \pm \varepsilon$ (Tafel 3.12) gegeben. Dieser thermodynamisch günstige Abstand zwischen den Vernetzungsstellen wird mit h_0 bezeichnet. Übt man nun eine äußere Kraft auf das Gummibändchen aus und legt eine gewisse Wegstrecke zurück, dann ordnen sich die Netzbögen (h_0 wird zu $h_0 + \Delta h$) unter Entropieverminderung zunehmend parallel zueinander; der mittlere Winkel α weitet sich auf und erreicht im Extremfall den Wert von 180°. Dies entspricht der maximalen Länge L_{max}. Folgt man den thermodynamischen Gesetzen mit der Annahme von $\Delta H = 0$, so ergibt sich die in Tafel 3.32 unten aufgeführte Temperaturabhängigkeit der Rückstellkraft F. Aus der eingerahmten unteren Gleichung lässt sich herauslesen, dass die Segmentlänge x im Nenner steht. Nach der Kuhn-Theorie ist ein Segment umso kürzer, je höher beweglich die Kette ist. Nach seinem Modell ist x genau so groß, dass es durch die Verknüpfung von x_1 mit x_2 mit einem gedachten Kugelgelenk alle Raumrichtungen erreicht. Bei kettensteifen Polymeren mit höherer Glastemperatur ist x also größer als bei hoch beweglichen Polymerketten und wirkt sich somit ungünstig auf die Rückstellkraft aus.

Man erkennt aus der unteren Gleichung auch, dass die Rückstellkraft eines gedehnten Gummis mit zunehmender Temperatur steigt. Das bedeutet, ein gestrecktes Gummiband versucht, sich durch Erwärmen zusammenzuziehen. Dies steht im Gegensatz zu gespannten Metallfedern, die durch Erwärmen schlaffer werden, d. h., das Elastizitätsmodul sinkt bei Metallfedern mit steigender Temperatur. Auch hier zeigt sich der grundsätzliche physikalische Unterschied zwischen einer Metallfeder (Enthalpieelastizität, ΔH) und einem Gummiband (Entropieelastizität, ΔS).

Schließlich erkennt man aus Tafel 3.32 noch, dass die Dehnung eines Gummibändchens ein Ende findet, wenn die maximale Länge der Netzbögenabstände erreicht wird. Gummi reißt, wenn er zu stark mechanisch gedehnt wird. Dabei werden kovalente Bindungen unter Bildung freier Radikale gespalten (Mechanochemie, s. Kap. 5).

Minitest

1. Welche Methoden zur Molmassenbestimmung von Oligomeren und Polymeren liefern absolute Werte? Benennen Sie die Einschränkungen der jeweiligen Methoden.
2. Warum ist die Kenntnis der Molmassenverteilung so wichtig?
3. Welche Phasenumwandlungen bei Polymeren gibt es?

4. Können Gummis transparent sein?
5. Was sind „tie molecules", und welche Bedeutung kommt ihnen zu?
6. Kann Polyethylen transparent sein?
7. Welchen Stimulus nutzt man bei „Formgedächtnismaterialien"?
8. Wann ist ein Polymerknäuel „idealstatistisch" bezüglich der Kettenform?
9. Gibt es Polymere mit annähernd stäbchenförmiger Struktur?
10. Welchen Einfluss hat die Kettenlänge eines Polymers auf den T_g-Wert, und wie heißt die zugehörige Gleichung?
11. Was ist „innere Weichmachung"?
12. Wie funktioniert „äußere Weichmachung", und welche Stoffe eignen sich dafür z. B. bei PVC?
13. Auf welchen allgemeinen Prinzipien basiert
    a) die Baker-Williams-Säule?
    b) die GPC bzw. SEC?

Synthese von Polymeren durch Polykondensation

4

4.1 Allgemeine Vorbemerkungen

Die Umwandlung von Polymeren aus der Natur ist, historisch betrachtet, die erste und naheliegende Form der Makromolekularen Chemie. Diese Vorgehensweise ist allerdings begrenzt und erlaubt unmöglich die Realisierung der heute geforderten Vielfalt an Materialeigenschaften. Daher ist die Herstellung von Makromolekülen aus kleinen Monomereinheiten für die aktuellen, hoch anspruchsvollen Bedürfnisse essenziell.

Zum grundlegenden Verständnis der synthetischen Polymerchemie mag ein makroskopisches Beispiel dienen: Die Bildung einer Menschenkette, in Analogie zur Entstehung einer Polymerkette, ist nur möglich, wenn jeder Einzelne mit seinen beiden Händen beteiligt ist. Ist jemand mit verbundener Hand dabei, dann steht dieser Mensch automatisch am Kettenende. Auch wenn das nicht der Fall ist, bleibt an jedem Kettenende eine Hand frei. Nur wenn ein großer Kreis gebildet wird, sind alle Hände verbunden.

Überträgt man dieses Gedankenexperiment auf die molekulare Ebene, dann wird klar, dass mindestens bifunktionelle Moleküle notwendig sind, um den Aufbau einer linearen Molekülkette zu ermöglichen. Auch die Bildung von Makrocyclen ist nachvollziehbar. In Tafel 4.1 sind noch weitere Grundprinzipien zum Aufbau von Polymeren durch Polyreaktionen aufgeführt.

Erläuterungen zu Tafel 4.1
In der Tafel sind oben die verschiedenen Aufbaumechanismen von Polymeren aufgeführt:

1. Polykondensation unter Abspaltung kleiner Moleküle
2. Polyaddition, analog zur Polykondensation ohne Abspaltung kleiner Moleküle
3. Polymerisation von Vinylverbindungen im Sinne von Kettenreaktionen
4. Polyinsertion von Vinylverbindungen mittels komplexer Metallkatalysatoren

© Springer-Verlag GmbH Deutschland, ein Teil von Springer Nature 2018
H. Ritter, *Makromoleküle I*, https://doi.org/10.1007/978-3-662-55956-7_4

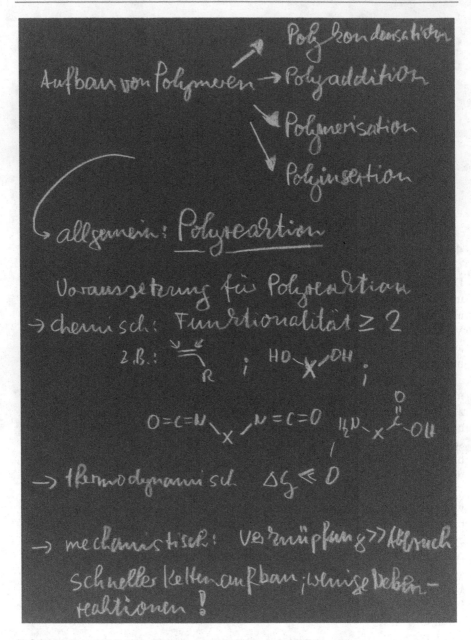

Tafel 4.1 Grundsätzliches zum Aufbau von Polymeren durch Polyreaktionen

Um unabhängig vom Mechanismus die Entstehung von Kettenmolekülen zu beschreiben, spricht man allgemein von „Polyreaktion".

Bemerkenswert ist, dass auch Vinylverbindungen quasi als bifunktionell definiert sind, da beide C-Atome der Vinylgruppe zu Ketten verknüpft werden können. Bei HO–X–OH, O=C=N–Y–N=C=O und bei Aminosäuren ist die Bifunktionalität ersichtlich.

Natürlich muss für einen reibungslosen Ablauf der Polyreaktion, thermodynamisch betrachtet, der ΔG-Wert weit unter null sein; mechanistisch dürfen keine störenden Nebenreaktionen die rasche Hauptreaktion des Kettenwachstums beeinträchtigen.

Gemäß der in Tafel 4.1 angedeuteten Reihung soll im Folgenden mit der technisch und volkswirtschaftlich wichtigen Polykondensation begonnen werden.

4.2 Polykondensation

Die Polykondensation ist dadurch definiert, dass ein n-fach wiederholter Aufbau zu den gewünschten Makromolekülen stattfindet. Dazu werden mindestens zweifach funktionalisierte Monomere benötigt, die n – 1 niedermolekulare Verbindungen abspalten. Aufgrund des schrittweise erfolgenden Aufbaus der Ketten muss jeder einzelne Kondensationsvorgang für sich aktiviert werden. Die wichtigsten freigesetzten Moleküle sind:

- Wasser aus Dicarbonsäuren und Diolen bzw. aus Dicarbonsäuren und Diaminen sowie aus Hydroxysäuren oder Aminosäuren,
- Alkohole, z. B. Methanol, Ethanol aus entsprechenden Diestern und Diolen bzw. Diaminen,
- Wasserstoff bei oxidativer Kupplung elektronenreicher Aromaten oder
- Salzsäure aus z. B. Terephthaloylchlorid und *p*-Phenylendiamin.

Wichtige bifunktionalisierte Monomere sind wie folgt strukturiert, wobei die Reste R gleich oder verschieden sein können:

HO–R^1–OH, H$_2$N–R^2–NH$_2$, HOOC–R^3–COOH, ClOC–R^4–COCl, Cl–R^5–Cl, F–R^6–F oder H$_3$COCO–R^7–COOCH$_3$.

Es ist bemerkenswert, dass alle in der belebten Natur vorkommenden Makromoleküle, auch Biopolymere genannt, quasi Polykondensate sind. Pflanzliche und tierische Biopolymere sind:

1. Polysaccharide (Cellulose, Stärke, Hyaluronsäure, Chitin),
2. Lignin (Polyphenole im Holz),
3. Proteine bzw. Eiweiß (Polyamid-2),
4. DNA (Polyphosphate) und
5. Polyester (z. B. Polyhydroxybutyrate).

Interessant ist, dass unsere persönliche Einzigartigkeit, also unser „Ich", quasi nur durch einen Polyester der Phosphorsäure definiert ist.

Polyisopren zählt zur großen Naturstoffgruppe der Terpene oder Isoprenoide. Auch der Naturkautschuk Polyisopren, der scheinbar ein Vinylpolymer sein könnte, wird in der Natur enzymatisch aus kleinen Molekülen durch schrittweise erfolgende Abspaltung von Diphosphat im Sinne einer Polykondensation aufgebaut. Natürlich gibt es auch synthetische Methoden zur Vinylpolymerisation von Isopren (Kap. 5).

In Tafel 4.2 sind einige Besonderheiten der Polykondensation im Vergleich zu anderen Polyreaktionen hervorgehoben.

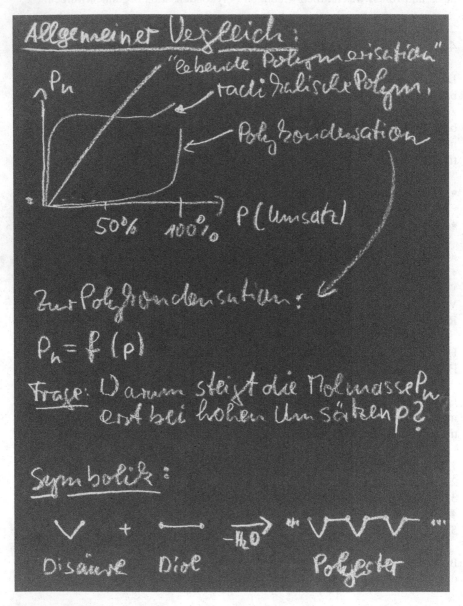

Tafel 4.2 Polykondensation im Vergleich zu anderen Polyreaktionen

Erläuterungen zu Tafel 4.2

In der Graphik werden die wichtigen Polymerisationsmechanismen miteinander verglichen. Die freie radikalische Polymerisation liefert nach wenigen Sekunden und bei geringen Umsätzen bereits hochmolekulare Verbindungen. Die lebende Polymerisation zeigt sich dadurch, dass ein linearer Zusammenhang zwischen Molmassen und Reaktionszeit bzw. Umsatz festzustellen ist. Mit anderen Worten: Mit zunehmendem Umsatz wächst proportional die Kettenlänge. Schließlich zeigt sich die Polykondensation dadurch, dass erst bei hohen Umsätzen überhaupt akzeptable Molmassen erzielt werden können. Die unten aufgeführte Symbolik wird im Weiteren benutzt, um Licht in den Ablauf der Polykondensation zu bringen (Tafel 4.3).

Erläuterungen zu Tafel 4.3

Durch die eingeführte Symbolik:

1. Stäbchen: „-" gleich dem Diol und
2. „v" gleich der Disäure

ist zu erkennen, dass bei deren Verknüpfung schrittweise jeweils genau ein Molekül Wasser frei wird bzw. entsprechende Endgruppen noch übrig sind. Tafel 4.3 zeigt, dass z. B. der Umsatz bei 75 % liegt, wenn vier Moleküle miteinander verknüpft sind, wobei drei Moleküle Wasser abgespalten wurden. Der unwahrscheinliche Fall, dass 100 % Umsatz vorliegt, würde Folgendes bedeuten: Entweder wird ein unendlich langes Molekül gebildet, oder es entstehen viele unterschiedlich große Ringe. Letzteres kann bei jeder so ablaufenden Polykondensation nachgewiesen werden. Beispielsweise wird bei der Polyamidsynthese, wie später noch diskutiert werden wird, der Anteil an unerwünschten kurzkettigen Makrocyclen einfach durch Extraktion verringert. Nun stellt sich die Frage, ob man den Zusammenhang zwischen Polymerisationsgrad und Umsatz in einfacher Weise mathematisch beschreiben kann. Dies ist Gegenstand von Tafel 4.4.

Erläuterungen zur Tafel 4.4

Der prozentuale Umsatz P wird dadurch definiert, dass die Zahl der funktionellen Gruppen zu Beginn der Reaktion N_0, d. h. bei $t = 0$, nach einer bestimmten Zeit t um die Zahl der funktionellen Gruppen N_t vermindert und anschließend durch die Zahl der funktionellen Gruppen zu Beginn, d. h. N_0, geteilt wird. Einfache Umformung gemäß Bruchrechnung ergibt den Zusammenhang zwischen N_t und N_0. Der Polymerisationsgrad ist gegeben durch die Zahl der Teilchen zum Zeitpunkt $t = 0$, geteilt durch die Zahl der Moleküle zum Zeitpunkt t. Man kann sich das, wie in Tafel 4.4 gezeigt, anschaulich vorstellen, wenn von 1000 Teilchen, die in einem Volumenelement ursprünglich vorliegen und dann anfangen zu reagieren, nach einer bestimmten Zeit t nur noch 100 Moleküle übrig sind. Der mittlere Polymerisationsgrad muss zu diesem Zeitpunkt t genau 10 sein, d. h. 1000/100.

In diesem Beispiel haben wir uns bisher mit Mittelwerten befasst. Natürlich findet man immer eine statistische Verteilung der Kettenlänge, die mathematisch erfassbar ist. In Tafel 4.5 und 4.6 wird über die Molmassenverteilung gemäß Schulz und Flory berichtet.

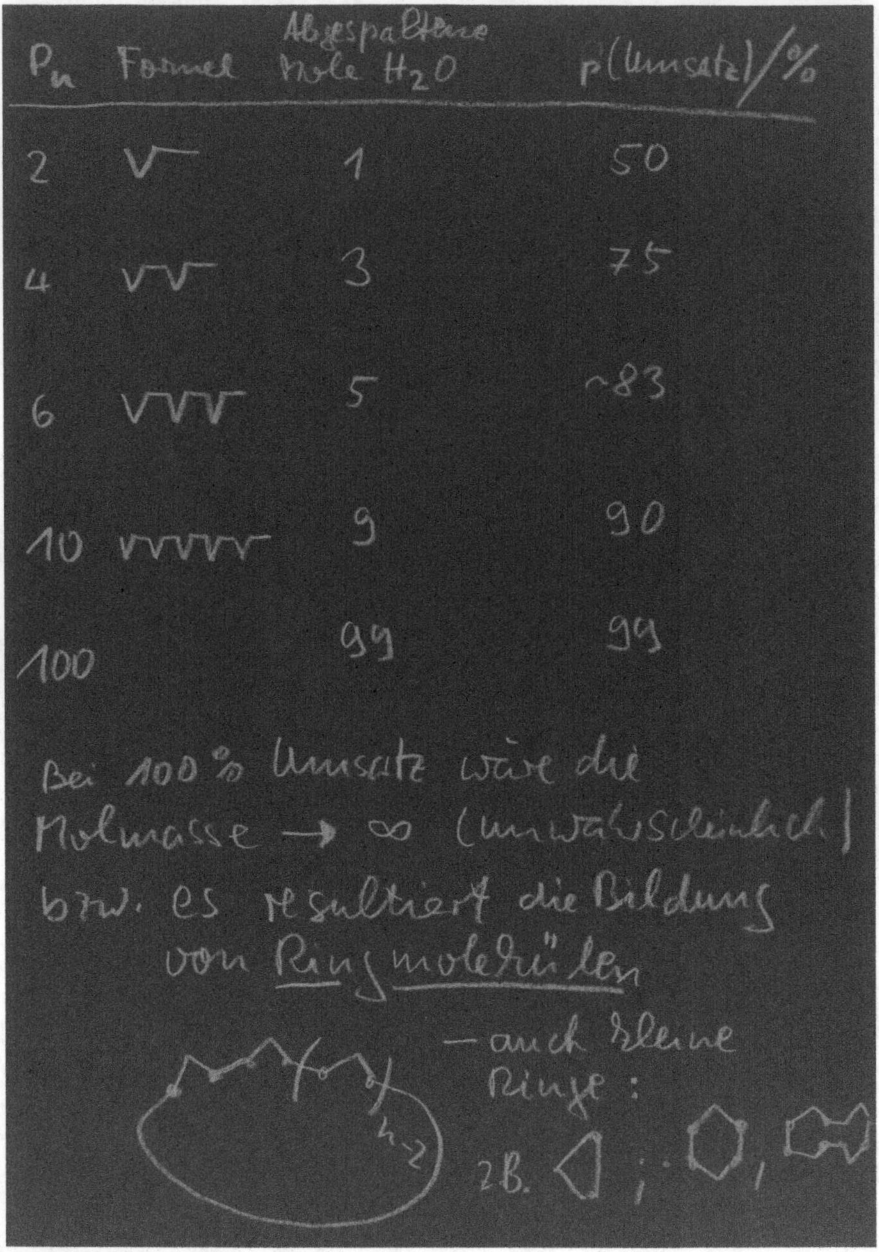

P_n	Formel	Abgespaltene Mole H_2O	$p(Umsatz)/\%$
2	$\vee$	1	50
4	$\vee\vee$	3	75
6	$\vee\vee\vee$	5	~83
10	$\vee\vee\vee\vee\vee$	9	90
100		99	99

Bei 100 % Umsatz wäre die Molmasse $\rightarrow \infty$ (unwahrscheinlich) bzw. es resultiert die Bildung von <u>Ring</u>molekülen

— auch kleine Ringe:

z.B. $\triangle$; $\hexagon$, $\diamond$

Tafel 4.3 Zusammenstellung von Umsatzkriterien bei der Polykondensation

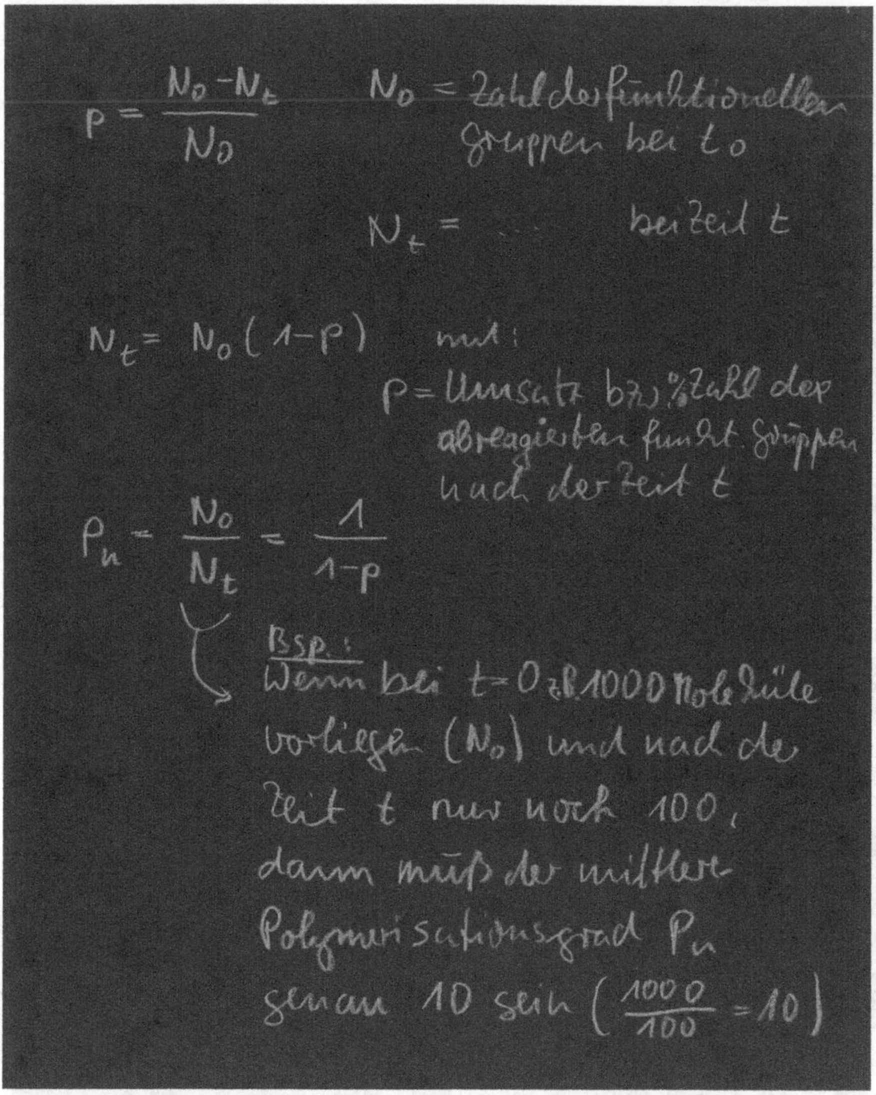

$$p = \frac{N_0 - N_t}{N_0}$$

$N_0 =$ Zahl der funktionellen Gruppen bei t_0

$N_t = \ldots$ bei Zeit t

$$N_t = N_0 (1-p)$$ mit:

$p =$ Umsatz bzw. % Zahl der abreagierten funkt. Gruppen nach der Zeit t

$$P_n = \frac{N_0}{N_t} = \frac{1}{1-p}$$

BSP.:

Wenn bei $t = 0$ z.B. 1000 Moleküle vorliegen (N_0) und nach der Zeit t nur noch 100, dann muß der mittlere Polymerisationsgrad P_n genau 10 sein $\left(\frac{1000}{100} = 10 \right)$

Tafel 4.4 Zusammenhang zwischen Molmasse und Umsatz bei der Polykondensation

Erläuterungen zur Tafel 4.5

Es wird ein einfacher Fall betrachtet, nämlich die Wachstumsreaktion einer beliebigen Hydroxysäure. Jeder Wachstumsschritt führt zu einer Verlängerung der Kette um eine Monomereinheit und hat die Wahrscheinlichkeit p. Dieses p entspricht auch dem prozentualen Umsatz, wie vorab erläutert. Aus der Wahrscheinlichkeitstheorie ergibt sich für n-faches Wachstum der Kette eine Gesamtwahrscheinlichkeit von p^{n-1}. Die Verminderung um 1 bedeutet, dass naturbedingt

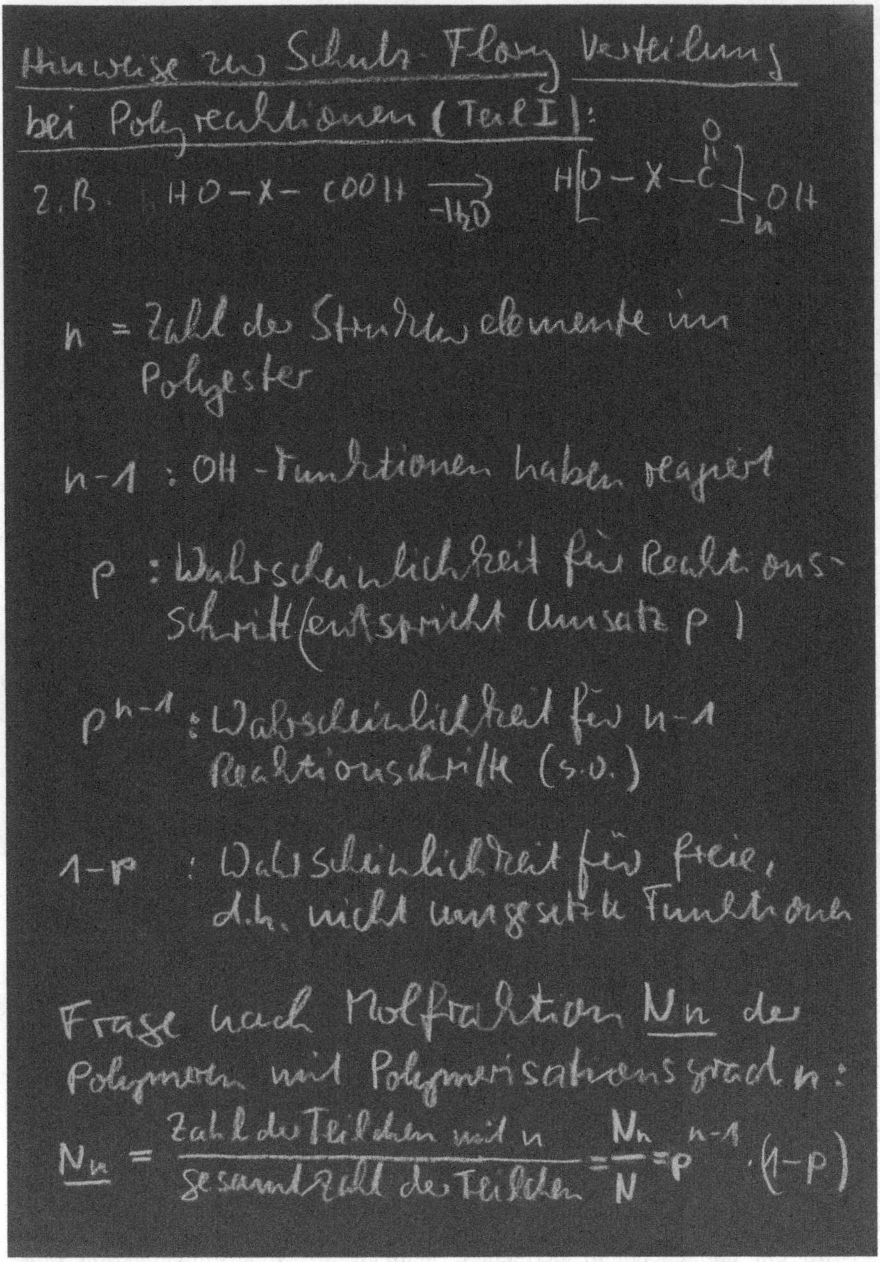

Hinweise zur Schulz-Flory Verteilung
bei Polyreaktionen (Teil I):

2.B. $HO-X-COOH \xrightarrow{-H_2O} \left[HO-X-\overset{\overset{O}{\|}}{C} \right]_n OH$

n = Zahl der Struktuelemente im
    Polyester

n-1 : OH -Funktionen haben reagiert

p : Wahrscheinlichkeit für Reaktions-
    schritt (entspricht Umsatz p)

p^{n-1} : Wahrscheinlichkeit für n-1
    Reaktionschritte (s.o.)

1-p : Wahrscheinlichkeit für freie,
      d.h. nicht umgesetzte Funktionen

Frage nach Molfraktion $\underline{N_n}$ der
Polymeren mit Polymerisationsgrad n:

$$\underline{N_n} = \frac{\text{Zahl der Teilchen mit } n}{\text{Gesamtzahl der Teilchen}} = \frac{N_n}{N} = p^{n-1} \cdot (1-p)$$

Tafel 4.5 Gedankliche Ansätze zur Herleitung der Verteilungsfunktion gemäß Schulz und Flory

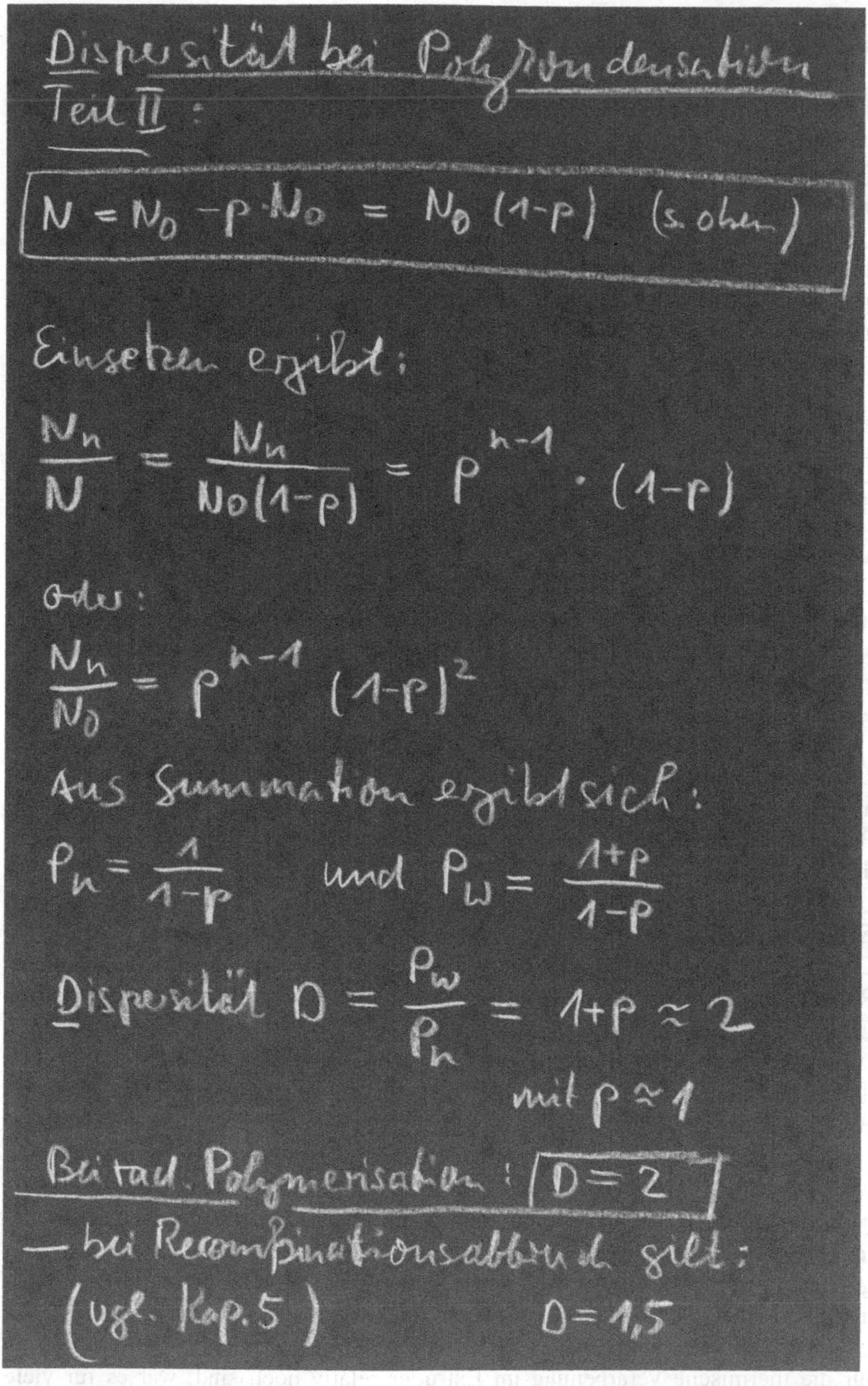

Dispersität bei Polykondensation
Teil II :

$$N = N_0 - p \cdot N_0 = N_0 (1-p) \quad \text{(s. oben)}$$

Einsetzen ergibt:

$$\frac{N_n}{N} = \frac{N_n}{N_0(1-p)} = p^{n-1} \cdot (1-p)$$

Oder:

$$\frac{N_n}{N_0} = p^{n-1} (1-p)^2$$

Aus Summation ergibt sich:

$$P_n = \frac{1}{1-p} \quad \text{und} \quad P_w = \frac{1+p}{1-p}$$

Dispersität $D = \dfrac{P_w}{P_n} = 1 + p \approx 2$

mit $p \approx 1$

Bei rad. Polymerisation : $\boxed{D = 2}$

— bei Recombinationsabbruch gilt:
(vgl. Kap. 5) $\qquad D = 1{,}5$

Tafel 4.6 Ergebnis der theoretischen Betrachtung gemäß Wachstumswahrscheinlichkeit für Polymerketten nach Schulz und Flory

eine nicht umgesetzte Funktion in der Kette vorliegen muss. Die unten aufgeführte Fraktion N_n errechnet sich aus der Zahl der Teilchen mit dem Polymerisationsgrad n zur Gesamtzahl aller Teilchen. Es interessiert ja in der Verteilungsfunktion nur die Häufigkeit einer bestimmten Kettenlänge.

Erläuterungen zu Tafel 4.6

In der umrandeten Formel steht, dass sich die Gesamtzahl aller Teilchen zusammensetzt aus der Zahl der Teilchen zum Zeitpunkt $t = 0$ minus der Zahl der umgesetzten Teilchen. Dies entspricht der bereits in Tafel 4.5 hergeleiteten Formel. Gemäß der Wahrscheinlichkeit für die Existenz von Teilchen mit dem Polymerisationsgrad n zur Gesamtzahl aller Teilchen steht das Verhältnis: N_n/N_0. So ergibt sich die Formel:

$$N_n/N_0 = p^{n-1} (1-p)^2$$

Durch Summation über alle vorhandenen Polymerisationsgrade anhand dieser Gleichung ergibt sich dann ein Wert für die Dispersität D, die durch P_w/P_n definiert ist, von $D = 2,0$.

Im unteren Teil der Tafel 4.6 wird darauf hingewiesen, dass diese theoretische Betrachtung auch für die radikalische Polymerisation gilt. Daher findet man hier ebenfalls einen Wert von $D = 2,0$. Lediglich bei Rekombinationsabbruch, wo große Teilchen mit kleinen Teilchen rekombinieren können, verengt sich die Verteilung zu einem Wert von $D = 1,5$.

Hinweis: Die Verteilungsfunktion wurde von Schulz in Mainz und Flory in den USA zeitgleich und unabhängig voneinander theoretisch entwickelt. Die Ergebnisse sind nahezu identisch. In den folgenden Tafeln werden nur noch wichtige Beispiele genannt, bei denen die Polykondensation eine entscheidende Rolle in der Praxis spielt.

Erläuterungen zu Tafel 4.7

Gemäß den Betrachtungen nach Carothers ist für die Herstellung hochmolekularer Polykondensate eine strenge molare Äquivalenz und ein nahezu quantitativer Umsatz der beiden Komponenten essenziell.

Bei der technischen Synthese von PET geht man dieser Anforderung dagegen dadurch elegant aus dem Wege, dass man für die eigentliche Polykondensation Bis-(2-hydroxyethyl-terephthalat) verwendet, das durch Umesterung aus dem entsprechenden Dimethylterephthalat und überschüssigem Ethylenglycol gewonnen wird. Somit liegt quasi ein molares Disäure/Diol-Verhältnis von 1/2 vor. Der Aufbau der PET-Kette erfolgt dadurch, dass durch interne Umesterung bei ca. 280 °C in Gegenwart eines Germanium-haltigen Katalysators das kontinuierlich freigesetzte Glycol abdestilliert wird. Wenn schließlich fast keine freien OH-Gruppen mehr vorliegen, ist die Synthese des hochmolekularen PET abgeschlossen.

Da der Schmelzpunkt T_m des PET von ca. 280 °C und der T_g-Wert von 80 °C für die thermische Verarbeitung im Extruder relativ hoch sind, war es für viele

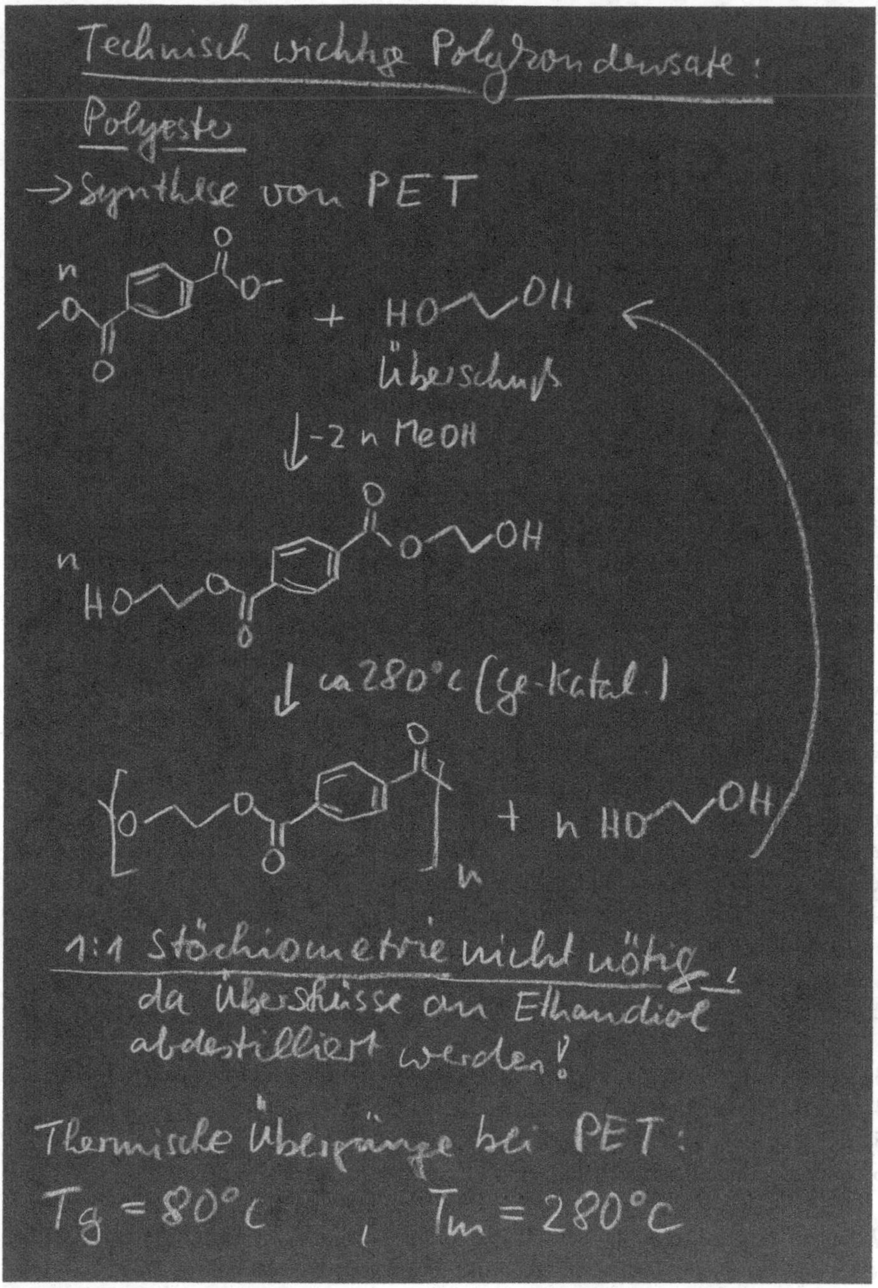

Technisch wichtige Polykondensate:

Polyester

→ Synthese von PET

+ HO‿‿OH ←

Überschuß

↓ -2 n MeOH

↓ ca 280°C (Ge-Katal.)

+ n HO‿‿OH

1:1 Stöchiometrie nicht nötig,
da Überschüsse an Ethandiol
abdestilliert werden!

Thermische Übergänge bei PET:
$T_g = 80°C$, $T_m = 280°C$

Tafel 4.7 Synthese von hochmolekularem PET durch Umesterung

Standardnutzungen interessant, ein ähnliches Material mit flexibleren Ketten zu entwickeln.

In Tafel 4.8 wird auf das weichere Polybutylenterephthalat näher eingegangen.

Erläuterungen zu Tafel 4.8
Durch Einbau von Butandiol anstelle von Ethandiol, wie es bei PET der Fall ist (s. Tafel 4.7), wird ein Material erhalten, das sich deutlich leichter und bei geringeren Temperaturen verarbeiten lässt. Auch wenn Butandiol relativ teuer ist (vgl. Tafel 4.9), wird thermische und mechanische Energie beim Anwender eingespart, was ein wichtiger Vorteil sein kann. Oft sind Materialien im Gebrauch, die *over-engineered* sind. Diese Materialien erlauben stärkere thermische und mechanische Belastungen, als sie unter realistischen Bedingungen jemals auftreten.

Im unteren Teil der Tafel wird auf sogenannte thermoplastische Elastomere eingegangen.

Wann ist ein Kunststoff thermoplastisch, wann ist er ein Elastomer?
Thermoplaste lassen sich, im Gegensatz zu dreidimensional vernetzten Polymeren, durch Erhitzen mechanisch bearbeiten und in die gewünschte Form bringen, z. B. durch Spritzgießen. So werden viele Gebrauchsgegenstände in großen Massen hergestellt, z. B. Folien, Linsen, Kameragehäuse, Küchengeräte, Spielsachen, Zahnräder.

Ein Gummireifen kann dagegen aufgrund seiner dreidimensionalen Netzwerkstruktur durch Erhitzen und Pressen nicht in eine andere Form, z. B. in Gummiplatten, umgewandelt werden: Es müssten nämlich alle kovalenten Netzwerkbrücken gespalten werden, was zur Zersetzung führt.

Elastomere sind immer dann vorhanden, wenn lange Kettensegmenten weit unterhalb der Gebrauchstemperatur beweglich sind und somit die Glasübergangstemperatur entsprechend niedrig ist. Um aber ein Vorbeigleiten der flexiblen Ketten zu verhindern, muss eine gewisse Vernetzung realisiert werden. Dabei kann es sich um folgende Arten von Vernetzung handeln:

1. kovalent, z. B. durch Disulfidbrücken bei Gummi
2. kovalent durch reversibel thermolabile Verknüpfung, z. B. mittels Diels-Alder-Verbrückung
3. nichtkovalent durch Kristallite, z. B. bei Polyolefinen oder bei PET
4. nichtkovalent durch starre amorphe Domänen mit hohem T_g
5. nichtkovalent mittels Ionenwechselwirkung durch Salzbildung
6. nichtkovalent durch H-Brücken

Wenn eine nichtkovalente Vernetzung leicht beweglicher Kettensegmente (niedriges T_g) durch beidseitig angeknüpfte Polyesterhartsegmente (hoher Schmelzpunkt) phasenseparieren, kann dieses elastische Material bei Temperaturen über T_g bzw. F_p thermoplastisch verarbeitet werden. Nach Abkühlen aus der Schmelze ist das Material wieder elastisch. Dies ist also ein typisch thermoplastisches Elastomer. So ließe sich z. B. thermisch ein Spielzeuggummitier durch Heißpressen in eine elastische Platte umwandeln.

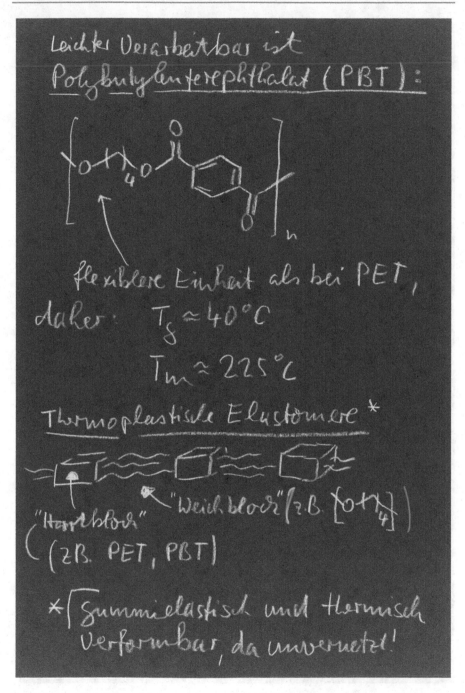

Leichter Verarbeitbar ist
Poly<u>butylenterephthalat</u> (PBT):

flexiblere Einheit als bei PET,
daher: $T_g \approx 40\,°C$

$T_m \approx 225\,°C$

<u>Thermoplastische Elastomere</u> *

"Hartblock"
(ZB. PET, PBT)

"Weichblock" (zB. $\left[O +\right]_4$)

* [Gummielastisch und thermisch
verformbar, da unvernetzt!

Tafel 4.8 Polybutylenterephthalat und thermoplastische Elastomere

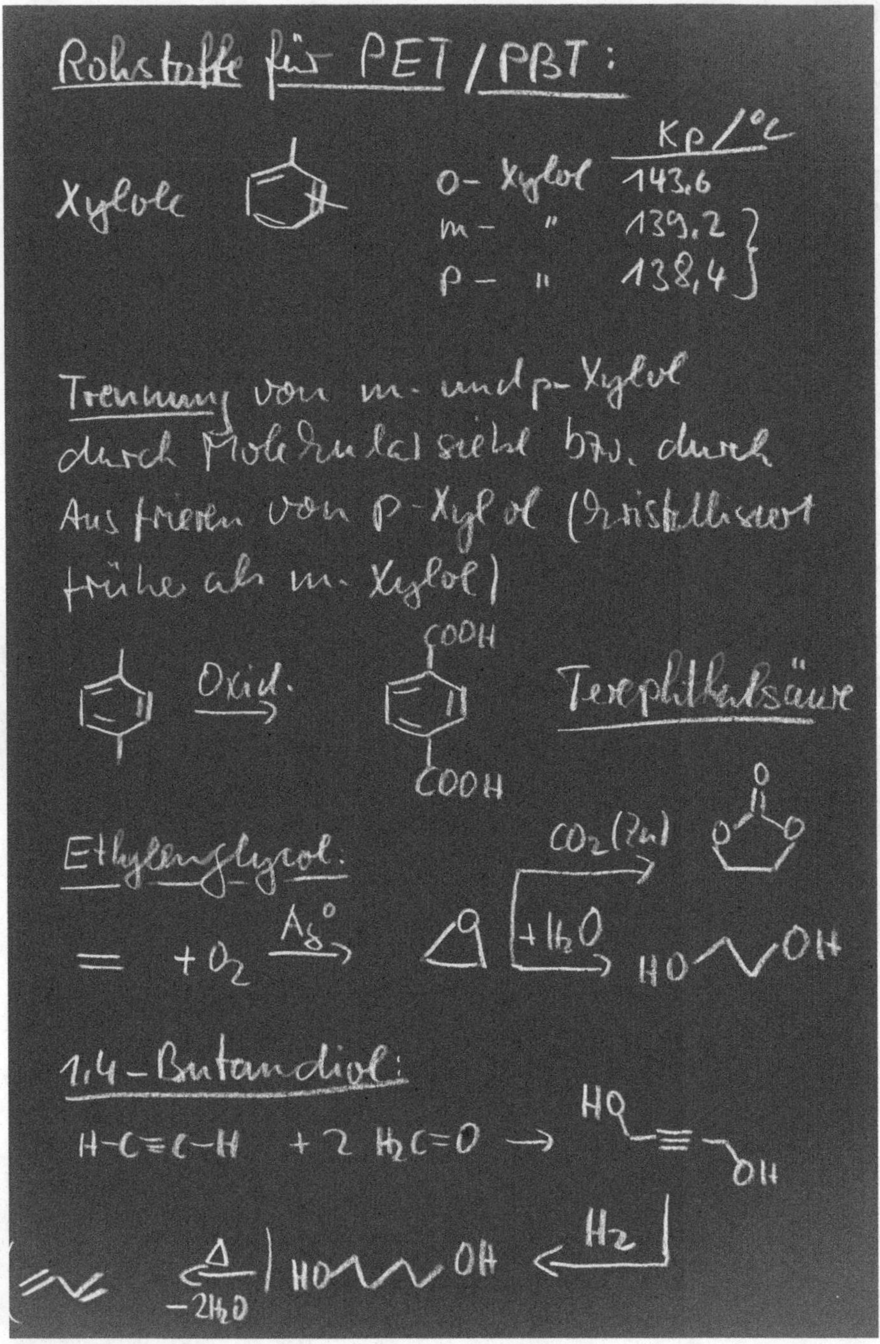

Rohstoffe für PET / PBT :

Xylole   [structure]

$$K_p / °C$$

o- Xylol   143,6
m- "   139,2 ⎫
p- "   138,4 ⎬

Trennung von m- und p-Xylol
durch Molekular siebe bzw. durch
Ausfrieren von p-Xylol (kristallisiert
früher als m-Xylol)

[structure] $\xrightarrow{Oxid.}$ [structure with COOH, COOH]   Terephthalsäure

Ethylenglykol:

$$= \; + O_2 \xrightarrow{Ag^0} \; [structure] \boxed{+ H_2O} \xrightarrow{} HO\diagdown OH$$

$$\xrightarrow{CO_2 (?u)} [structure]$$

1,4 - Butandiol:

$$H-C\equiv C-H \; + 2 \; H_2C=O \; \rightarrow \; HO\diagup\equiv\diagdown_{OH}$$

$$[structure] \xrightarrow[-2H_2O]{\Delta} \Big| HO\diagdown\diagup OH \xleftarrow{H_2}$$

Tafel 4.9 Rohstoffe für PET und PBT

Duroplaste sind unlösliche und unschmelzbare Polymermaterialien, die als relativ niedermolekulare Paste in eine Form gebracht werden und danach zu engmaschigen dreidimensionalen Netzwerken aushärten. Ein Beispiel ist das aus Phenol und Formaldehyd hergestellte Bakelit®.

Wie steht es um die Verträglichkeit unterschiedlicher Polymere?
Während viele kleine Moleküle wie Ethanol und Wasser durch starken Entropiegewinn und enthalpiebedingt oft homogen mischbar sind, findet man bei unterschiedlichen Polymeren wegen deren Unverträglichkeit sehr häufig eine Phasenseparation. Hier ergibt sich durch die relativ wenigen Moleküle pro Volumeneinheit beim Mischen kaum ein Entropiegewinn. Eine vollständige Mischbarkeit ist nur dann gegeben, wenn chemisch sehr ähnliche Ketten vorliegen oder beim Mischen ein starker Enthalpiegewinn erfolgt, z. B. elektrostatisch durch Anion-Kation-Wechselwirkung. Enthält Polymer A nämlich einige Kationen in der Kette und Polymer B entsprechend die Anionen, dann kann durch die exotherme Polymersalzbildung eine Mischbarkeit erzwungen werden. Werden die Polymerketten kürzer, dann verbessert sich allgemein die Mischbarkeit chemisch unterschiedlicher Kettenmoleküle. Thermodynamisch betrachtet sinkt durch den zunehmenden Entropieanteil ΔS_{mix} gemäß der Gibbs-Helmholtz-Beziehung auch ΔG_{mix}:

$$\Delta G_{mix} = \Delta H_{mix} - T \Delta S_{mix} < 0$$

Der wirtschaftliche Erfolg von Polymermaterialien hängt stark von der Verfügbarkeit entsprechender Rohstoffe ab. In Tafel 4.9 sind die Rohstoffe für PET und PBT zusammengestellt.

Erläuterungen zu Tafel 4.9
Bei der Erdölaufbereitung durch Raffinerien werden die aliphatischen, ungesättigten und aromatischen Kohlenwasserstofffraktionen nach der Anzahl der C-Atome destillativ getrennt. Hier ist zunächst die relativ hoch siedende C_8-Fraktion von Bedeutung: Neben Ethylbenzol fällt die Mischung von o-, m- und p-Xylol an. Durch Destillation und selektives Ausfrieren lassen sich diese trennen. Die anschließende Oxidation von p-Xylol zu Terephthalsäure erfolgt ausschließlich an den Methylgruppen unter Erhalt der Aromatizität.

Ethylenglycol ergibt sich aus der C_2-Fraktion: Dazu wird Ethen vorsichtig, d. h. mit unterschüssigem Sauerstoff, am Silberkontakt zu Ethylenoxid oxidiert und der gespannte, dreigliedrige Ring direkt mit Wasser zu Ethylenglycol geöffnet. Daneben ist die gezeigte Ringerweiterung mittels CO_2 zu Ethylencarbonat industriell bedeutungsvoll.

Butandiol wird aus Ethin durch zweifache Addition von Formaldehyd und anschließende Reduktion erhalten. Nebenbei kann auf diesem Wege durch zweifache Eliminierung von Wasser auch 1,3-Butadien hergestellt werden.

Eine besondere wirtschaftliche Bedeutung kommt Polyestern aus Kohlensäure und Bisphenol A zu. Wie sich ein solches Polycarbonat herstellen lässt, ist in Tafel 4.10 dargestellt.

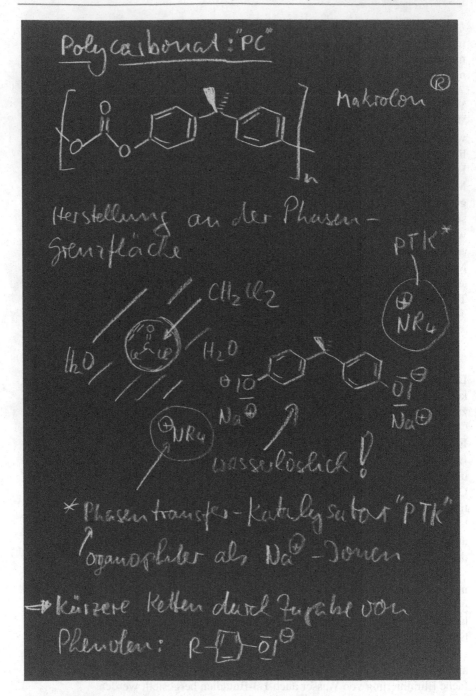

Tafel 4.10 Synthese von Polycarbonat an der Phasengrenzfläche

Erläuterungen zu Tafel 4.10

Um Polycarbonat (Makrolon®) herzustellen, wird zunächst gasförmiges Phosgen bei niedriger Temperatur in Methylenchlorid gelöst (die Löslichkeit eines Gases steigt mit sinkender Temperatur). Diese Lösung wird in Wasser dispergiert, in dem Bisphenol-A-Natriumsalz und z. B. Triethylamin als Phasentransferkatalysator (PTK) gelöst enthalten sind. Durch Ionentausch des kleinen Natriumions gegen das große organophile Triethylammoniumion kann das Bisphenol-A-Anion leicht in die Methylenchloridphase transportiert werden. Dort reagiert es sofort mit überschüssigem Phosgen zum Bischlorameisensäureester und setzt ein hydrophiles Chloridion frei, das mittels vorhandenem Triethylammoniumgegenion sofort in die Wasserphase wandert.

Ist bei Grenzflächenpolykondensation keine 1:1-Stöchiometrie nötig?

Wenn Bisphenol A in erster Stufe beidseitig mit Phosgen reagiert hat, kann es in der nächsten Stufe nur mit weiteren Bisphenol-A-Anionen zu Trimeren kondensiert werden. Danach kann ausschließlich im Überschuss vorhandenes Phosgen zur Reaktion kommen. Durch Eindiffundieren von weiteren Bisphenol-A-Anionen in die organische Phase findet der gestufte Kettenaufbau zum Pentamer statt. So entstehen nach und nach lange Ketten, deren Molmasse durch Zugabe von Phenolen mit einer OH-Gruppe kontrolliert werden kann. Letzteres ist nötig, um Materialien zu gewinnen, die z. B. zur Herstellung von CDs oder DVDs in kurzen Taktzeiten keine Vorzugsrichtung der Ketten ergeben. Nur eine amorphe, d. h. ungeordnete, Struktur ermöglicht eine hohe Präzision beim Auslesen der digitalen Informationen mittels Laserstrahlen. Dies erklärt auch, warum langkettige transparente Polymere wie PMMA, PS oder COC-Polymere keine Anwendung als Trägermaterial für optische Speichermedien gefunden haben.

Die aktuelle Polycarbonatproduktion basiert vorzugsweise auf der Nutzung von Phosgen. Dieses giftige Gas wird vor Ort aus CO und Chlor direkt hergestellt, aber nur nach Bedarf, d. h. nie auf Vorrat. Das alte Verfahren durch Umesterung von Diphenylcarbonat mit Bisphenol A ist quasi phosgenfrei und findet wieder zunehmend Interesse. In Tafel 4.11 ist dieser Prozess skizziert.

Erläuterungen zu Tafel 4.11

In der Pionierzeit der Polycarbonatproduktion wurde ausschließlich das Umesterungsverfahren angewandt. Diphenylcarbonat wurde äquimolar mit Bisphenol A thermisch unter Abspaltung von Phenol zu Polycarbonat umgesetzt. Das frei gewordene Phenol wurde direkt zurückgeführt und mittels Dimethylcarbonat in das Diphenylcarbonat umgewandelt. Dimethylcarbonat lässt sich katalytisch aus CO und Methanol gewinnen. Somit wird letztlich auf die problematischen Stoffe Chlor, CO und das besonders gefährliche Phosgen verzichtet.

Nach diesem Altverfahren kann auch das sterisch anspruchsvolle Tetramethyl-Bisphenol A mit Diphenylcarbonat in das entsprechende Polycarbonat übergeführt werden.

Es stellte sich früh heraus, dass Spuren von Nebenprodukten, die durch Oxidation entstehen, eine Gelbfärbung des Endprodukts verursachen. Erst die Zugabe

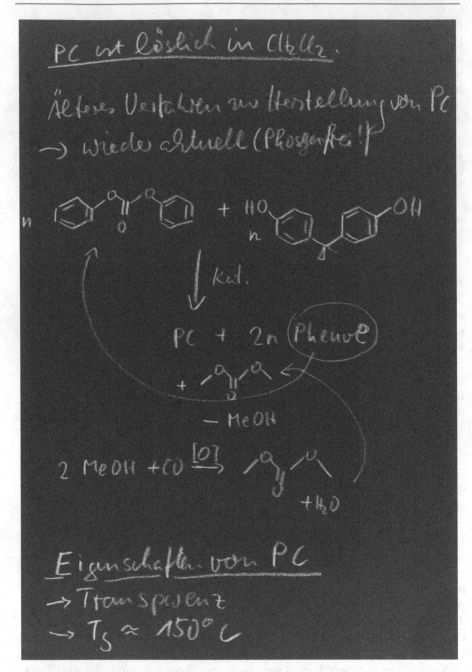

PC ist löslich in CH_2Cl_2.

Älteres Verfahren zur Herstellung von PC
→ wieder aktuell (Phosgenfrei!)

$$ n \quad \text{[Diphenylcarbonat]} + HO{-}\text{[Bisphenol A]}{-}OH $$

↓ Kat.

PC + 2n (Phenol)

+ [Dimethylcarbonat]

− MeOH

$$ 2\,MeOH + CO \xrightarrow{[O]} \text{[Dimethylcarbonat]} + H_2O $$

Eigenschaften von PC
→ Transparenz
→ $T_S \approx 150\,°C$

Tafel 4.11 Klassische und phosgenfreie Synthese von PC

von kleinsten Mengen einer Phosphorverbindung erlaubte die Herstellung von farblosem und hochtransparentem Material mit einer Glasübergangstemperatur um die 150 °C.

Die Herstellung von Babyflaschen und von Geschirr aus Polycarbonat ist seit einigen Jahren durch EU-Beschluss nicht mehr erlaubt, da durch Hydrolyse Spuren von hormonell wirksamem Bisphenol A freigesetzt werden können. Die Gefährdung resultiert aus der strukturellen Ähnlichkeit zwischen Bisphenol A und Östrogen.

In Tafel 4.12 sind die Verwendung von Polycarbonat sowie Rohstoffe für die industrielle Herstellung aufgeführt.

Erläuterungen zu Tafel 4.12
Aufgrund hoher Transparenz und guter Thermostabilität wird Polycarbonat heute im Automobilsektor breit eingesetzt. Leider reicht seine Kratzfestigkeit nicht aus, um es als Frontscheibenmaterial verwenden zu können. Daher bleibt nur der hintere Bereich von Fahrzeugen, wie z. B. die Rückscheinwerfer.

Rohstoffe für die Herstellung von PC sind das bereits erwähnte Phosgen als reaktives Kohlensäurederivat sowie Phenol und Aceton, die als 1:1-Koppelprodukt beim Cumolverfahren anfallen. Cumol ist aus der C_3- (Propen) bzw. C_6-Fraktion (Benzol) zugänglich. Der Überschuss an Aceton fließt in andere Synthesen.

In Tafel 4.13 werden aromatische Polyester vorgestellt und das Augenmerk auf AABB- und AB-Systeme gelenkt.

Erläuterungen zu Tafel 4.13
Analog zur Polycarbonatsynthese (vgl. Tafel 4.9) wird Bisphenol A mit Terephthalsäuredichlorid in zweiphasigem Medium umgesetzt. Dieses System fällt in die Kategorie AABB-Typ, d. h., ein Diol (AA) reagiert mit einer Disäure (BB). Im Gegensatz zu aliphatischen Alkoholen reagieren Phenole nur sehr langsam mit Carbonsäuren, sodass die reaktiveren Säurechloride benötigt werden.

Bei der unten in Tafel 4.13 gezeigten Herstellung von Poly(4-hydroxybenzoat) sind die Säure und der Alkohol in derselben Monomereinheit gebunden. Solche Monomere sind als AB-Typ zu bezeichnen. Es findet während des Polyesteraufbaus bei über 200 °C kontinuierlich eine Umesterung der aktivierten Acetoxybenzoesäure statt, wobei aus dem Gleichgewicht Essigsäure entweicht. Dadurch resultieren Polyester mit hohen Molmassen.

Gibt es Alternativen zur Synthese des 4-Hydroxybenzoat-Polyesters?
Aktiviert man die Säuregruppe von 4-Hydroxybenzoesäure durch Veresterung mit Phenol und lässt die OH-Gruppe frei, erfolgt ab 250 °C aus Hydroxybenzoylphenolat unter Freisetzung von Phenol schrittweise die Bildung von Poly(4-hydroxybenzoat).

In Tafel 4.14 werden aliphatische Polyester diskutiert. Diese Polyester lassen sich direkt aus Säuren und Alkoholen durch Wasserabspaltung herstellen.

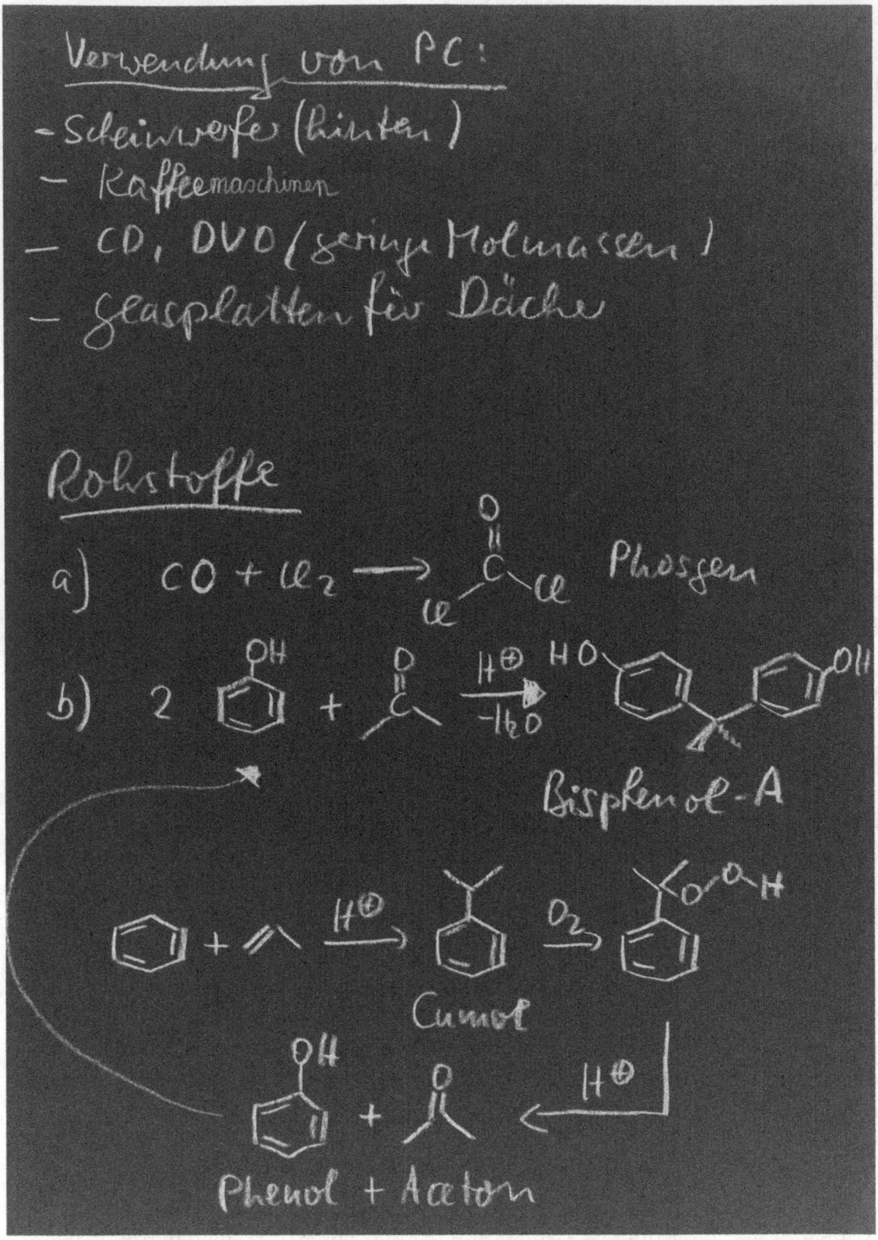

Verwendung von PC:

- Scheinwerfe (hinten)
- Kaffeemaschinen
- CD, DVD (geringe Molmassen)
- Glasplatten für Dächer

Rohstoffe

a) $CO + Cl_2 \longrightarrow$ Phosgen

b) 2 Phenol $+$ Aceton $\xrightarrow[-H_2O]{H^{\oplus}}$ Bisphenol-A

Cumol

Phenol + Aceton

Tafel 4.12 Verwendung von Polycarbonat und Rohstoffe zur Herstellung

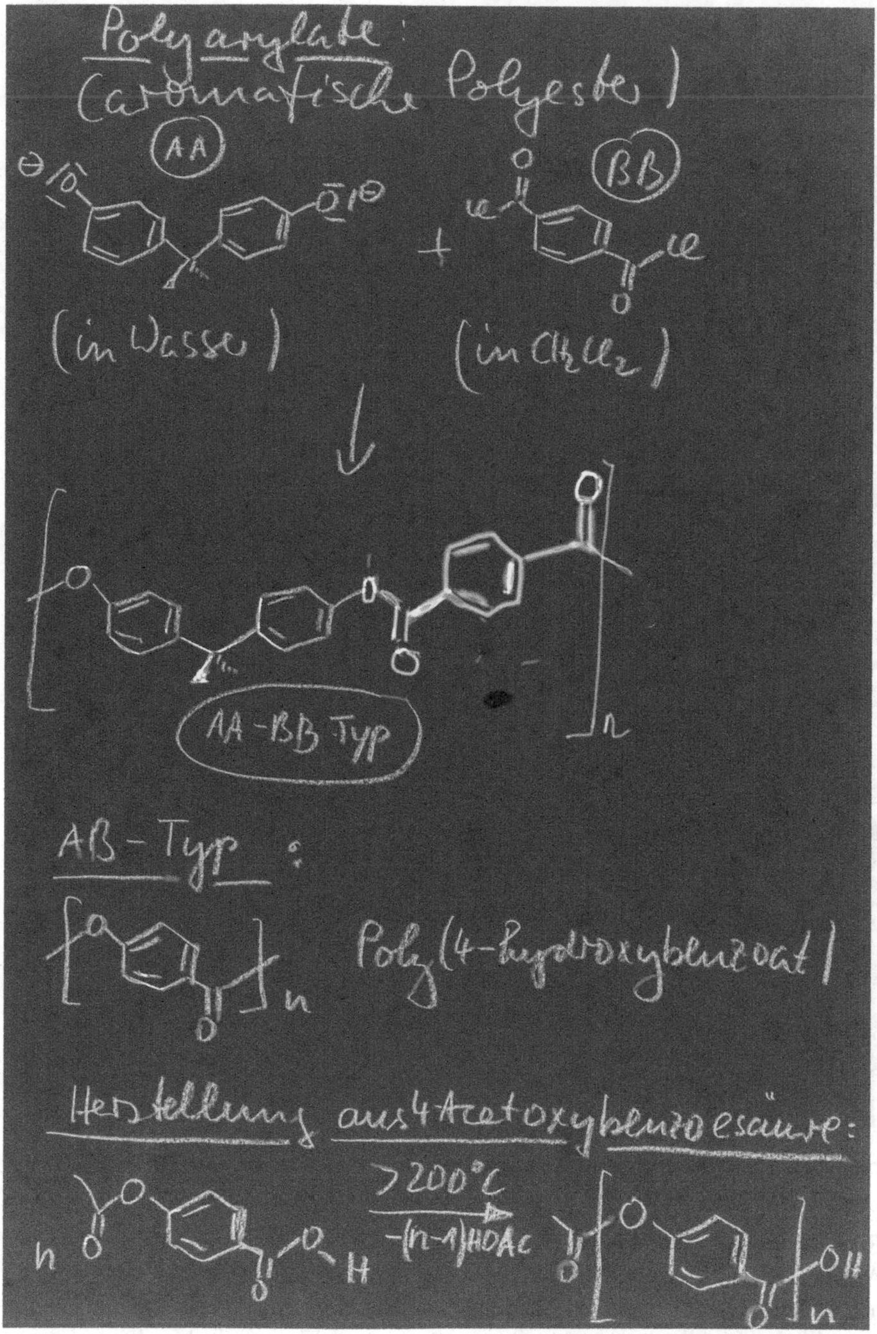

Polyarylate:
(aromatische Polyester)

(AA)

(in Wasser)

+

(BB)

(in CH₂Cl₂)

AA-BB Typ

AB-Typ:

Poly(4-hydroxybenzoat)

Herstellung aus 4-Acetoxybenzoesäure:

$$\xrightarrow[-(n-1)HOAc]{>200°C}$$

Tafel 4.13 Synthesen von aromatischen Polyestern: Polyarylate

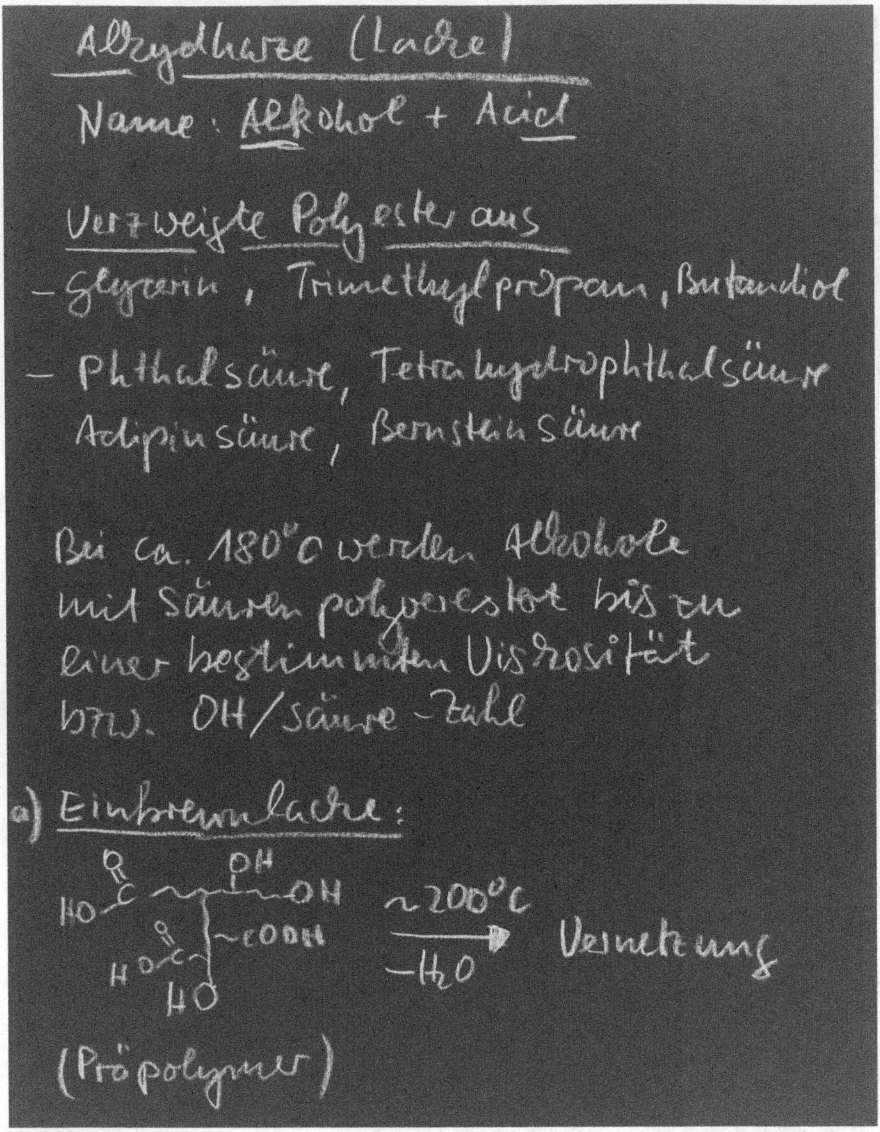

Tafel 4.14   Struktur und Bedeutung von Alkydharzen

Erläuterungen zu Tafel 4.14

Alkydharze stellen eine Gruppe von Harzen dar, die als Alternative zu den natürlichen Ölen entwickelt wurden. Neben den gleich zu besprechenden ölmodifizierten Alkydsystemen gibt es sogenannte Einbrennlacke, die von technischer Bedeutung sind. Letztere sind Oligoester (Präpolymere) aus verschieden

Alkoholen und Säuren. Sie besitzen zahlreiche reaktive Säure- und OH-Endgruppen, die bei starkem Erhitzen auf über 200 °C unter Wasserabspaltung teilweise miteinander verestern und somit zu dreidimensionalen Netzwerken mit genügend polaren Endgruppen, die für die Oberflächenhaftung wichtig sind, aushärten. Oberflächen aus solchen Polyestern sind relativ kratzfest.

Bei der technischen Produktion solcher Polyester aus mehrwertigen Alkoholen und Säuren darf die Viskosität einen bestimmten Wert nicht überschreiten, da andernfalls eine unerwünschte Vernetzung des Produkts bereits im Reaktionskessel stattfindet und dieser dann nur noch auf „bergmännische Weise" entleert werden kann.

Die klassischen Maler verwendeten für ihre Bilder natürliche Öle, die mit Farbpigmenten vermischt wurden. Die Trocknung der fertigen Gemälde erfolgte je nach Dicke der Farbschicht über unterschiedlich lange Zeiträume. Diese Trocknung, bei der eine dreidimensionale kovalente Vernetzung stattfindet, erfolgt durch oxidative bzw. radikalische Prozesse an den Allylstellen der ungesättigten Fettsäureglycerinester. In Tafel 4.15 sind typische Strukturen von synthetischen, mit Ölsäuren modifizierten Alkydharzen aufgeführt.

Erläuterung zu Tafel 4.15
Oben in der Tafel ist ein typisches Beispiel für ein ölmodifiziertes synthetisches Alkydharz aufgeführt. Tetrahydrophthalsäure ist ein technisches Diels-Alder-Addukt aus den beiden C_4-Bausteinen Butadien und Maleinsäureanhydrid (MSA) aus der Erdölfraktion. Das ebenfalls technisch sehr bedeutsame Trimethylolpropan (TMP) ist ein Folgeprodukt der C_3- (Propen-)Fraktion des thermisch abgebauten Erdöls und der C_1-Chemie: CO aus Synthesegas (Kohle, Biomasse oder Erdöl) sowie $H_2C=O$ aus Methanol durch Oxidation mit Sauerstoff am filigranen Ag-Kontakt. TMP unterscheidet sich vom ebenfalls dreiwertigen Glycerin dadurch, dass alle drei OH-Gruppen gleich reaktiv sind. Erst nach Umsetzung einer der OH-Gruppen werden Reaktivitätsunterschiede sichtbar. Grundsätzlich sind alle Alkydharze aufgrund der mehrfachen Funktionalität der Komponenten hochverzweigte Polykondensate. Für den gezielten Aufbau solcher hyperverzweigten Systeme durch Polyveresterung werden AB_n-Monomere benötigt. In Tafel 4.16 ist ein AB_2-System beispielhaft herausgegriffen.

Erläuterungen zu Tafel 4.16
Die Synthese einer Dihydroxymonosäure aus Propionsäuremethylester und Formaldehyd ist als Beispiel für ein AB_2-Monomer aufgeführt. Durch Polyveresterung entsteht ein hyperverzweigtes Gebilde, das in der Tafel repräsentativ und idealisiert für viele weitere Strukturen dargestellt ist. Um gezielter an solche Strukturen zu gelangen, kann ein Startmolekül eingesetzt werden, nämlich ein Diol ohne Carbonsäure (nicht abgebildet).

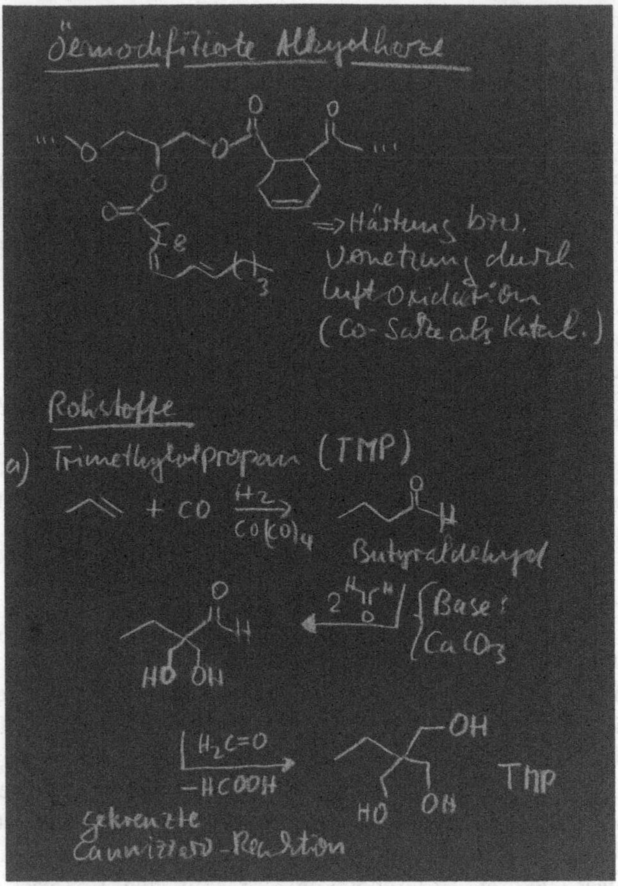

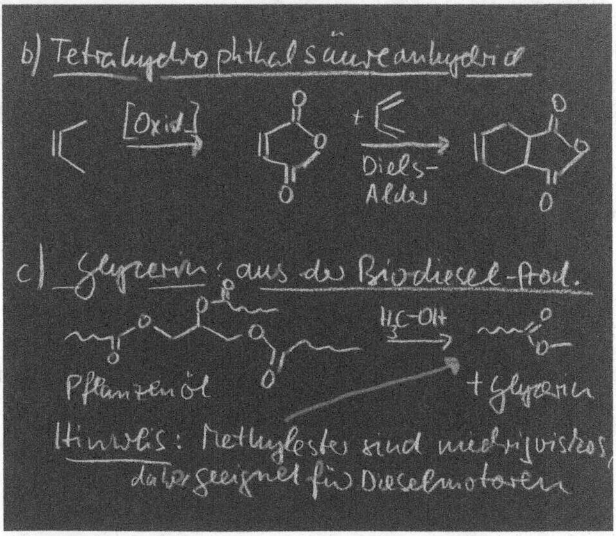

Tafel 4.15 Typische Strukturen von ölsäuremodifizierten Alkydharzen

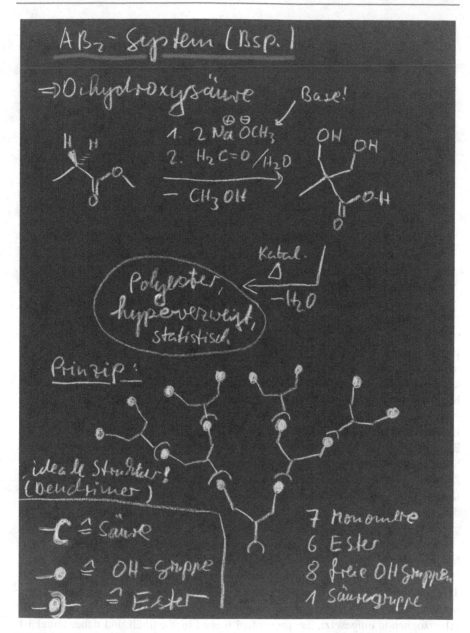

Tafel 4.16 Synthese von hyperverzweigten Polyestern aus einer Dihydroxymonosäure

Minitest 1

1. Wann ist ein Molekül geeignet, lange Ketten mit hoher Molmasse von >20.000 g/Mol zu bilden? Nennen Sie vier chemische Beispiele.
2. Welche Arten von Biopolymeren kennen Sie, und welcher übergeordneten Polymerklasse werden sie zugeordnet?
3. Nennen Sie wichtige Kriterien für die Herstellung von hochmolekularen Polykondensaten und benennen Sie die vereinfachte Carothers-Gleichung
4. Erläutern Sie kurz die Unterschiede zwischen Zahlenmittel, Gewichtsmittel und Dispersität „D". Welche Dispersität zeigen Polykondensate nach Schulz und Flory?
5. Wie wird PET technisch hergestellt?
6. Erläutern Sie die Begriffe: Thermoplaste, Duroplaste, Elastomere und thermoplastische Elastomere: Diskutieren Sie die Unterschiede.
7. Welche entscheidenden Unterschiede weisen PET und PBT auf?
8. Wie sieht das klassische Verfahren zur Polycarbonatsynthese aus, und warum ist es wieder interessant?
9. Was ist ein Alkydharz, und wie härtet es aus?
10. Wie kann man hyperverzweigte Polymere herstellen? Wie sehen die Monomere aus?

Um möglichst widerstandsfähige, sogenannte Hochleistungsmaterialien für extreme mechanische und thermische Belastungen zu generieren, haben sich Polykondensate mit aromatischen Ketonen bewährt (Tafel 4.17 und 4.18). Aliphatische Komponenten sind hierbei nicht förderlich.

Erläuterungen zu Tafel 4.17
Bei der Synthese von Poly(ether)ketonen wird die n-fach nucleophile aromatische Substitution als Polyreaktion zum Aufbau der Kette angewendet. Dazu muss der Aromat möglichst elektronenarm und die Abgangsgruppe leicht aktivierbar sein. Dies ist durch die elektronenziehende C=O-Gruppe (Keton als Namensgeber) und die ebenfalls elektronenziehenden F-Atome, die leicht substituierbar sind, vorgegeben.

Der Mechanismus folgt dem Additions-Eliminierungs-Mechanismus (AE-Mechanismus) unter Abspaltung eines Fluoridions. Da Fluorbenzol als Ausgangschemikalie relativ teuer ist, wurde diese Verbindung gemäß Tafel 4.17 mit Terephthalsäuredichlorid durch Friedel-Crafts-Reaktion quasi verdünnt. In der ursprünglichen Entwicklung der Polyetherketone wurde nämlich das 4,4'-Difluorbenzophenon eingesetzt, das prozentual mehr Fluor enthält und daher teurer ist (Tafel 4.18).

Eine neuere Anwendung für Polyetherketone ist der 3D-Druck. Es lassen sich maßgeschneiderte Polyketonmaterialien, z. B. für die Automobilindustrie oder die Medizintechnik, herstellen.

In Tafel 4.18 ist als weiteres Beispiel die Synthese von PEEK und dessen Sulfonierung skizziert.

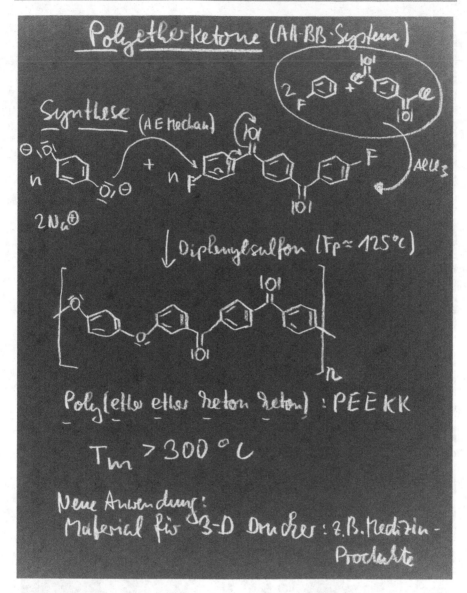

Tafel 4.17 Synthese eines Poly(ether-ether-keton-keton)s (PEEKK)

Erläuterungen zu Tafel 4.18

Hier wird deprotoniertes Hydrochinon unter Sauerstoffausschluss mit 4,4'-Diflu-
orbenzophenon durch nucleophile aromatische Substitution umgesetzt, wobei ein
Poly(ether-ether-keton) (PEEK) resultiert. Interessant ist die nachträgliche, d. h.
polymeranaloge Sulfonierung von PEEK. Diese Reaktion stellt eine elektrophile
aromatische Substitution mittels Chlorsulfonsäure dar, wobei die Reaktion selektiv

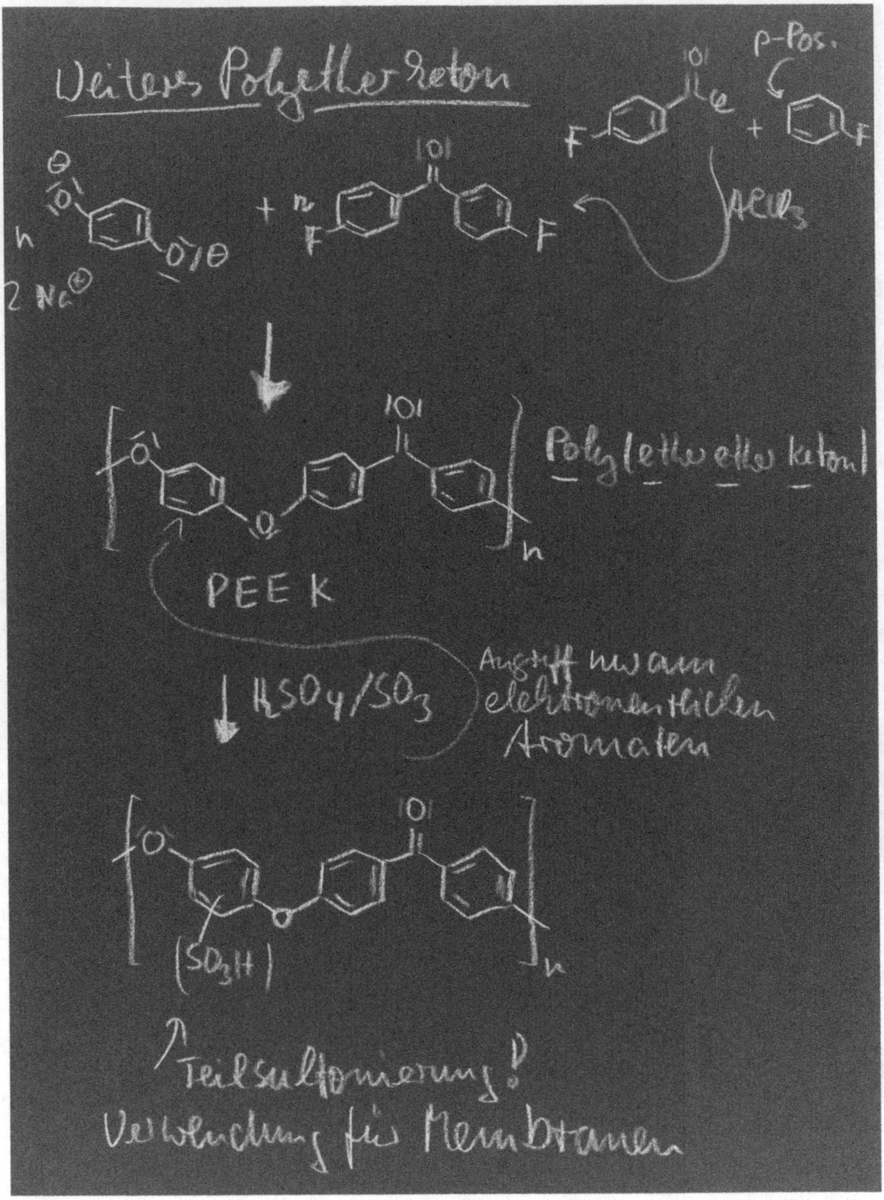

Tafel 4.18 Poly(ether-ether-keton): Synthese und Sulfonierung

an den besonders elektronenreichen Aromaten erfolgt, nämlich an der Hydro-chinon-Komponente. Eine mögliche Anwendung für das sulfonierte Material liegt im Bereich von Folien und Membranen für Brennstoffzellen.

Eine vergleichbare Polymergruppe stellen die Poly(ether-sulfone) dar. Diese tragen anstelle von Ketonen die noch stärker elektronenziehende Sulfonfunktion

(–Ar–SO$_2$–Ar'–), die den Namensgeber für diese Polymergruppe darstellt. Die Herstellung erfolgt ähnlich den Poly(ether-ketonen), nämlich z. B. aus 4,4'-Dichlordiphenylsulfon und dem Natriumsalz von Bisphenol A. Hier genügt das weniger elektronegative Chloratom als Abgangsgruppe.

Unter den etherhaltigen aromatischen Polykondensaten hat sich die Klasse der Polythioether (PPS) auf dem Kunststoffmarkt etabliert, s. Tafel 4.19.

Erläuterung zu Tafel 4.19

Benzol kann durch doppelte elektrophile aromatische Substitution mit Chlor leicht in Dichlorbenzol umgewandelt werden. Da das nach der Erstsubstitution eingebaute Chloratom als Substituent erster Ordnung in die *p*-Position dirigiert, entsteht das 1,4-Dichlorbenzol als Hauptprodukt. Das elektronisch ebenfalls bevorzugte *o*-Produkt wird aus sterischen Gründen nur wenig gebildet.

Das teilkristalline PPS ist thermoplastisch und kann bei über 300 °C mittels Spritzguss verarbeitet werden. PPS findet Anwendung bei thermisch stark beanspruchten Formteilen im Elektroniksektor und im Fahrzeugbau.

Eine weitere Polyetherklasse, die durch Polykondensation bzw. oxidative Kupplung quasi unter H$_2$-Abspaltung hergestellt wird und praktische Bedeutung erlangt hat, ist das Polyphenylenoxid (PPO). Das Material wird wegen der Etherfunktionen neuerdings auch PPE statt PPO genannt.

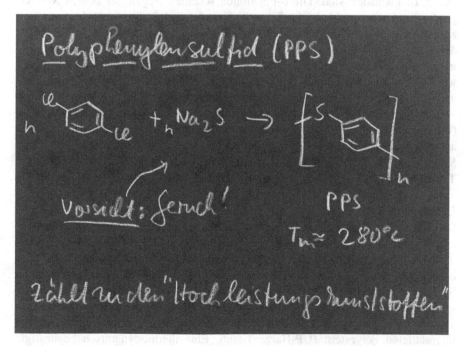

Tafel 4.19 Struktur und Synthese von Polyphenylensulfid (PPS)

Wichtig für den Anwender ist die Möglichkeit, PPO (PPE) mit Polystyrol oder Polyamid zu vermischen und somit die Materialeigenschaften dieser Blends zu steuern. Viele Materialien auf Basis der PPO-Blends, die oft mit Glasfsern verstärt werden, sind trinkwassergeeignet. In Tafel 4.20 wird die Besonderheit von PPO sichtbar.

Erläuterungen zu Tafel 4.20

Da der genaue Mechanismus der PPO-Bildung bislang unbekannt ist, soll hier zumindest ein plausibler Vorschlag für den Ablauf der Reaktion nach dem ECE-Mechanismus (elektrisch, chemisch, elektrisch) vorgestellt werden.

Um einen Aromaten leicht oxidativ angreifen zu können, d. h. um hoch liegende HOMO-Elektronen aus dem π-System zu entfernen, ist eine relativ hohe Elektronendichte am Aromaten günstig. Dies ist bei dem abgebildeten 2,5-Dimethylphenolat gegeben. Die dazu notwendige Phenolatbildung wird durch die zugesetzte Base Pyridin bewirkt. In erster Stufe kann nun Sauerstoff bzw. das Cu^+-Ion dem negativ geladenen Aromaten ein Elektron entziehen, wodurch ein neutrales Radikalmolekül entsteht: elektrischer Schritt. Daraufhin kann sich das nucleophile Phenyl-O·-Radikal an die relativ positive C-Position eines weiteren Phenyl-O·-Radikals in *para*-Stellung nähern und eine O-C-Bindung bilden. Unter Rearomatisierung wird ein H^+-Ion abgespalten, wodurch ein Anion-Dimer-Anion verbleibt: chemischer Schritt.

Betrachtet man die klassischen mesomeren Grenzstrukturen des Phenyl-O·-Radikals (nicht abgebildet), so wird klar, dass die Radikalpositionen bevorzugt am O-Atom (δ negativ) und am C-Atom des Benzolrings in *o*- bzw. *p*-Position (δ positiv) quasi lokalisiert sind. Die *o*-Positionen scheiden wegen der beiden Methylgruppen aus. Eine radikalische $\delta- \rightarrow \delta^+$-Kupplung, d. h. O· $\rightarrow$ C·-Verknüpfung zum neutralen Dimer erfolgt demnach polarisationsgesteuert, wie in Tafel 4.19 dargestellt. Weiterhin wird aus dem Dimer-Anion erneut durch Oxidation (elektrisch) ein Elektron entfernt, wodurch ein neutrales O·-Dimer-Radikal gebildet wird. Diese kann wie davor mit dem neutralen Phen-O·-Radikal zu einem Trimer-Anion unter H^+-Abspaltung reagieren (chemisch).

Eine wirtschaftlich bedeutsame Materialklasse sind ungesättigte Polyesterharze (UP-Harze), hergestellt überwiegend aus Diolen und Maleinsäureanhydrid. Durch anschließende radikalische Copolymerisation dieser Polyesterharze mit z. B. Styrol oder Vinyltoluol erfolgt die gewünschte Härtung durch Netzwerkbildung: Tafel 4.19 und 4.21.

Erläuterungen zu Tafel 4.21

Die Klasse der ungesättigten Polyester basiert auf der Chemie des Maleinsäureanhydrids (MSA), das heute aus der C_4-Fraktion, nämlich aus 2-Buten durch Oxidation gewonnen wird. Der ältere Weg durch Oxidation von Benzol ist nicht so effektiv, da zwei C-Atome in Form von CO_2 entweichen. MSA reagiert in erster Stufe sehr leicht unter Ringöffnung mit Diolen bzw. Triolen schon bei Raumtemperatur, wobei zunächst eine Estersäure gebildet wird. In zweiter Stufe, bei ca. 180 °C, findet die eigentliche Polykondensation unter Wasserabspaltung zu den ungesättigten Polyestern (UP-Harzen) statt. Eine thermodynamisch begünstigte *trans*-Umwandlung der Doppelbindungen geschieht bei diesen Temperaturen ebenfalls. Neben MSA können natürlich andere cyclische Anhydride verwendet werden, die allerdings nicht an der nachträglichen Vernetzung beteiligt sind.

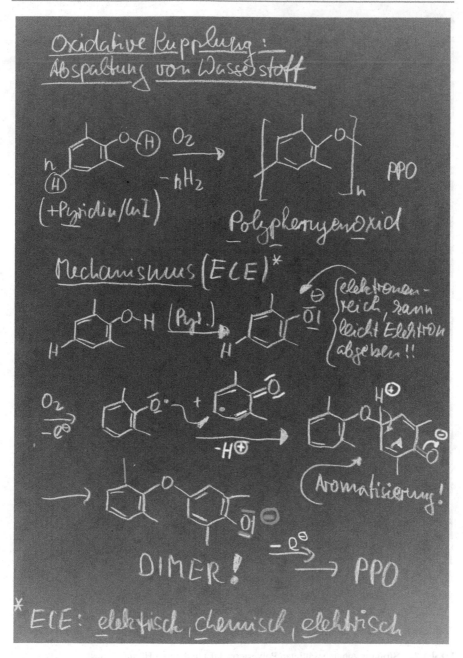

Tafel 4.20 Synthesemechanismus und Struktur von Polyphenylenoxid (PPO)

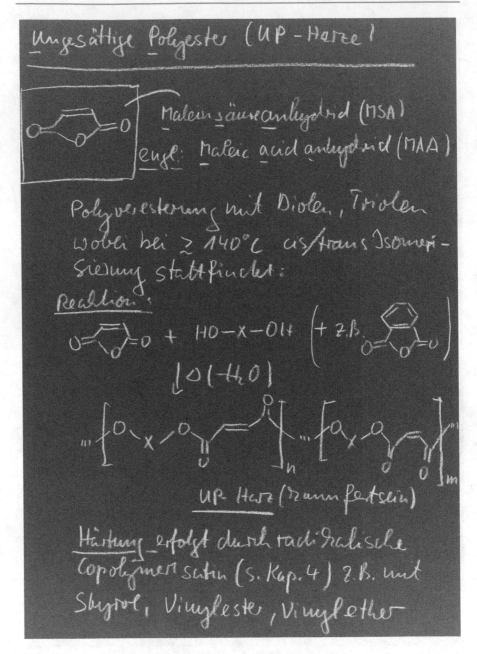

Tafel 4.21 Struktur von ungesättigten Polyestern (UP) und deren Härtung

In Tafel 4.21 sind einige für die Aushärtung des Harzes geeignete Monomere aufgeführt. Allen gemeinsam ist, dass sie relativ elektronenreiche Vinylbindungen tragen. In der Praxis hat sich besonders das preisgünstige unangenehm riechende Styrol sowie das etwas weniger unangenehme Vinyltoluol bewährt.

Einige Anwendungen für UP-Systeme sind in Tafel 4.22 zusammengestellt.

Erläuterungen zu Tafel 4.22

Aus UP-Harz-Styrol-Mischungen, die Fasern und Füllstoffe oder Pigmente enthalten können, lassen sich z. B. Griffe, Lichtschalter sowie große Gegenstände wie Flügel für Windräder, Stoßstangen oder Segelboote fertigen. Aber auch für die Drahtlackierung in Spulen von Elektromotoren oder Transformatoren werden sie verwendet. Letztere Anwendung hat dazu geführt, dass z. B. Transformatoren keine Brummgeräusche mehr erzeugen. Auch steigt die Energieausbeute bei Elektromotoren dadurch, dass die Drähte in den Wicklungen nicht mehr in Schwingungen versetzt werden. Die unten aufgeführte Anwendung von PU-Systemen als Schaum ist für den Leichtbau interessant. Hier werden vor der Härtung kleinste Wassertropfen unter Verwendung von Tensiden in die Mischung dispergiert. Das Wasser kann nach der Härtung des Polyesters schließlich verdampfen, und es bleibt ein Schaum zurück. Wird preisgünstiges Holzmehl, das in Sägewerken in großen Mengen als Abfallstoff anfällt, vor der Härtung zugemischt, kann sogar ein quasi holzähnliches Greifgefühl beim Berühren dieses Materials hervorgerufen werden.

Welche Rolle spielen H-Brücken bei Polyamiden?

In der folgenden Tafelserie werden überwiegend technisch relevante Polyamide behandelt. Diese Verbindungsklasse zeichnet sich dadurch aus, dass durch die vielen H-Brücken entlang der Kette relativ geringe Molmassen ausreichen, um mechanisch stabile Materialien zu erhalten. Die Schmelzpunkte der Kristallite liegen bei über 200 °C, ebenfalls verursacht durch die vielen H-Brücken entlang der Kette.

In Tafel 4.23 ist die Synthese von Polyamid 6,6 (Nylon®) im Fokus.

Erläuterungen zu Tafel 4.23

Synthesen von Makromolekülen durch Polykondensation erfordern, exakte Äquivalenz und eine Ausbeute p von fast 100 %. Demnach ist für das Erreichen eines hohen Molekulargewichts zunächst die Äquivalenz der Komponenten Diamin und Disäure essenziell. Diese Forderung wurde bei den klassischen Polyamiden dadurch erreicht, dass das Salz aus Adipinsäure und Hexamethylendiamin (AH-Salz) umkristallisiert werden kann. Damit ist die notwendige 1:1-Stöchiometrie zu fast 100 % gewährleistet.

Praktische Verwendung von UP-Systemen:

- Griffe für Bügeleisen
- Windkrafträder, Lichtschalter
- Lacke, z.B. für Drähte, Spulen

UP-Harze werden mit Glasfasern
verstärkt, mit pulverigen Füllstoffen verbilligt bzw. gefärbt.

Besondere Anwendung (Schaum):

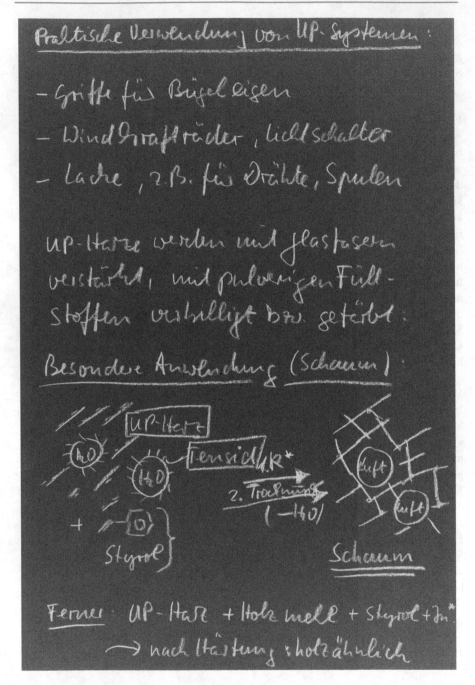

Ferner: UP-Harz + Holzmehl + Styrol + In*
      → nach Härtung : holzähnlich

Tafel 4.22 Anwendungsbeispiele für UP-Systeme

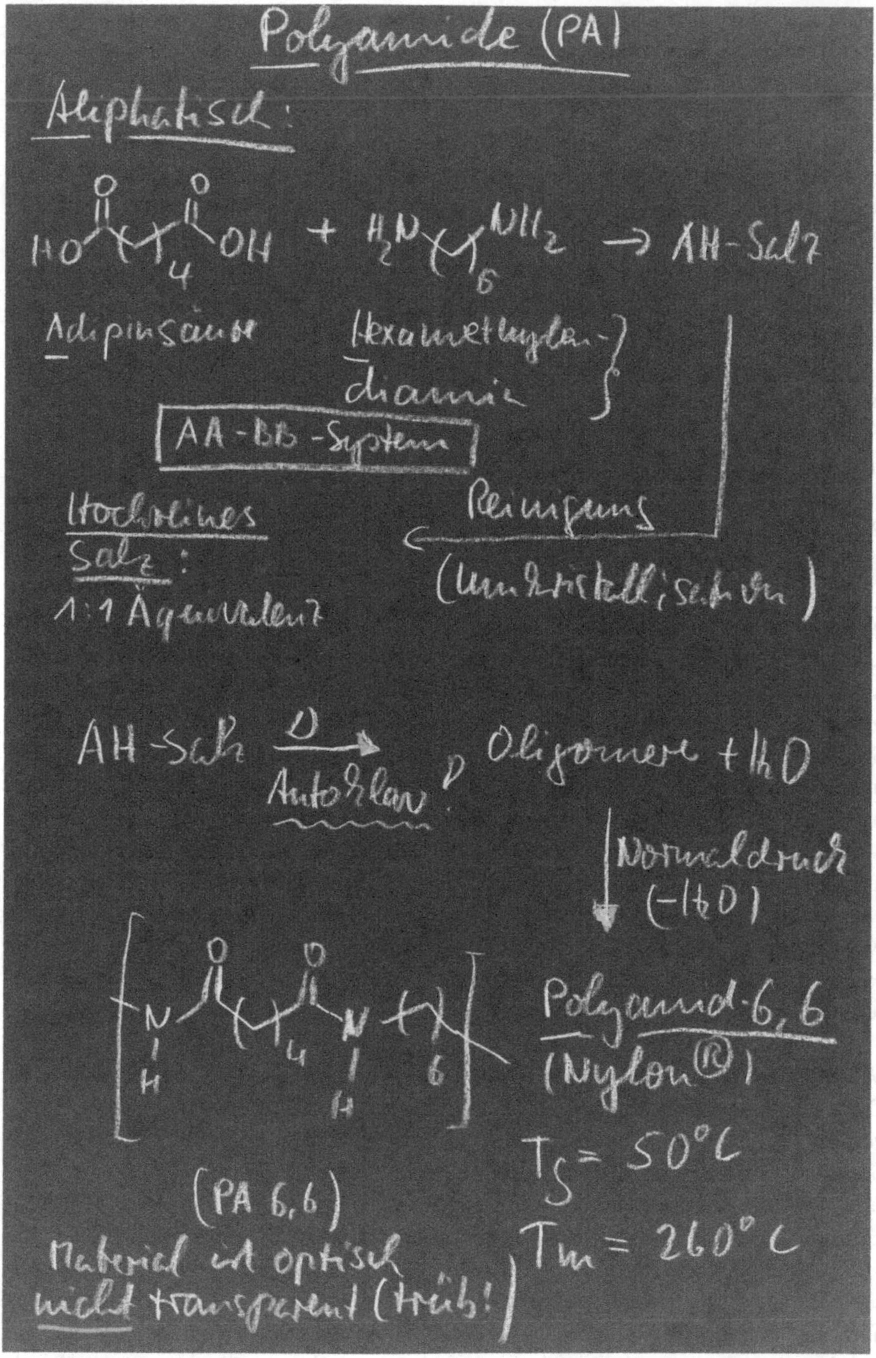

$$\underline{\text{Polyamide (PA)}}$$

$$\underline{\text{Aliphatisch:}}$$

$$HO-\overset{O}{\overset{\|}{C}}(\quad)_4\overset{O}{\overset{\|}{C}}-OH \; + \; H_2N-(\quad)_6-NH_2 \; \rightarrow \; AH\text{-}Salz$$

$$\underline{\text{Adipinsäure}} \qquad \underline{\text{Hexamethylen-}} \atop \underline{\text{diamin}} \Big\}$$

$$\boxed{AA\text{-}BB\text{-}System}$$

$$\underline{\text{Hochreines} \atop \text{Salz}}: \qquad \underline{\text{Reinigung}}$$
$$1:1\;\text{Äquivalent} \qquad (\text{Umkristallisation})$$

$$AH\text{-}Salz \xrightarrow[\underline{\text{Autoklav}}]{p} \; p \; \text{Oligomere} + H_2O$$

$$\Big\downarrow \text{Normaldruck} \atop (-H_2O)$$

$$\left[N-\overset{O}{\overset{\|}{C}}(\quad)_4\overset{O}{\overset{\|}{C}}-N \right]_x \qquad \underline{\text{Polyamid-6,6}}$$
$$\quad \overset{|}{H} \qquad\qquad \overset{|}{H} \qquad\qquad (\text{Nylon}^{\circledR})$$

$$T_S = 50\,^{\circ}C$$
$$(\text{PA 6,6}) \qquad\quad T_m = 260\,^{\circ}C$$
$$\text{Material ist optisch}$$
$$\text{nicht transparent (trüb!)}$$

Tafel 4.23 Synthese von Polyamid 6,6 (Nylon®)

Es soll nun die Polykondensation des reinen AH-Salzes thermisch, d. h. bei ca. >200 °C erfolgen. Damit besteht allerdings die Gefahr, dass das Diamin aus dem Gleichgewicht in die Gasphase übergeht. Somit muss die Kondensationsreaktion in einem Autoklaven unter Druck gestartet werden. Wenn aber die ersten Dimere bzw. Oligomere entstanden sind bzw. die Monomere verbraucht wurden, kann das restliche Wasser unter Normaldruck rein thermisch bedingt unter stufenweise erfolgender Amidbildung freigesetzt werden. Das entstehende Polyamid PA-6,6 ist aufgrund von Teilkristallinität optisch trüb. Die Ziffern 6,6 kommen dadurch zustande, dass sich sechs C-Atome zwischen den N-Atomen befinden und die Disäure ebenfalls sechs C-Atome trägt.

Bei der Herstellung von Fasern aus PA mit hoher mechanischer Stabilität ist es notwendig, dass möglichst viele der PA-Ketten in Richtung der Faserachse geordnet vorliegen. Dies wird in der Praxis dadurch erreicht, dass die thermisch gesponnenen Fasern direkt während der Produktion mechanisch verstreckt werden. Damit erhöht sich auch die Menge an H-Brücken pro Volumenelement zwischen den Ketten.

In Tafel 4.24 sind Polyamide auf Basis der ε-Aminocapronsäure aufgeführt. Weiterhin wird die Möglichkeit zur Herstellung von transparenten Polyamiden aufgezeigt.

Erläuterungen zu Tafel 4.24
Lineare Polykondensate lassen sich grundsätzlich auch durch Ringöffnungspolymerisation eines Cyclokondensates herstellen, nämlich aus den AB-Typ-Monomeren, die als Ring (Lactam, Lacton, cylischer Ether) vorliegen. Hier spielt die Stöchiometrie naturgegeben keine Rolle, jedoch ist hoher Umsatz notwendig. Das in der Tafel aufgeführte Beispiel Poly-(ε-aminocapronsäure) wird aus ε-Caprolactam hergestellt. Die ringöffnende Polymerisation von ε-Caprolactam wird durch geringe Mengen an Wasser gestartet, wobei das Polyamid-6 (Perlon®) resultiert. Die Spuren an Wasser sind nötig, um geringe Mengen an freier Aminocapronsäure zu erzeugen, welche die eigentliche ringöffnende Polymerisation startet. Nach der Polymerisation werden die noch heißen Polyamidfäden durch ein Wasserbad geleitet, um cyclische sowie lineare wasserlösliche Oligomeranteile zu extrahieren. Diese Oligomere führen nämlich zu einer Verschlechterung der mechanischen Materialeigenschaften.

Wann ist ein Kunststoff transparent?
Dazu müssen optisch homogene Strukturen vorliegen, d. h. es dürfen keine Streuzentren im Material existieren. Bei teilkristallisierten Polymeren grenzen die optisch dichteren Kristallite an optisch weniger dichte amorphe Bereiche. Dies führt zur diffusen Lichtstreuung an den Kanten. Das Gleiche gilt bei Anwesenheit anorganischer Füllstoffe, die größer sind als die Wellenlänge des Lichts. Bei 100 % kristallinen Materialien wie Kochsalz oder Diamant ist ebenfalls volle optische Transparenz gegeben, da auch hier keine Streuzentren existieren. Vollkommen amorphe Polymere sind demnach ebenfalls transparent. Verwendet man nun zur Polykondensation von Adipinsäure statt Hexamethylendiamin das entsprechende trimethylsubstituierte Diamin (Tafel 4.25, unten), das die Kristallisation sterisch verhindert, wird ein amorphes und somit transparentes Polyamid erhalten.

In Tafel 4.25 werden die Rohstoffe für die C_6-Chemie präsentiert.

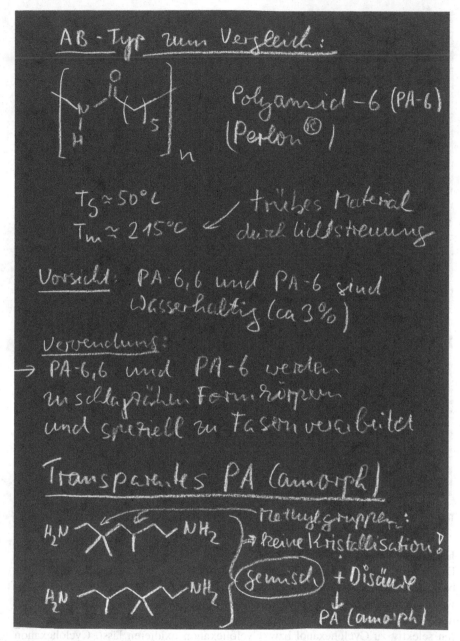

Tafel 4.24 Polyamide aus ε-Aminocapronsäure und transparente, nicht kristallisierende Polyamide

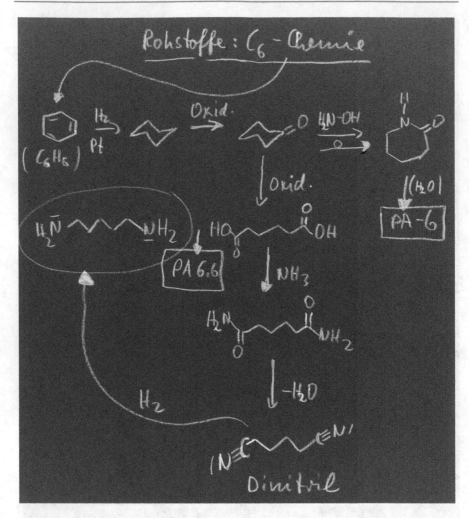

Tafel 4.25 Rohstoffe für die C$_6$-Chemie für Polyamidsynthese

Erläuterungen zu Tafel 4.25

Die sehr erfolgreiche C$_6$-Chemie basiert letztlich auf dem thermodynamisch stabilen Benzol, das bei der katalytisch-thermischen Erdölaufbereitung in Gegenwart von Pt-Katalysatoren zwangsläufig anfällt. Durch Reduktion von Benzol mit Wasserstoff resultiert Cyclohexan, das sich in Gegenwart von Borkatalysatoren selektiv zu Cyclohexanol bzw. Cyclohexanon oxidieren lässt. Cyclohexanon wird nach Kondensation mit Hydroxylamin und anschließender Umlagerung zu ε-Caprolactam umgesetzt. Cyclohexanon kann zu Adipinsäure weiteroxidiert werden. Wie kommt man zum C$_6$-Diamin? Hier ist die in Tafel 4.24 aufgezeigte Route über das zu reduzierende Dinitril praktisch erfolgreich.

Welche Bedeutung hat 11-Aminoundecansäure?
Es soll nicht unerwähnt bleiben, dass auch PA-11 (T_m ca. 190 °C), das technisch durch katalytische Polykondensation von 11-Aminoundecansäure in der Schmelze gewonnen wird, aufgrund seines mehr hydrophoben Charakters einige praktische Anwendungen gefunden hat, z. B. bei Folien und Beschichtungen. 11-Aminoundecansäure zählt zu den nachwachsenden Rohstoffen.

Als nächstes wird in Tafel 4.26 die besondere Klasse der Polyamid-2-Produkte vorgestellt. Die Ziffer 2 kommt, wie oben erwähnt, dadurch zustande, dass sich immer zwei C-Atome zwischen den N-Atomen befinden.

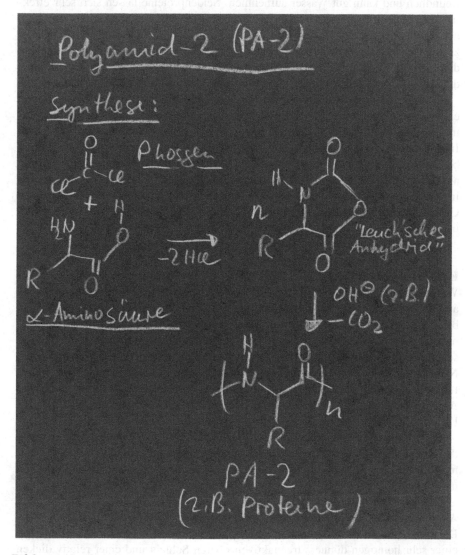

Tafel 4.26 Synthese von Polyamid-2

Erläuterungen zu Tafel 4.26

Zur Synthese des Polyamids PA-2 wird zunächst eine natürliche oder synthetische α-Aminosäure mit Phosgen oder mit Triphosgen direkt und ohne Schutzgruppen cyclokondensiert und das entstehende reaktive *N*-Carboxyanhydrid, das nach dem Berliner Chemiker Leuchs benannt ist, mit einem Nucleophil als Initiator unter CO_2-Abspaltung polymerisiert.

Grundsätzlich sind alle Proteine bzw. Polypeptide per definitionem Polyamid-2-Systeme. Dazu zählt auch Seide, die überwiegend aus den Aminosäuresequenzen -(Glycin-Serin-Glycin-Alanin-Glycin-Alanin)$_n$- besteht und stabile Fäden bildet. Polyamid-2 ist aufgrund der hohen Dichte an polaren Amidgruppen sehr hautfreundlich und kann gut Wasser aufnehmen. Seidenproteine lassen sich sehr effektiv mittels genmodifizierter Bakterien, analog zur technischen Insulinproduktion, herstellen. PA-6 sowie PA-6,6 sind dagegen viel hydrophober und müssen daher zu sehr feinen Fasern (Mikrofasern) gesponnen werden, um genügend Hautfeuchte durch das Gewebe diffundieren zu lassen. Ein sehr hydrophiles Protein ist Gelatine, die als wasserhaltiges Gel in der Lebensmittelproduktion Verwendung findet.

Während aliphatische Polyamide sehr flexible Kettensegmente besitzen und entsprechend biegsame Materialien bilden, sind aromatische Polyamide (Aramide) relativ kettensteif und zeigen daher zum Teil extrem hohe Stabilitätswerte. Im Gegensatz zu den aliphatischen Polyamiden ist eine thermische Formgebung bei Aramiden allgemein nicht möglich. Es verbleibt daher nur die Verarbeitung aus Lösung. Geeignete Lösemittel sind Schwefelsäure, die zwischen den Ketten in Konkurrenz zu den vielen Amid-H-Brücken steht, sowie DMF/NMP mit 20 Gew.-% $CaCl_2$. Allgemein können einige Salze die H-Brücken quasi auflockern und somit die Löslichkeit verbessern.

Dieser Sachverhalt ist Gegenstand der Tafel 4.27, 4.28 und 4.29.

Erläuterungen zu Tafel 4.27

Während aliphatisches PA-6 bzw. PA-6,6 allgemein in Substanz bei $>200\,°C$ aus ε-Caprolactam (PA-6) bzw. dem AH-Salz (PA-6,6) hergestellt wird, ist das bei den kettensteifen Aramiden aufgrund heftiger Zersetzung thermisch bei den hier benötigten, wesentlich höheren Temperaturen, nicht möglich. In der technischen Produktion bleibt daher nur der Weg über leicht herstellbare Säurechloride. Nicht aufgezeigte Laborverfahren nutzen ebenfalls die Aktivierung der Säurefunktionen durch die „Säurechloridmethode", aber auch z. B. über gemischte Anhydride mittels Ethylchloroformiat oder durch Verwendung von DCC (N,N'-Dicyclohexylcarbodiimid) als Kondensationsmittel.

Die technische Polykondensation wird oft in DMF/$CaCl_2$-Lösung durchgeführt, da hierbei das entstehende *meta,meta*-verknüpfte Polyamid auch bei höheren Molmassen in Lösung verbleibt und nicht durch Niederschlag eine Weiterreaktion unmöglich macht.

Asymmetrische Membran für die Umkehrosmose

Die Herstellung einer teilporösen, semipermeablen Trennmembran aus Aramid mit einer sehr homogen dünnen, trennaktiven oberen Schicht und einer relativ dicken porösen Trägerschicht erfolgt in der Weise, dass man eine möglichst konzentrierte

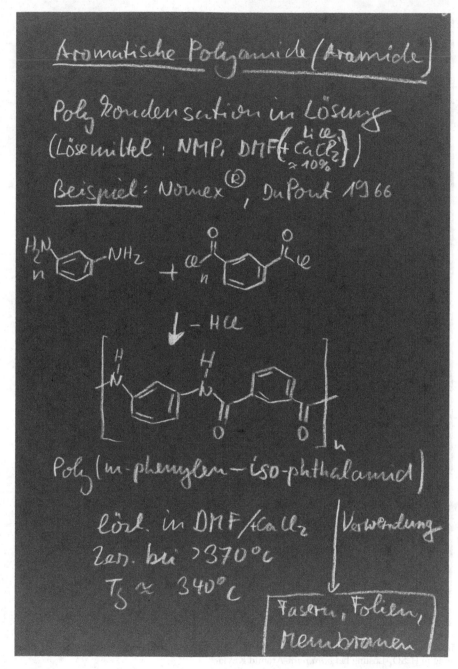

Tafel 4.27 Synthese eines *meta,meta*-verknüpften Aramids (Nomex®)

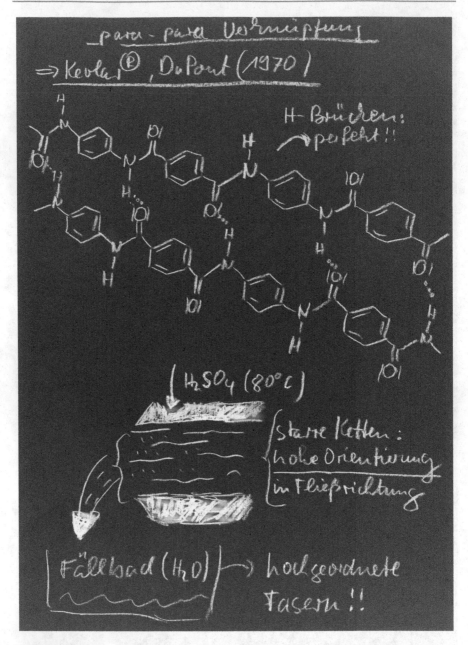

Tafel 4.28 Intermolekulare H-Brücken entlang der Kette sowie lyotrop flüssigkristalline Ordnung in H₂SO₄-Lösung bei *para,para*-Aramid Kevlar®

DMF/CaCl₂-Lösung des Aramids auf eine Glasplatte aufträgt, anschließend für einige Minuten das DMF bei Normaldruck und ca. 140 °C teilweise abdampft und diese beschichtete Platte schließlich schräg in ein Wasserbad eintaucht und die

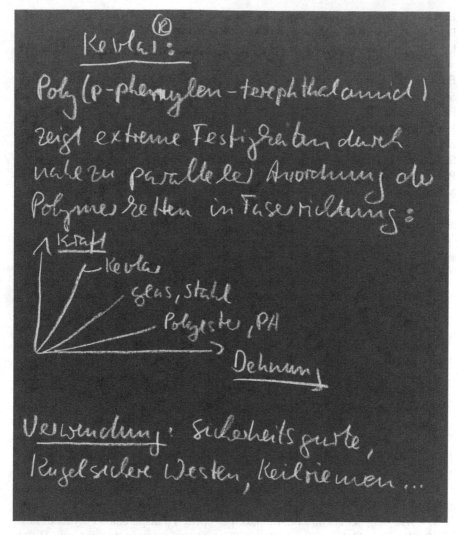

Tafel 4.29 Eigenschaften und Verwendung von Geweben aus *para,para*-Aramid (Kevlar®)

gebildete asymmetrische Membran abzieht. Die sehr speziellen Eigenschaften der Aramide beruhen auf den vielen H-Brücken entlang der Kette, die sehr ausgeprägt bei den *para,para*-Aramiden (Kevlar®) vorliegen (Tafel 4.28).

Erläuterungen zu Tafel 4.28
Präzises Zeichnen der Polyamidkette lässt die perfekte Ordnungstendenz der Ketten durch Bildung intermolekularer H-Brücken erkennen. Eine fast perfekte Ordnung stellt sich besonders leicht ein, wenn die Polyamidlösung durch eine Düse in ein Fällbad geleitet wird und die dabei auftretenden Scherkräfte den hohen Ordnungsgrad bewirken. Diese Ordnung wird auch als *lyotrop-flüssigkristallin* bezeichnet. Zu den Festigkeiten und Anwendungen vgl. Tafel 4.29.

Erläuterungen zu Tafel 4.29

Das Zug-Dehnungs-Diagramm zeigt die extrem hohen Zugfestigkeiten von Kevlar® im Vergleich zu anderen Materialien auf. So werden z. B. aus diesem Aramidmaterial Hosen für Waldarbeiter hergestellt. Sollte eine Motorsäge mit der Hose in Berührung kommen, wird der Motor sogar gestoppt, bevor Verletzungen auftreten. Sicherheitsgurte und kugelsichere Westen aus Kevlar® sind ebenfalls von großer Bedeutung.

Zur Gruppe der Polymere, die durch einfache Moleküle aufgebaut werden, zählen auch die Formaldehydkondensate. Das durch Oxidation von Methanol am Silberkontakt erhaltene Formaldehyd, das als toxisch eingestuft wird, reagiert mit Phenolen oder mit Harnstoff bzw. Melamin zu vernetzten bzw. zu vernetzbaren Materialien.

In Tafel 4.30 sind die technisch wichtigen Phenol-Formaldehyd-Verbindungen aufgezeigt.

Minitest 2

1. Aus welchen Rohstoffen stellt man PA-2 her?
2. Was bedeutet *lyotrop-flüssigkristalline* Ordnung, und bei welchem System spielt es eine wichtige Rolle?
3. Welcher Reaktionsmechanismus spielt bei der Synthese von Polyetherketonen eine Rolle? Nennen Sie ein konkretes Synthesebeispiel für Polyetherketone.
4. Welche Abgangsgruppe wird bei der Synthese von Polysulfonethern verwendet?
5. Beschreiben Sie den kompletten Syntheseweg von Polyamid-6 aus Erdöl. Könnte man auch andere Rohstoffe verwenden, z. B. Kohle?
6. Wie wird in der Großtechnik die Polymerisation von PA-6 gestartet?
7. Welche Nebenprodukte müssen nach der technischen Synthese von PA-6 noch entfernt werden?
8. Wann ist ein Kunststoff optisch transparent und wann ist er transparent und elastisch?
9. Wie sieht der chemische Aufbau eines optisch transparenten Polyamids aus?
10. Was geschieht, wenn z. B. ein Sicherheitsgurt aus Aramid mit H_2SO_4 („Batteriesäure") in Kontakt kommt?
11. Bei welchen Aromaten könnte die oxidative Kupplung zu Polymeren gelingen? Finden Sie mindestens zwei praxisrelevante Beispiele!
12. Aus welchen Kohlenwasserstoffe enthaltenden Rohstoffen werden letztlich Aramide gewonnen?

Erläuterungen zu Tafel 4.30

Die Kondensation von Phenol und Formaldehyd verläuft im schwach sauren Medium aufgrund der leicht möglichen H-Brücke zwischen Ph-OH und der Carbonylgruppe des Formaldehyds, vorzugsweise in der *o*-Position des Phenols. Die mehrfache Substitution führt zum Aufbau von Oligomeren, die als Novolak bezeichnet werden. Die abschließende Härtung kann im basischen Medium

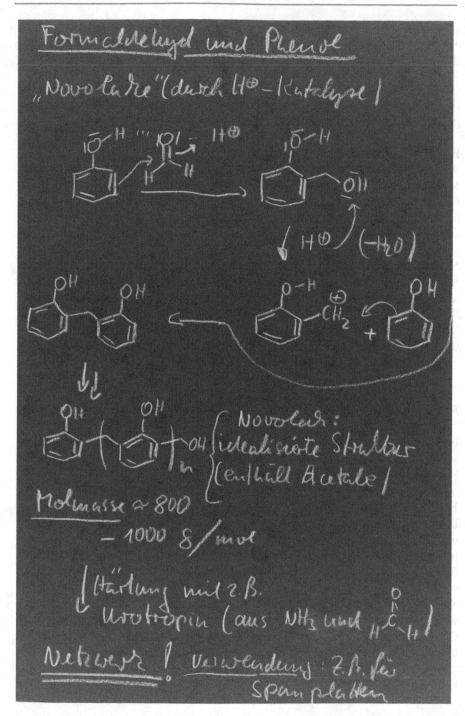

Tafel 4.30 Synthese und Struktur von Phenol-Formaldehyd-Verbindungen

erfolgen, da durch die Deprotonierung der OH-Gruppe eine hohe Elektronendichte am Aromaten resultiert. Solche 3D-Netzwerke werden oft in Gegenwart von Füllstoffen, Glas- oder Holzfasern in einer geeigneten Form durchgeführt, sodass direkt Gebrauchsmaterialien entstehen.

Neben Phenol als Reaktionspartner für Formaldehyd können auch geeignete Amide wie z. B. Harnstoff oder Melamin kostengünstig zur Kondensation eingesetzt werden. Die Chemie dazu wird in Tafel 4.31 skizziert.

Erläuterungen zu Tafel 4.31

Wie bereits in Tafel 4.29 dargelegt, kann Formaldehyd quasi als bifunktionelles Monomer betrachtet werden. Außerdem ist zu bemerken, dass Formaldehyd zur Gruppe der besonders reaktiven Aldehyde zählt. Dies liegt daran, dass keine Substitution am C-Atom, wie z. B. bei Benzaldehyd, vorliegt. Harnstoff besitzt zwei schwach nucleophile Elektronenpaare jeweils am Stickstoff und kann Formaldehyd unter sauren Bedingungen über das N-Atom angreifen. Der resultierende N-Methylolharnstoff reagiert unter diesen Umständen sehr schnell und spaltet nach Protonierung ein Wassermolekül ab, sodass das entstehende Kation mit weiteren Elektronenpaaren des Harnstoffs reagieren kann. Dabei baut sich Schritt für Schritt die Kette auf, und es bilden sich schließlich Netzwerke. Gleiches gilt für Melamin, da dessen Reaktivität und Struktur dem Harnstoff ähnlich sind. Melamin wird heute durch Trimerisierung von Harnstoff gewonnen. Harnstoff selbst wird großtechnisch aus CO_2 und NH_3 hergestellt.

Anorganische Polykondensate mit Silzium in der Hauptkette

Im folgenden Abschnitt, beginnend mit Tafel 4.32, werden Synthesen und Eigenschaften von *Silikonen*, die eine wichtige Polymerklasse mit Silizium als anorganischer Komponente darstellen, präsentiert.

Erläuterungen zu Tafel 4.32

Die Grundstruktur von Silikonen ist oben in der Tafel dargestellt. Es handelt sich um eine Polymerkette, die alternierend aus Silizium und Sauerstoff aufgebaut ist, wobei das Siliziumatom jeweils zwei Methylgruppen trägt. Der Rohstoff für Silikone ist Sand, also SiO_2. Er ist weltweit leicht zugänglich und reichlich vorhanden. Allerdings befindet sich das oxidierte Silizium in einer sehr energiearmen Form. Es muss also zunächst eine Reduktion mit sehr viel Energieaufwand erfolgen. Das reine Silizium wird nach dem *Müller-Rochow*-Verfahren mit Chlormethan umgesetzt, wobei ein Gemisch aus verschiedenen, durch Destillation trennbaren Siliziumverbindungen resultiert. Die wichtigste Komponente ist das bifunktionelle Dichlordimethylsilan, das als Monomer für die Herstellung der Silikone dient (Tafel 4.33).

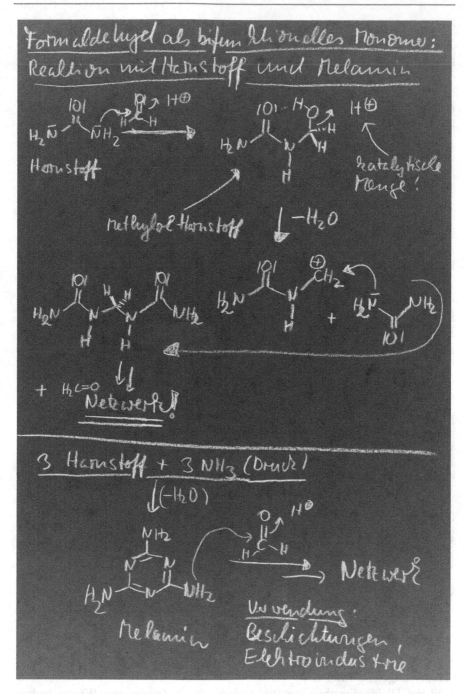

Tafel 4.31 Harnstoff und Melamin zur Kondensation mit Formaldehyd

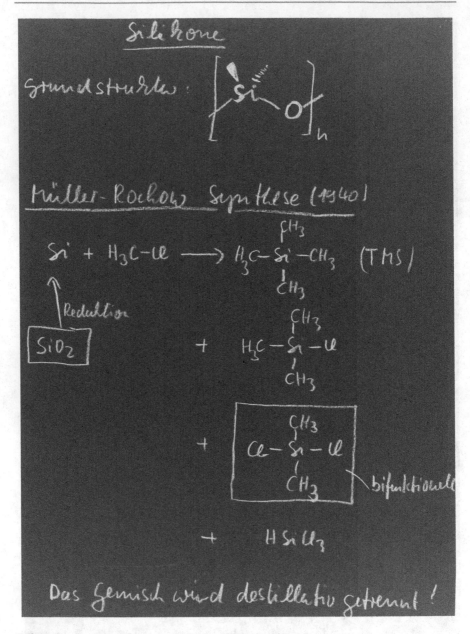

Tafel 4.32 Struktur und Monomere für die Silikonchemie

Erläuterungen zu Tafel 4.33
Wird das Dichlordimethylsilan (links oben) durch Zugabe von Wasser hydrolysiert, erfolgt unmittelbar eine Kondensation der OH-Gruppen zu linearen und
cyclischen Oligomeren. Die Triebkraft für diese Reaktion ist die Bildung der

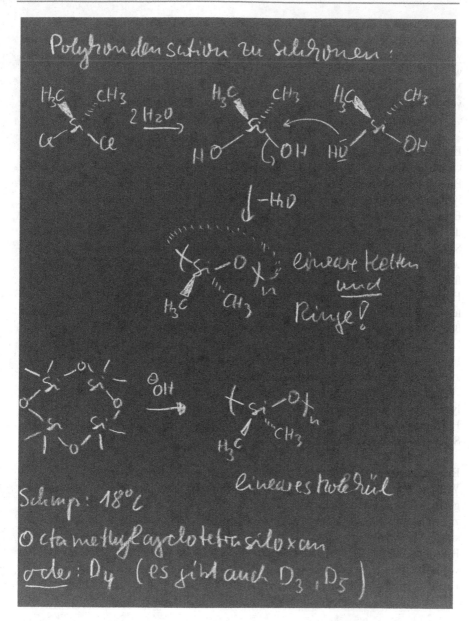

Tafel 4.33 Herstellung der Silikone durch Cyclokondensation und Ringöffnungspolymerisation

Si–O–Si-Bindung, die durch die Überlappung der freien Orbitale des Sauerstoffs mit den d-Orbitalen des Siliziums stabilisiert wird. Die Ringstrukturen werden nach Zahl der Wiederholungseinheiten mit dem Buchstaben D und einer entsprechenden Indexziffer bezeichnet. Zum Beispiel wird in der Technik D_4 verwendet, um daraus lineare Polydimethylsiloxane aufzubauen.

Durch die hohe Beweglichkeit der Kette sind die so hergestellten Silikone von öliger Konsistenz. Die hohe Beweglichkeit der Kette resultiert daher, dass die vielen Dipole aufgrund der helikalen Kettenstruktur intramolekular kompensiert werden und dadurch keine Polymer-Polymer-Attraktion stattfindet. Um festere Materialien zu erhalten, muss man zum einen sehr feinteilige Füllstoffe auf Basis von SiO_2 zumischen und zum anderen eine chemische Vernetzung durchführen.

Vernetzungsreaktionen sind in Tafel 4.34 dargestellt.

Erläuterungen zu Tafel 4.34

Oben links ist die Struktur des tetraacetylterminierten Polysiloxans dargestellt. Eine wichtige Erkenntnis ist die Tatsache, dass alle *Si–O–C*-Bindungen hydrolytisch empfindlich sind. Hydrolytisch stabil sind ausschließlich *Si–O–Si*-Bindungen. Somit findet die oben in der Tafel aufgezeigte Reaktion statt, d. h., durch Abspaltung von Essigsäure, die man auch riechen kann, entstehen Si-OH-Bindungen, die sofort zu Si-O-Si-Ketten bzw. -Netzwerken durch stufenweise erfolgende Abspaltung von Wasser weiterreagieren. Eine ähnliche Reaktion findet statt, wenn Ethoxyendgruppen verwendet werden. Hier wird Ethanol durch Hydrolyse frei, und es findet direkt die gewünschte Vernetzung statt. Solche Systeme werden in Tuben verpackt, um den Zutritt von Luftfeuchtigkeit auszuschließen. Die Tuben werden vom Anwender ausgepresst, und die Reaktion kann durch Luftfeuchtigkeit initiiert werden. Eine wichtige Verwendung ist das Abdichten von Fugen. Für Anwendungen im Sanitärbereich werden außerdem noch Fungizide zugesetzt, um Schimmelbildung zu vermeiden.

Um größere Materialien aus vernetztem Silikon herzustellen, ist diese Hydrolysemethode ungeeignet, da die Eindringtiefe von Wassermolekülen begrenzt ist. Hier sind andere Vernetzungsmechanismen gefragt. In Tafel 4.35 wird die Allyl-Si-H-Vernetzungsreaktion vorgestellt.

Erläuterungen zu Tafel 4.35

Werden dem Ausgangsmonomer Dichlordimethylsilan vor der Polymerisation geringe Mengen an Dichlorallylmethylsilan bzw. Dichlormethylsilylhydrid zugemischt, so resultieren vernetzbare Strukturen, wie sie in der Tafel dargestellt sind. Als Katalysator werden Pt-Verbindungen genutzt (Karstedt-Katalysator). Hierdurch lassen sich größere Objekte aus Silikongummi herstellen. Die Addition von Allverbindungen an Si-H-haltige Polysiloxane wurde oft genutzt, um z. B. Farbstoffe oder Moleküle mit flüssigkristallinen Eigenschaften anzubinden.

Über die Besonderheiten der Polysiloxane gibt Tafel 4.36 Auskunft.

Erläuterungen zu Tafel 4.36

Zunächst ist interessant, dass sich der berechnete Abstand der Methylgruppen bei *Polysiloxanen* (3,9 Å) erwartungsgemäß deutlich von dem der kohlenstoffanalogen Modellverbindung *Polyisobutylen* (3,3 Å) unterscheidet. Dies ist auf den größeren Atomradius von Silizium zurückzuführen. Entsprechend ist auch die Beweglichkeit

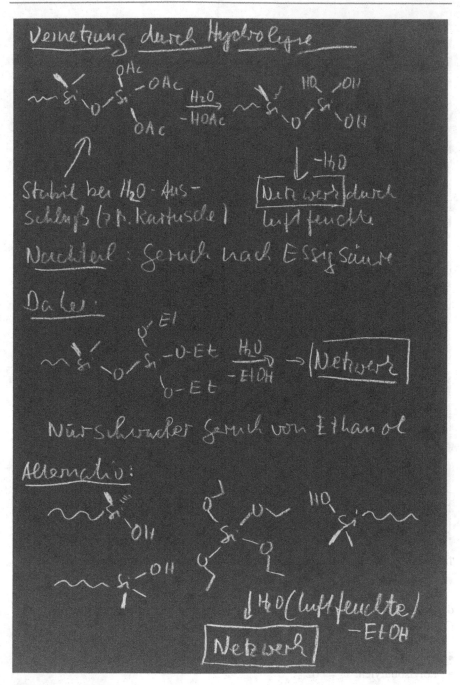

Tafel 4.34 Vernetzungsreaktionen durch Hydrolyse

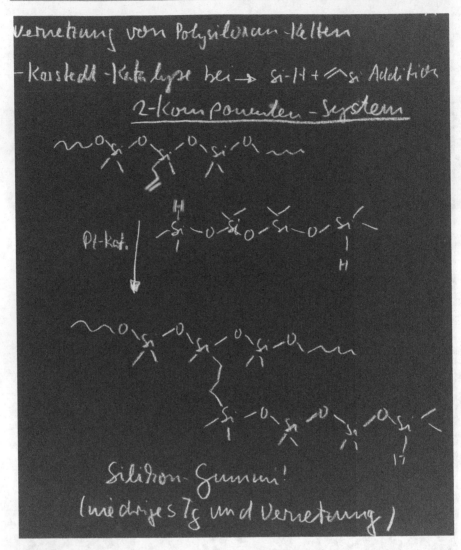

Tafel 4.35 Allyl-Si-H-Vernetzungsreaktion zur Herstellung von Silikongummi

der Polysiloxankette höher als die der Polyisobutylenkette. Dies zeigt sich in den Glasübergangstemperaturen:

- Polysiloxan: $T_g = -125\,°C$
- Polyisobutylen: $T_g = -62\,°C$

Eine wichtige Eigenschaft der Polysiloxane ist ihre Oberflächenaktivität. Dies bedeutet, dass sich schon kleinste Mengen an Polysiloxanen auf der Wasseroberfläche

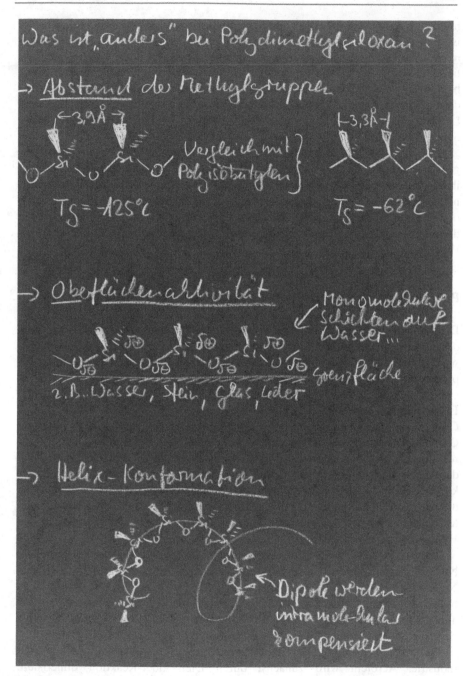

Tafel 4.36 Besonderheiten der Polysiloxane

hin zur monomolekularen Schicht ausbreiten. Wie in Tafel 4.35 zeichnerisch skizziert ist, sind die polaren –Si–O–Si-Komponenten der Polysiloxane auf der ebenfalls polaren Wasseroberfläche platziert, während die Methylgruppen in die Luft ragen. Ähnliches gilt dann, wenn man Silikone auf Gestein, Glas oder Leder aufbringt: Auch hier findet eine starke Wasserabweisung der Oberfläche durch die Verteilungstendenz der Polysiloxane statt. Allerdings ist dieser Effekt nicht von langer Dauer, da durch Luftoxidation der Methylgruppen bereits nach einigen Wochen SiO_2 in Form feinster Sandpartikel entsteht.

Schließlich ist darauf hinzuweisen, dass die Polydimethylsiloxane dazu neigen, helikale Strukturen aufzubauen. Dies bedeutet, dass die Hauptketten mit ihren alternierend angeordneten Si–O–Si-Strukturen entsprechend Diolmomente besitzen, die sich aber gegenseitig durch die Helixbildung kompensieren und somit die Methylgruppen nach außen aufweisen. Damit erklären sich auch die relativ geringe Viskosität und die geringe Temperaturempfindlichkeit bei den Polysiloxanen.

Polymere durch Polyaddition, Epoxidharze, Polyurethane

Die restlichen Tafeln zum Thema Polykondensation befassen sich mit der *Polyaddition*, die im englischen Sprachgebrauch auch als „polycondensation" bezeichnet wird, da dieselben Gesetzmäßigkeiten gelten. Tafel 4.37 zeigt die Epoxidharze als praktisch wichtiges Beispiel für die Polyaddition.

Erläuterungen zu Tafel 4.37

Grundsätzlich sind Verbindungen mit einer Epoxid- bzw. gemäß IUPAC mit einer Oxiranfunktion toxikologisch bedenklich, da diese auch im Körper Alkylierungsreaktionen durchführen können. Findet die Alkylierung in der DNA statt, kann das Mutationen zur Folge haben. Dies gilt aber nur, wenn das verwendete Molekül klein genug ist und eine entsprechende Löslichkeit aufweist. Gelegentlich ist die reaktive Epoxidfunktion bereits geöffnet, bevor die Substanz zur DNA gelangt. Mit zunehmendem Molekulargewicht tritt dieser Aspekt naturgemäß in den Hintergrund.

Allgemein werden Epoxidharze dadurch hergestellt, dass man geeignete Nucleophile mit dem toxischen Epichlorhydrin zur Umsetzung bringt. Geeignete Nucleophile können sein: Dicyandiamid (DICY oder DCD) mit z. B. Imidazol als basischer Cokatalysator, Phenolate, Carboxylate, aliphatische Alkoholate, sowie aliphatische Amine. In der Praxis hat sich unter gesundheitsrelevanten Aspekten Bisphenol A als Reaktionspartner für Epichlorhydrin durchgesetzt (Tafel 4.36).

Das unten in der Tafel gezeigte Diepoxid spielt ebenfalls eine Rolle in der Industrie. Acrolein wird zunächst durch Diels-Alder-Reaktion dimerisiert. Anschließend werden die Aldehydfunktionen von zwei Molekülen intermolekular durch Redoxreaktion nach Claisen-Tischtschenko in Alkohol und Säure übergeführt und dabei direkt miteinander verestert. Die nachträgliche Oxidation der Doppelbindungen führt zum eigentlichen Diepoxid.

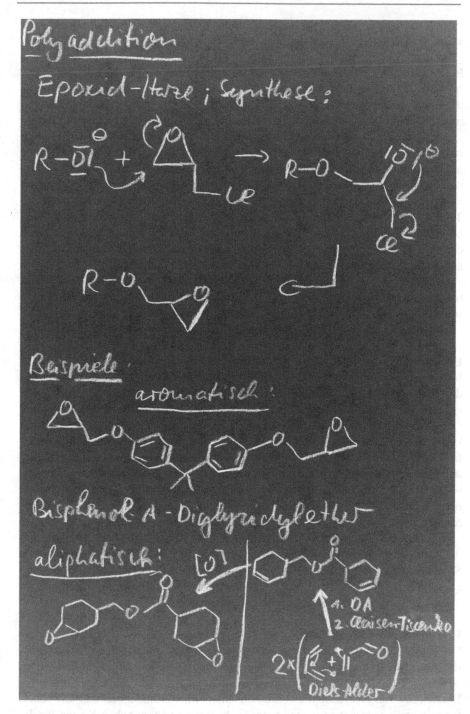

Tafel 4.37 Polyaddition mit technisch bedeutsamen Epoxidharzen

In Tafel 4.38 soll ein etwas ungewöhnliches Beispiel für Diepoxide diskutiert werden, das vielleicht einmal den Weg in die Praxis findet.

Erläuterungen zu Tafel 4.38
Im oberen Teil der Tafel wird ein Diepoxid vorgestellt, das durch einfache Synthese aus p-Toluolsulfonsäurechlorid und einem Diamin, z. B. Hexamethylendiamin, und abschließende Umsetzung mit Epichlorhydrin erhalten wird (Tafelmitte).

Im unteren Teil der Tafel wird allgemein auf die Kalthärtung von Diepoxiden mit Aminen eingegangen. Die Amine reagieren bereits bei Raumtemperatur mit den Oxiranringen und bilden innerhalb von einer Stunde 3D-Netzwerke. Da nach Abschluss der Reaktion sehr viele freie OH-Gruppen und Aminogruppen vorliegen, stellt das System einen perfekten Zweikomponentenkleber dar (vgl. Tafel 4.38). Ein Material haftet auf polaren Oberflächen wie Porzellan, Holz, Glas oder Metall sehr gut, wenn es selbst Dipole und H-Brücken-Bildner trägt. Durch die anschließende Vernetzung des Klebers können die Kontaktflächen nicht mehr aneinander vorbeigleiten, und der Verbund ist dauerhaft belastbar.

Aufgrund der amorphen Struktur der Netzwerke sind die Materialien hochtransparent. Allerdings können sich aufgrund der Alkylamine durch Oxidation Imine bilden, die langfristig zu einer gewissen Braunverfärbung führen.

Die Chemie der *Kalt-* und *Heißhärtung* von Epoxidharzen zeigt Tafel 4.39.

Erläuterungen zu Tafel 4.39
Im oberen Teil der Tafel werden die Teilstrukturen dargestellt, die erhalten werden, wenn eine *Kalthärtung* bei Raumtemperatur durchgeführt wird. Neben den gezeigten tertiären Aminen sind natürlich auch noch sekundäre Amine mit freien OH-Gruppen vorhanden, die durch Luftoxidation in Imine umgewandelt werden könnten. Diese Imine können zu den erwähnten Verfärbungen führen. Wesentlich stabiler sind die unter Hitze gebildeten Polyester. Interessant sind die hierbei ablaufenden Mechanismen: Freie OH-Gruppen können mit Anhydriden reagieren, wodurch sich freie Säuregruppen und eine Esterfunktion bilden. Die Säuregruppe reagieren in der Folge mit Oxiranen unter Bildung eines Esters und eines sekundären Alkohols. Das Endergebnis ist die Bildung eines 3D-Netzwerks.

Im letzten Teil des Kapitels Polykondensation bzw. Polyaddition werden nun die sehr wichtigen Polyurethane (PU) behandelt. Diese werden im deutschen Sprachgebrauch der Polyaddition zugeordnet. **Polyurethane** sind zur Herstellung einer breiten Produktpalette mit steuerbaren Eigenschaftsprofilen geeignet. In Tafel 4.40 werden allgemeine Grundlagen vorgestellt.

Erläuterungen zu Tafel 4.40
Die Synthesen von Diisocyanaten erfolgt in der chemischen Industrie ausschließlich über die Phosgenroute. Dies bedeutet, dass Diamine mit Phosgen unter Abspaltung von HCl zu einem Diisocyanat reagieren. Alternative Verfahren zur Herstellung von Isocyanaten aus aromatischen Nitroverbindungen und CO scheiterten allerdings bisher an zu geringen Ausbeuten und an zu hohen Kosten für die Katalyse.

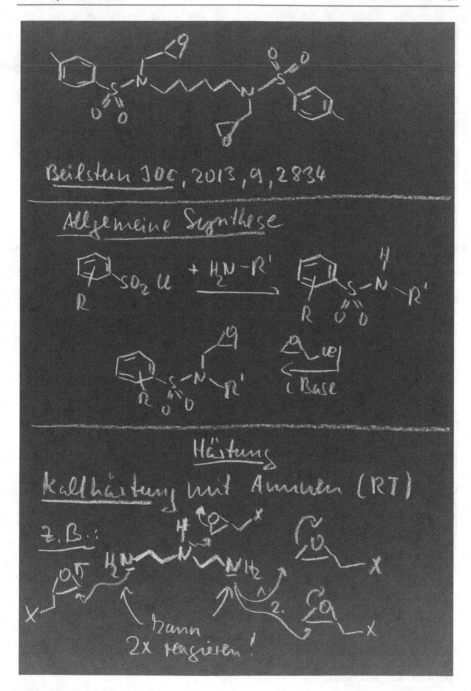

Tafel 4.38 Ungewöhnliches Beispiel für Diepoxide auf Basis von Bissulfonamiden sowie die Kalthärtung von beliebigen Diepoxiden mit Aminen

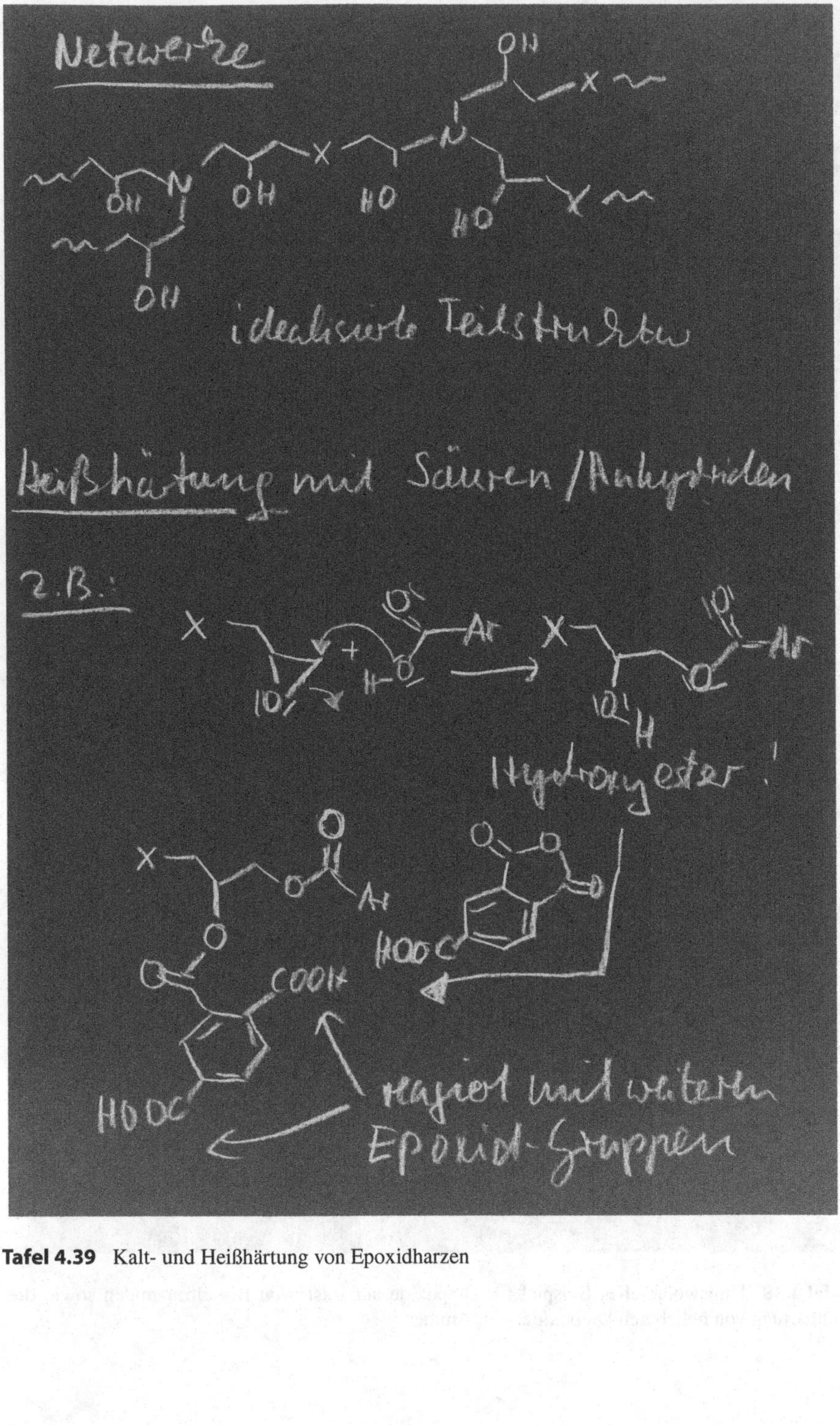

Tafel 4.39 Kalt- und Heißhärtung von Epoxidharzen

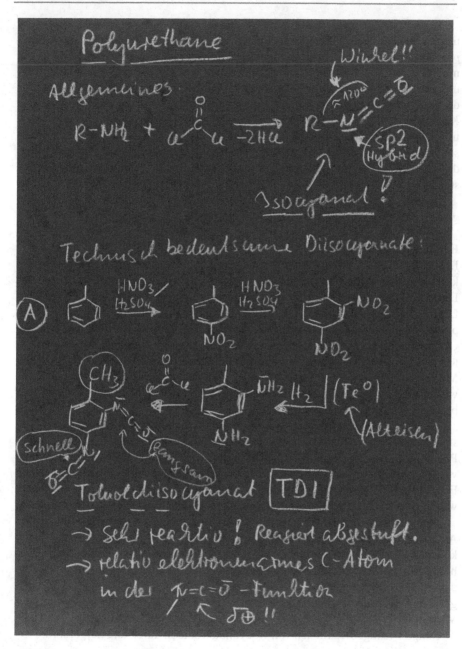

Tafel 4.40 Allgemeine Grundlagen zur Polyurethanchemie

Das in der Tafel gezeigte Toluol-2,4-diisocyanat (TDI) stellt eines der wichtigsten Diisocyanate in der Praxis dar. In erster Stufe wird Toluol in *ortho-* und *para-*Position nitriert, danach werden die Nitrogruppen mit Eisen bzw. katalytisch mit Wasserstoff zu Aminogruppen reduziert und abschließend mit Phosgen zu TDI umgesetzt. TDI selbst ist sehr reaktiv, da die Elektronendichte am Kohlenstoff der Isocyanatfunktion relativ niedrig ist. Dies kommt daher, dass der aromatische Kern durch die beiden elektronenziehenden Isocyanatgruppen ebenfalls relativ elektronenarm ist. Dadurch ist ein nucleophiler Angriff von Alkoholen, Wasser oder Aminen an die Isocyanatgruppe stark erleichtert. Weiterhin ist wichtig, dass beim TDI die Isocyanatgruppen durch die sterische Behinderung der ortho-ständigen Methylgruppe abgestuft reagieren.

In Tafel 4.41 sind zwei weitere Diisocyanate mit technischer Bedeutung aufgeführt, und es werden ihre Synthesen beschrieben.

Erläuterungen zu Tafel 4.41
Das oben dargestellte MDI wird aus zwei Molekülen Anilin, einem Molekül Formaldehyd und zwei Mol Phosgen im großtechnischen Maße hergestellt. Die dabei anfallenden Isomere und Nebenprodukte werden direkt in Form der Destillationsrückstände mit Holzmehl oder Holzspänen in der Hitze zu Spanplatten gepresst. Die Zellulosebestandteile des Holzes besitzen freie und reaktive OH-Gruppen, die mit den Isocyanatgemischen reagieren können, wodurch Platten mit den geforderten mechanischen Stabilitäten resultieren. Außerdem können Mikroorganismen bzw. Pilze wegen der fehlenden polaren OH-Gruppen bzw. wegen des geringen Wasseranteils kaum angreifen, sodass diese Spanplatten gegen biologischen Abbau relativ stabil sind.

Dieses Verfahren steht in Konkurrenz zum klassischen Verfahren zur Herstellung von Spanplatten, das *dadurch gekennzeichnet ist, dass* man Holzspäne mit Phenol-Formaldehyd-Harzen vermischt und diese Mischung in der Hitze zu einem vernetzten Verbundwerkstoff, der oft noch Spuren des antimikrobiell wirksamen Formaldehyds enthielt, aushärtet. *Hinweis:* Die Kursivschreibweise im letzten Satz wird in Patentschriften angewandt, um Ansprüche von Erfindung zu definieren.

Das unten in Tafel 4.42 aufgeführte Diisocyanat IPDI ist ein Produkt der Acetonchemie. Da es sich um ein aliphatisches Diisocyanat handelt, können keinerlei Verfärbungen im PU-Endprodukt auftreten. Daher eignet sich IPDI besonders zur Herstellung von Lackierungen. Weiterhin ist darauf hinzuweisen, dass die Diisocyanate TDI und IPDI jeweils durch die benachbarten Methylgruppen abgestuft reagieren. Dies ermöglicht den gezielten Aufbau bestimmter Vorstufen.

Einige wichtige Reaktionen von Isocyanaten sind in Tafel 4.42 aufgeführt.

Erläuterungen zu Tafel 4.42
Die chemische Struktur der Isocyanatfunktion zeigt an, dass ein nucleophiler Angriff durch freie Elektronenpaare z. B. von Alkoholen an die kumulierten Doppelbindungen nur an der elektronenärmsten Stelle, nämlich an das C-Atom, erfolgt. Die Reaktion wird beschleunigt, wenn das O-Atom der Isocyanatfunktion

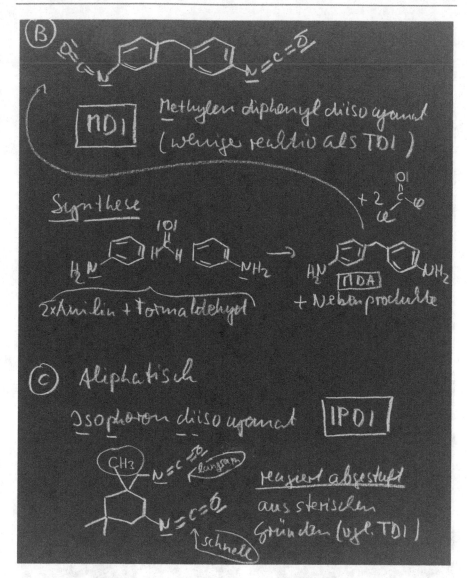

Tafel 4.41 Zwei Diisocyanate mit technischer Relevanz: MDI und IPDI

durch H-Brücken oder Lewis-Säuren positiviert und dadurch die Elektronendichte am mittleren C-Atom noch weiter verringert wird.

Als basische Katalysatoren werden in der Praxis tertiäre Amine (DABCO) verwendet. Diese Amine bewirken eine durchschnittliche Verlängerung der $^{\delta+}H-^{\delta-}O$-Bindung und damit eine deutliche Erhöhung der Elektronendichte am Sauerstoff des Alkohols.

Weiterhin werden hochgradig wirksame Lewis-Säuren als Katalysatoren verwendet, z. B. Sn-Octoat.

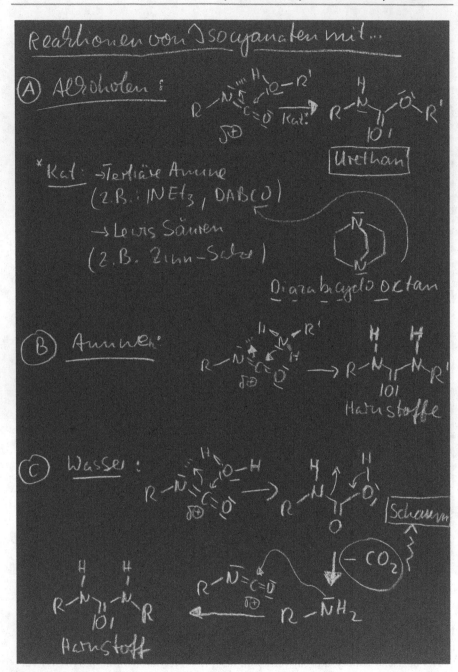

Tafel 4.42   Reaktionsmöglichkeiten der Isocyanate

In Tafel 4.42 werden typische Isocyanatreaktionen aufgeführt:

A) Die zentrale Reaktion der Isocyanate mit Alkohol zu Urethanen (Namens-geber in dieser Substanzklasse) ist oben dargestellt. Die Umsetzung mit sekundären und tertiären Alkoholen ist ohne Katalyse kaum durchführbar.

B) Die Reaktion von Isocyanaten mit Aminen führt zur Bildung von Harnstoffen. Diese Reaktion muss nicht katalysiert werden.

C) Die Reaktion von Isocyanaten mit Wasser tritt sehr häufig unfreiwillig auf, wenn Isocyanate durch Feuchtigkeit zu gasförmigem CO_2 und den ent-sprechenden Aminen hydrolysieren. Die Amine reagieren direkt weiter mit Isocyanaten unter Bildung von Harnstoffen.

In Tafel 4.43 ist der allgemeine Aufbau von Polyurethan-Elastomeren skizziert, die in der Praxis eine große Rolle spielen.

Erläuterungen zu Tafel 4.43
Wie bereits bei der Kautschukelastizität bzw. bei den thermoplastischen Elas-tomeren besprochen wurde (s. Tafel 4.8), gelten die Gesetzmäßigkeiten natür-lich analog auch für PU-Elastomere: Man benötigt Weichsegmente mit niedriger Glastemperatur und Hartsegmente, die durch intermolekulare Wechselwirkungen kristallisieren können und dadurch nichtkovalente Netzwerkstrukturen bilden. Aufgrund der sehr unterschiedlichen chemischen Struktur der Hart- bzw. Weich-segmente findet sofort eine Phasenseparation statt, und es bilden sich Domänen. Somit findet bei mechanischer Dehnungsarbeit (Kraft × Weg) eine Entropieab-nahme durch höhere Ordnung der Weichdomänen statt. Im Ruhezustand geht das PU-Elastomer wieder in seine Ausgangsform zurück.
Zum Aufbau von Hartsegmenten wird auch die Eigenschaft von Isocyanaten genutzt, durch Di- bzw. Trimerisierung Cyclen zu bilden, die eine Erhöhung der Kettensteifigkeit verursachen (Tafel 4.44).

Erläuterung zu Tafel 4.44
Zur Herstellung besonders steifer Kettensegmente, wie sie beispielsweise bei Hartschäumen benötigt werden, ist der Einbau kleiner bis mittlerer Ringstrukturen sehr wirkungsvoll. Dazu wird die Tendenz von Isocyanaten genutzt, dimere (Uret-dion) und trimere Cyclen (Isocyanurat) zu bilden. In der Praxis werden Hart-schäume üblicherweise zur Herstellung von Isoliereinheiten verwendet, wie sie z. B. bei Kühlschränken und im Hausbau benötigt werden. Bei der Herstellung von Kühlschränken werden Schaumplatten verwendet, die schon im Vorfeld mit Aluminiumfolien beschichtet bzw. kaschiert wurden.
In Tafel 4.45 ist der klassische Aufbau eines Hartsegments skizziert, und es wird ein Beispiel für ein typisches Weichsegment auf Polyetherbasis geliefert. Tafel 4.45 zeigt auch weitere Weichsegmente auf, wie sie z. B. auf Basis von Poly-estern hergestellt werden. Die höchste Flexibilität weisen jedoch Polyether auf, da sie keine Carbonylgruppen tragen, die zur Dipol-Dipol-Wechselwirkung neigen und dadurch die Kette versteifen.

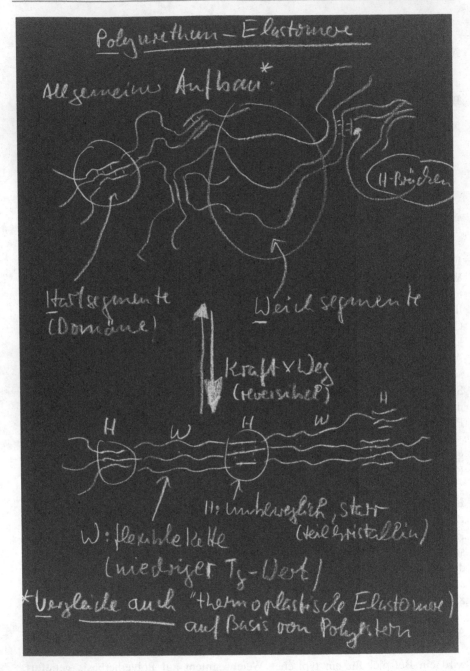

Tafel 4.43 Aufbau von Polyurethan-Elastomeren

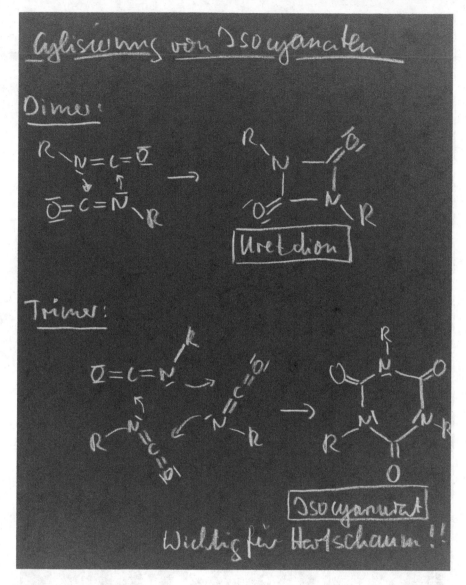

Tafel 4.44 Di- bzw. Trimerisierung von Isocyanaten

Erläuterungen zu Tafel 4.45

Wichtigstes Diisocyanat zum Aufbau von Hartsegmenten ist MDI, das mit Butandiol im Unterschuss zu sogenannten Präpolymeren, gemäß der gezeigten Carothers Gleichung, mit endständigen Isocyanatfunktionen umgesetzt wird.

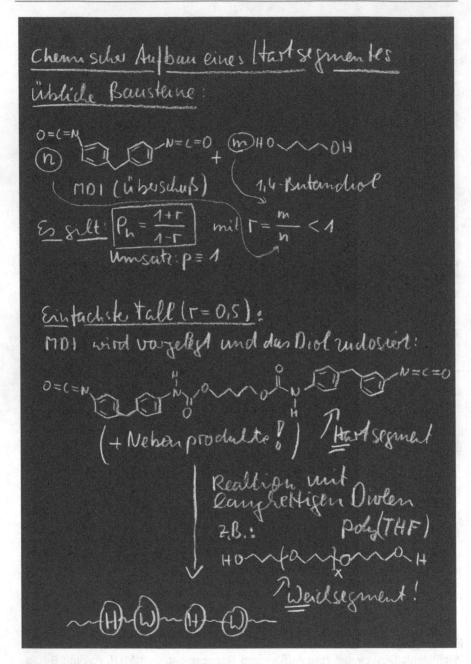

Chemischer Aufbau eines Hartsegmentes

übliche Bausteine:

$$O=C=N-\bigcirc\!\!-\!\!\bigcirc-N=C=O + \textcircled{m}\,HO-\!\!\sim\!\!-OH$$

$$\textcircled{n}$$

MDI (Überschuß)   1,4-Butandiol

Es gilt: $\boxed{P_n = \dfrac{1+r}{1-r}}$ mit $r = \dfrac{m}{n} < 1$

Umsatz: $p \equiv 1$

Einfachste Fall ($r = 0.5$):

MDI wird vorgelegt und das Diol zudosiert:

$$O=C=N-\bigcirc\!\!-\!\!\bigcirc-\overset{H}{\underset{O}{N}}\!\!-\!\!\sim\!\!-O\overset{O}{\underset{H}{N}}-\bigcirc\!\!-\!\!\bigcirc-N=C=O$$

(+ Nebenprodukte!)   ↗Hartsegment

Reaktion mit
langkettigen Diolen
z.B.:   poly(THF)
$$HO-\!\!\sim\!\!-O-\!\!\sim\!\!-O-\!\!\sim\!\!-H$$
                    x
        ↗Weichsegment!

$\sim\!\!\text{(H)}\!-\!\text{(W)}\!-\!\text{(H)}\!-\!\text{(W)}\!\sim$

Tafel 4.45 Klassischer Aufbau eines Hartsegments sowie ein Poly-THF-Weichsegment

Warum Butandiol?
Dieses 1,4-Diol, das aus Acetylen und 2 Molekülen Formaldehyd mit anschließender Hydrierung zugänglich ist, steht aber nicht im unteren Preissegment. Dennoch führt die mittlere Flexibilität der C_4-Einheit zwischen den Urethanfunktionen offensichtlich dazu, dass sich die gewünschten Kristallite mit handhabbaren Schmelzpunkten bilden. Wäre das Diol länger (z. B. 1,6-Hexandiol), würde die Steifheit der Hartsegmente stark reduziert und die Segmente wären zu weich. Ethylenglycol dagegen treibt den Schmelzpunkt des Hartsegments durch die hohe Dichte an H-Brücken bildenden Urethanfunktionen so stark nach oben, dass bei den thermischen Syntheseprozessen eine Rückspaltung in Isocyanate die Folge wäre.

Zur Vorhersage der Molmassen eignet sich die *Carothers-Gleichung*. Dabei geht man davon aus, dass der Umsatz 100 % beträgt. Dieses Präpolymer kann kristallisieren und Hartsegmente bilden. Zur Vervollständigung benötigt man jetzt noch einen Polyether als hochflexibles Weichsegment, der üblicherweise aus THF hergestellt wird. Weitere Weichsegmente sind Tafel 4.46 zu entnehmen.

Erläuterungen zu Tafel 4.46
Die oben beschriebenen Polyesterdiole werden in großem Umfang technisch hergestellt und als breite Palette von Strukturvarianten auf den Markt gebracht. Hier sind wiederum die Molmassen unter Berücksichtigung der Carothers-Gleichungen berechenbar (s. aufgeführtes Beispiel). Üblicherweise werden die Diole im Überschuss bzw. mit einem Unterschuss an Disäuren in Gegenwart geeigneter Katalysatoren unter Wasserabspaltung umgesetzt. Dabei erhält man die gewünschten Polyesterdiole, d. h. Polyester mit OH-Endgruppen. Im unteren Teil der Tafel sind die flexibleren Polyetherdiole aufgezeigt, die aus Propylenoxid und/oder Ethylenoxid durch ringöffnende Polymerisation hergestellt werden.

Schäume aus PU werden in der Technik üblicherweise durch die sogenannte RIM-Technologie hergestellt, die in Tafel 4.47 skizziert ist.

Erläuterungen zu Tafel 4.47
Der Aufbau von PU-Elastomeren erfolgt durch Zusammenbringen der Diol- und der Diisocyanatkomponente, wobei die Reaktion unter Schaumbildung direkt in der Form erfolgt. Die Diolkomponente enthält den Katalysator und einen Schaumbildner, vorzugsweise ein umweltverträgliches Gas. Es gibt viele Bestrebungen, als Treibmittel zur Bildung der Schäume ausschließlich CO_2 einzusetzen.

Für die Herstellung von Autositzen, Kissen oder ähnlichen Gegenständen sind offenzellige Schäume wichtig, denn beim Zusammenpressen des Schaums muss die eingeschlossene Luft entweichen können. Dagegen benötigt man zu Herstellung von Isoliermaterialien eher geschlossenzellige Systeme, um schädliche Diffusionsprozesse zu unterbinden. Eine Steuerung dieser Porenstruktur gelingt durch Verwendung oberflächenaktiver Zusätze. In der Technik werden dazu oft modifizierte Silikone benutzt.

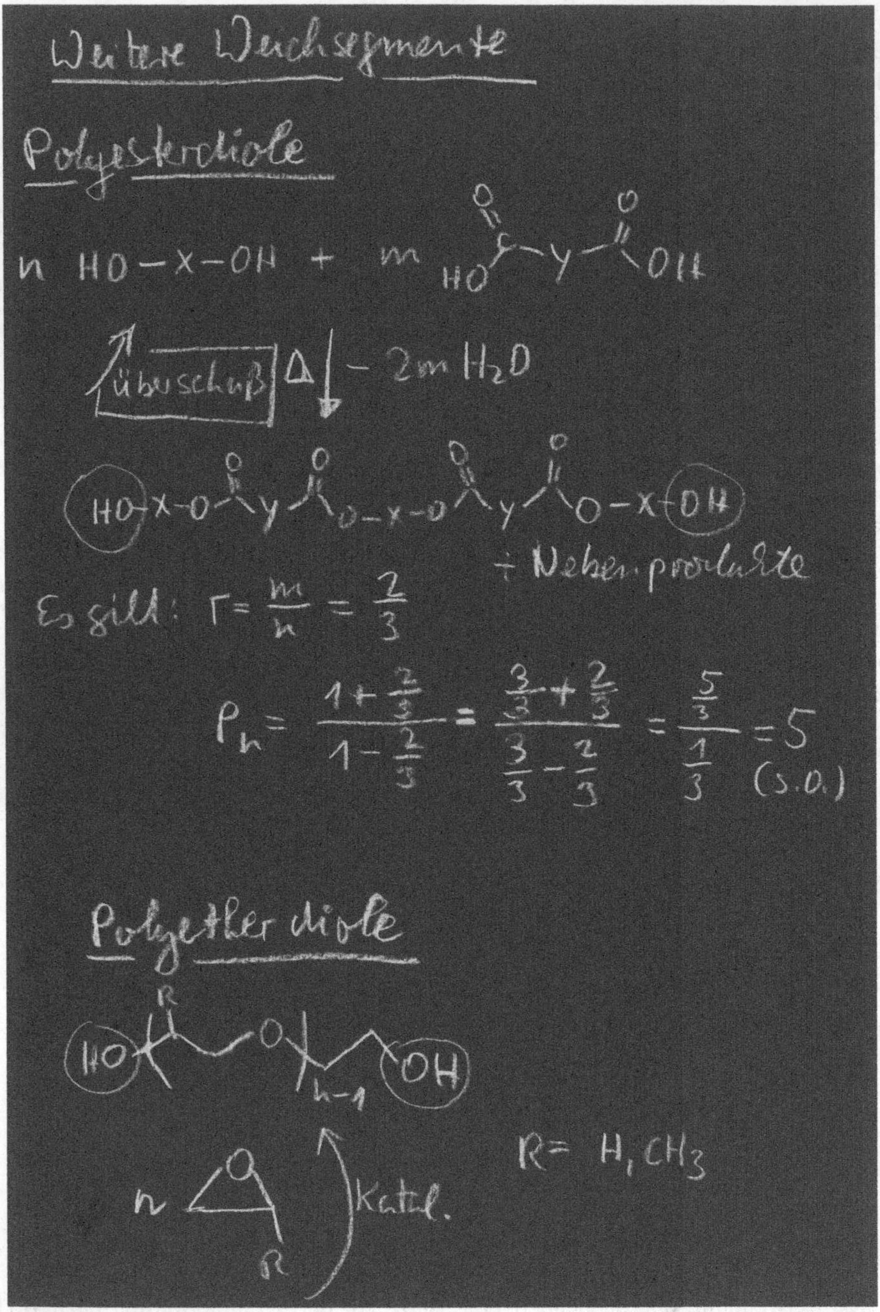

Weitere Weichsegmente

Polyesterdiole

$$n \; HO-X-OH \; + \; m \; \underset{HO}{\overset{O}{\parallel}}C-Y-\overset{O}{\overset{\parallel}{C}}OH$$

$$\boxed{\text{überschuß}} \; \Delta \Big\downarrow \; -2m \; H_2O$$

$$\boxed{HO}X-O-\overset{O}{\overset{\parallel}{C}}Y-\overset{O}{\overset{\parallel}{C}}O-X-O\overset{O}{\overset{\parallel}{C}}Y-\overset{O}{\overset{\parallel}{C}}O-X\boxed{OH}$$

$$+ \; Nebenprodukte$$

Es gilt: $r = \dfrac{m}{n} = \dfrac{2}{3}$

$$P_n = \frac{1+\frac{2}{3}}{1-\frac{2}{3}} = \frac{\frac{3}{3}+\frac{2}{3}}{\frac{3}{3}-\frac{2}{3}} = \frac{\frac{5}{3}}{\frac{1}{3}} = 5 \quad (s.o.)$$

Polyetherdiole

$$\boxed{HO}\underset{R}{\bigwedge}\!\!\!\!\bigwedge O\Big]_{n-1}\!\!\!\bigwedge\!\boxed{OH}$$

$$n \; \underset{R}{\triangle}\!\!O \; \Big) \; Katal. \qquad R = H, CH_3$$

Tafel 4.46　Strukturen technisch wichtiger Polyester- und Polyetherdiole

Tafel 4.47 Reaction-Injection-Molding (RIM-Technologie) zur Herstellung von Schaum-materialien

Minitest 3

1. Wie reagiert Formaldehyd mit Phenol?
2. Warum verhält sich Melamin ähnlich wie Harnstoff, und wie wird es hergestellt?
3. Beschreiben Sie den genauen Ablauf der Veretherung von Bisphenol A mit Epichlorhydrin.
4. Was ist der Unterschied zwischen Kalt- und Heißhärtung bei Epoxidharzen? Welche chemischen Bindungen entstehen jeweils?
5. Wie werden Polysiloxane ausgehend von SiO_2 hergestellt, und wie lassen sich diese vernetzen?
6. Nennen Sie hervorragende Eigenschaften der Silikone und begründen Sie, weshalb man Öle aus Silikonen nicht für Verbrennungsmotoren einsetzen kann.
7. Vergleichen Sie Polyisobutylen mit Polysiloxanen.
8. Welche technisch genutzten Diisocyanate reagieren abgestuft und warum?
9. Benennen Sie zwei Arten von Weichsegmenten.
10. Welche Bedingungen müssen erfüllt sein, um ein elastisches und transparentes PU-Material herzustellen? Versuchen Sie, ein Beispiel zu skizzieren.
11. Was bedeutet „RIM-Technologie"?

Synthese von Polymeren durch Polymerisation

5

5.1 Vorbemerkung

In Kap. 4 wurden die Synthesen von makromolekularen Stoffen durch Poly-kondensation bzw. Polyaddition behandelt, die jeweils stufenweise, d. h. Schritt für Schritt, aktiviert werden müssen. In diesem Kapitel soll nun der Aufbau von langen Ketten durch Vinylpolymerisation betrachtet werden. Die Triebkraft dieser Reaktion besteht im Wesentlichen darin, dass die π-Bindungen der Vinyl-gruppe unter starker Energiefreisetzung in σ-Einfachbindungen umgewandelt werden. Bei der radikalischen Polymerisation (Abschn. 5.2) besteht die größte und somit *geschwindigkeitsbestimmende* Aktivierungsenergie darin, dass zum Start der Reaktion freie Radikale erzeugt werden müssen. Die anschließende Polymerisation zu hohen Molmassen verläuft im Sinne einer exothermen Ketten-reaktion mit hoher Geschwindigkeit.

5.2 Radikalische Vinylpolymerisation

In Tafel 5.1 sind einige allgemeine Punkte zur Vinylpolymerisation dargestellt. Neben der „Radikalik" (Radikalpolymerisation) werden auch die ionischen Mechanismen („Anionik" und „Kationik") genannt.

Erläuterungen zu Tafel 5.1
Die wichtigste Grundgleichung in obiger Tafel sagt aus, dass man ein aktives Initiator-molekül aus einer entsprechenden Vorstufe benötigt, um die vorhandenen Mono-mere schnell zu einer Polymerkette zu verknüpfen. Nach der Kettenbildung findet abschließend eine sogenannte Abbruchreaktion statt. Die gezeigten Mechanismen bei der Kettenbildung können sein: radikalisch, ionisch oder durch Insertionsreaktion. Die Triebkraft für diese Kettenbildung wird naturgemäß durch die Thermodynamik in der Weise bestimmt, dass die Ordnung während der Polymerisation zwar zunimmt, sie

© Springer-Verlag GmbH Deutschland, ein Teil von Springer Nature 2018
H. Ritter, *Makromoleküle I*, https://doi.org/10.1007/978-3-662-55956-7_5

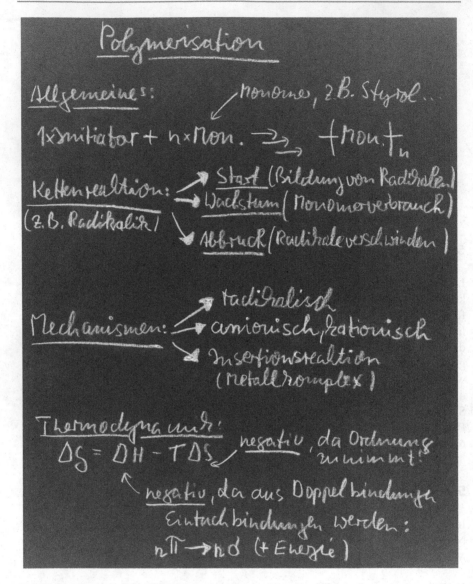

Tafel 5.1 Allgemeines zur Vinylpolymerisation

jedoch durch den hohen Enthalpiegewinn bei der Umwandlung von Doppel- in Einfachbindungen die freie Energie ΔG der Gibbs-Helmholtz-Gleichung insgesamt stark in den notwendigen Negativbereich verschiebt.

In diesem Abschnitt wird zunächst ausführlich die technisch bedeutsame freie radikalische Polymerisation behandelt. Dementsprechend geht es in Tafel 5.2 zunächst um die Bildung der Radikale, die benötigt werden, um die Vinylpolymerisation in Gang zu setzen.

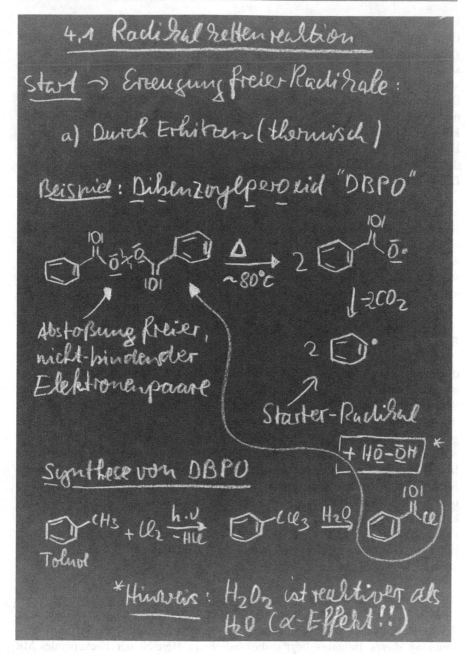

4.1 Radikalkettenreaktion

Start → Erzeugung freier Radikale:

a) Durch Erhitzen (thermisch)

<u>Beispiel</u>: Dibenzoylperoxid "DBPO"

Abstoßung freier,
nicht-bindender
Elektronenpaare

Starter-Radikal

Synthese von DBPO

Toluol

*Hinweis: H_2O_2 ist reaktiver als H_2O (α-Effekt!!)

Tafel 5.2 Startreaktion bei der Radikalik mittels Dibenzoylperoxid (DBPO)

Erläuterungen zu Tafel 5.2

Eine wichtige Möglichkeit zur Herstellung freier Radikale ist die thermische Zersetzung von labilen Bindungen. In der Technik hat sich DBPO als Radikalstarter bewährt. Bei ca. 80 °C findet die Spaltung der O–O-Bindung genügend schnell statt, und es entstehen zwei Benzoylradikale, die sofort CO_2 freisetzen. Die Labilität der O–O-Bindung resultiert bei DBPO aus der Abstoßung der freien, nichtbindenden Elektronenpaare (α-Effekt). Das eigentliche Startradikal für die Polymerisation ist somit ein Phenylradikal. Hier ist zu beachten, dass z. B. bei der Härtung von Druckfarben somit auch Benzol in Spuren frei werden kann, wenn das freie Phenylradikal mit einer labilen bzw. benzylischen CH-Bindung reagiert. Deshalb geht man neuerdings zu anderen Initiatortypen über.

Im unteren Teil der Tafel 5.2 ist die einfache Synthese von DBPO darstellt. Man startet von Toluol, führt eine Photochlorierung durch, die auch im Sinne einer Radikalkettenreaktion abläuft, lässt dann das entstandene Trichlormethylbenzol zu Benzoylchlorid teilhydrolysieren, das anschließend mit ½ Molanteil H_2O_2 zu DBPO reagiert. Letztere Reaktion kann sogar in Wasser erfolgen, da Wasserstoffperoxid durch die benachbarten nichtbindenden Elektronenpaare wesentlich nucleophiler ist als das überschüssige Wasser selbst (α-Effekt).

In Tafel 5.3 wird ein klassischer Azoinitiator (AIBN) vorgestellt.

Erläuterungen zu Tafel 5.3

Betrachtet man die chemische Struktur von AIBN, so fällt auf, dass der thermodynamisch stabile Stickstoff N_2 im Molekül quasi schon vorgebildet ist. Dementsprechend zerfällt AIBN ab etwa 50–60 °C in zwei Startradikale und N_2. Die Synthese ist in der Tafel beschrieben. Man startet von Aceton und Blausäure, setzt das erhaltene Cyanhydrin mit Hydrazin um und oxidiert schließlich den einfach gebundenen Stickstoff (–NH–NH–), um AIBN mit der labilen –N=N-Bindung zu erhalten. Neuerdings meidet man in der Praxis die Verwendung dieses klassischen Initiators und geht zu ähnlichen Azostartern mit stärker polaren Strukturen über: Sobald das Startermolekül nämlich solche polaren Gruppen wie Carbonsäuren oder Amine enthält, wird es ggf. vom Körper rasch ausgeschieden und kann daher kaum noch toxisch wirken.

Oft besteht der Bedarf, die radikalische Polymerisation nicht thermisch zu initiieren, sondern ortsspezifisch durch Lichteinstrahlung mit *An/Aus-Kontrolle* zu starten: siehe dazu Tafel 5.4.

Erläuterungen zu Tafel 5.4

Oben ist der UV-sensible Initiator *2-Hydroxy-2-methylpropiophenon* dargestellt, der durch Bestrahlung in der angezeigten Weise in Radikale zerfällt. Die Verwendung dieses Initiators liegt insbesondere im Bereich der Lackchemie. Mit UV-sensiblem Lack beschichtete Platten, z. B. für die Möbelindustrie, werden sekundenschnell durch Bestrahlung mit einer UV-Lampe gehärtet.

Besonders interessant ist der für blaues Licht sensible Initiator *Campherchinon*. Durch die zwei parallel angeordneten benachbarten Carbonylgruppen ist dieses Molekül stark gelb gefärbt und absorbiert deshalb sehr gut blaues Licht.

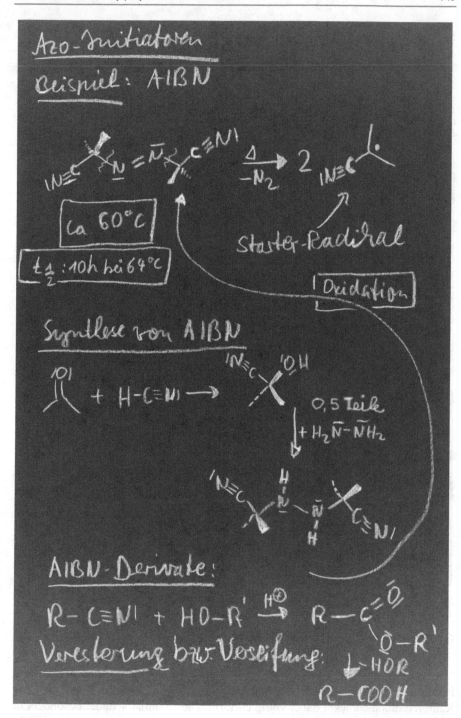

Tafel 5.3 Klassischer Azoinitiator (AIBN)

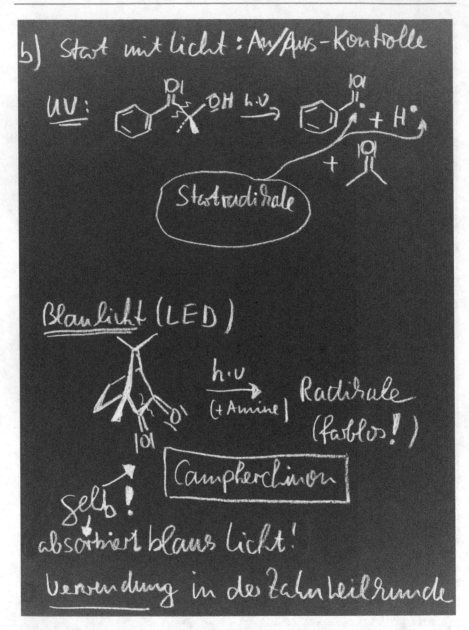

b) Start mit Licht: An/Aus-Kontrolle

UV:

Startradikale

Blaulicht (LED)

$\xrightarrow[\text{(+ Amine)}]{h \cdot v}$ Radikale (farblos!)

Campherchinon

Selb!

absorbiert blaues Licht!

Verwendung in der Zahnheilkunde

Tafel 5.4 Optisches Starten der radikalischen Polymerisation

Mittels einer Blaulicht-LED-Lampe werden hier in Gegenwart eines Amins freie
Radikale erzeugt, welche die Polymerisation starten. Interessant ist, dass sich das
Kampferchinon-Molekül dabei völlig entfärbt. Dieser Initiator findet besonders in
der Zahnheilkunde Verwendung. Hier ist es wichtig, möglichst langweiliges Licht

für die Härtung durch Methacrylpolymerisation zu nutzen, um trotz Anwesenheit der Pigment- und Füllstoffe eine möglichst große Eindringtiefe des Blaulichts zu ermöglichen. Dennoch muss der Zahnarzt die Härtung schichtweise durchführen. In diesem Zusammenhang sollte auch erwähnt werden, dass die organische Polymermatrix einen möglichst hohen optischen Brechungsindex aufweisen sollte, um geringe Verluste durch Lichtstreuung an den Grenzflächen der fein pulverisierten anorganischen Füllstoffe zu verursachen. Wären beide Brechungsindizes genau gleich, wäre die Mischung vollkommen transparent.

Es soll nicht unerwähnt bleiben, dass neuerdings auch Germanium enthaltende Photoinitiatoren Bedeutung erlangt haben. Diese sind offensichtlich noch effektiver und werden zunehmend auch in der Praxis eingesetzt.

In Tafel 5.5 werden Redoxinitiatoren vorgestellt, die bei niedrigen Temperaturen freie Radikale erzeugen.

Erläuterungen zu Tafel 5.5
Das bekannteste Redoxsystem zur Erzeugung freier Radikale ist das *Fenton-Reagens* in wässriger Phase. Hier wird der Zerfall von Wasserstoffperoxid in ein $OH^{.}$-Radikal und ein OH-Anion durch eine Ein-Elektronen-Übertragung vom Reduktionsmittel Fe^{++} auf das elektronenarme Peroxid bewirkt. In der organischen Phase werden Peroxide verwendet, die von elektronenreichen Arminen ein Elektron aufnehmen können und ebenfalls in ein Starterradikal und ein Anion zerfallen. Das untere Beispiel zeigt ein System, das in der Technik oft verwendet wird. Es wird besonders bei der wässrigen Emulsionspolymerisation (s. Band 2, ab 2019) von leicht flüchtigen Monomeren wie Butadien oder Isopren bei tieferen Temperaturen um die 5 °C eingesetzt.

In Tafel 5.6 werden sterisch anspruchsvolle Initiatoren vorgestellt, die durch Bindungsbruch einer labilen C–C-Bindung in zwei freie Radikale zerfallen: Diese werden auch *C–C-Spalter* genannt.

Erläuterungen zu Tafel 5.6
Im oberen Beispiel wird ein Tetraphenylethanderivat vorgestellt, das eine thermolabile C–C-Bindung besitzt, die durch die Anwesenheit relativ dicht gepackter Phenylsubstituenten verursacht wird. Diese Phenylsubstituenten destabilisieren durch ihre sterisch bedingte Dehnung die C–C-Bindung, wodurch sich eine berechnete Bindungslänge von ca. 1,73 Å gegenüber 1,54 Å bei normalen Alkanen ergibt.

Bei langkettigen Molekülen können durch mechanische Scherkräfte ebenfalls freie Radikale erzeugt werden. Dieser Effekt wird beobachtet, wenn zähflüssige Polymermassen solchen Kräften (z. B. im Extruder) ausgesetzt werden. Auch durch starken Ultraschall lassen sich Radikale bei Polymeren durch Bindungsspaltung erzeugen, da hier ebenfalls enorme Scherkräfte auftreten können.

Abschließend zum Thema Radikalbildung wird in Tafel 5.7 die spontane Entstehung freier Radikale bei Styrol diskutiert.

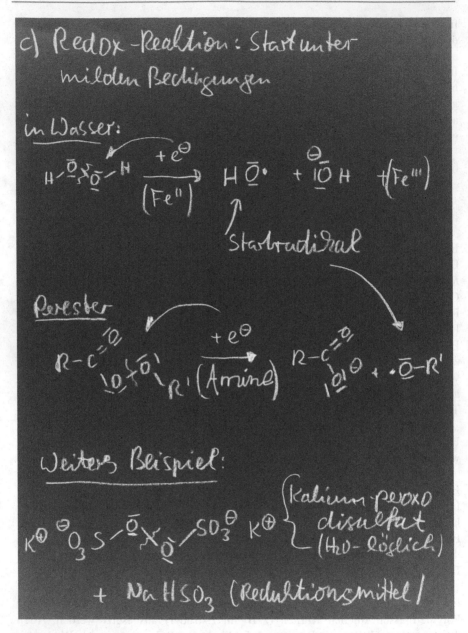

Tafel 5.5 Redoxinitiatoren zum Start der freien radikalischen Polymerisation bei niedrigen Temperaturen

Erläuterungen zu Tafel 5.7

Wird Styrol erhitzt, so findet eine spontane Polymerisation statt, auch wenn das Styrol vorher sorgfältig gereinigt wurde. In Tafel 5.7 ist der Mechanismus nach

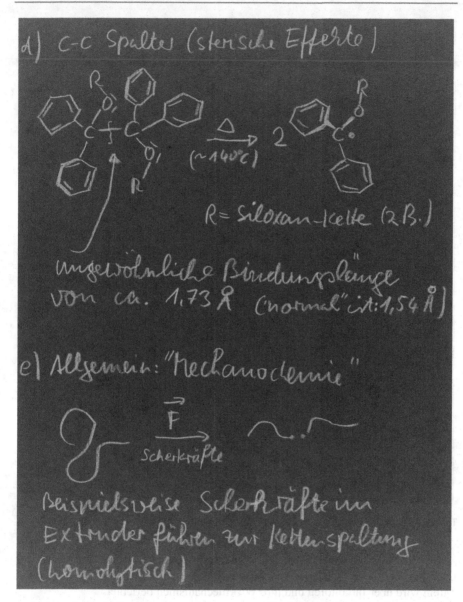

d) C-C Spaltung (sterische Effekte)

R = Siloxan-Kette (z.B.)

ungewöhnliche Bindungslänge von ca. 1,73 Å ("normal" ist: 1,54 Å)

e) Allgemein: "Mechanochemie"

Scherkräfte

Beispielsweise Scherkräfte im Extruder führen zur Kettenspaltung (homolytisch)

Tafel 5.6 Radikalinitiatoren durch Bindungsbruch einer labilen C-C-Bindung

Mayo diskutiert. Dieser erfolgt über eine vorgeschaltete Diels-Alder-Reaktion und anschließend Rearomatisierung. Tatsächlich findet diese ungewöhnliche Radikalbildung ohne Initiator bei der technischen Massepolymerisation von Styrol Anwendung.

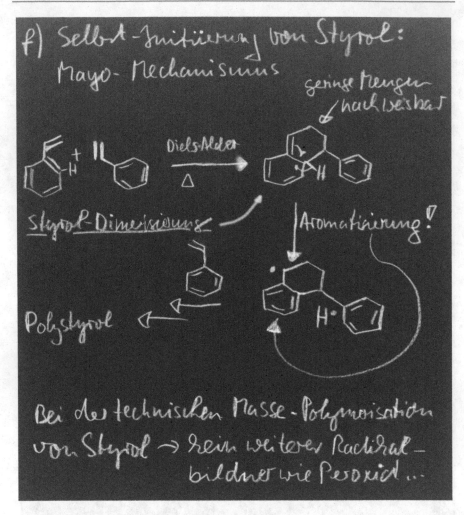

Tafel 5.7 Spontane Entstehung freier Radikale bei Styrol

Für die Praxis ist es wichtig, jegliche Art von spontaner Polymerisation bei der Lagerung und beim Transport von Monomeren zu verhindern. In den folgenden Tafeln wird über Inhibitoren und ihre Wirkmechanismen berichtet.

Es beginnt mit Tafel 5.8, in der allgemeine Prinzipien dargestellt sind.

Erläuterungen zu Tafel 5.8

Betrachtet man die spontane Styrolpolymerisation (Kurve 1), so beginnt diese sofort mit der Zeit $t = 0$. Bei Anwesenheit eines geeigneten Radikalinhibitors muss dieser erst durch die entstehenden Radikale verbraucht werden (Inhibitionsphase). Danach startet die Polymerisation mit genau gleicher Geschwindigkeit wie bei Verwendung eines reinen Monomers (Kurve 2). In Kurve 3 ist die Wirkung eines

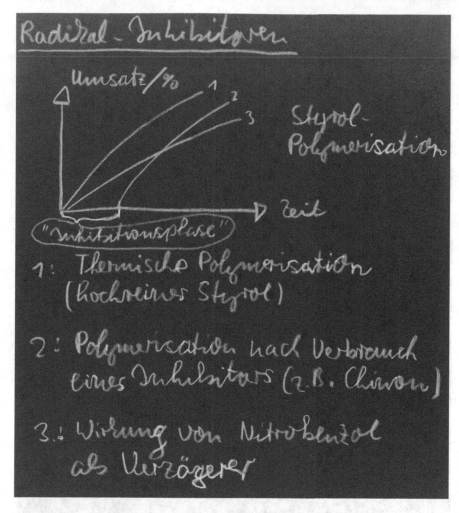

Tafel 5.8 Allgemeine Prinzipien zur Verhinderung der radikalischen Polymerisation

„Verzögerers" dargestellt. Dieser greift nur geringfügig in den Polymerisationsverlauf ein und bewirkt eine Verlangsamung der Polymerisation.

In Tafel 5.9 werden der Inhibitor Hydrochinon und die Wirkung von Sauerstoff vorgestellt.

Erläuterungen zu Tafel 5.9
Hydrochinon oder neuerdings Methylhydrochinon sind Inhibitoren gegen unerwünschte radikalische Polymerisationen, wobei sich die Wirkung nur in Gegenwart von Luftsauerstoff entfaltet. Das entstehende (Methyl-)Chinon ist der eigentliche Inhibitor.

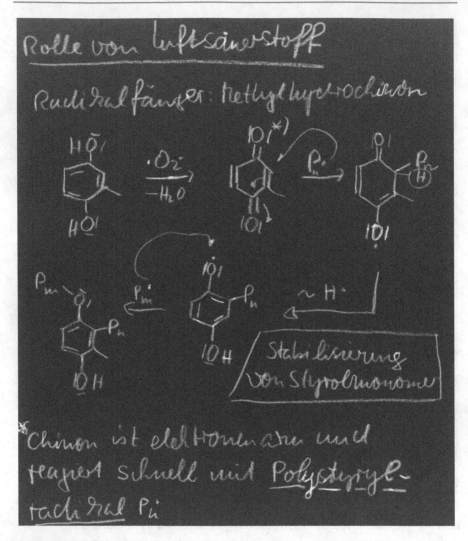

Tafel 5.9 Methylhydrochinon und Sauerstoff als Inhibitoren für die Radikalik

Warum Methylhydrochinon?

Die Methylgruppe dieses Inhibitors wird in der Leber leicht durch enzymatische Prozesse zur entsprechenden Säure oxidiert, wodurch eine Ausscheidung über die Niere wesentlich erleichtert wird.

Wie in der Tafel erwähnt, reagiert das Chinon aufgrund seiner elektronenarmen Struktur besonders mit elektronenreichen Radikalen. Daher ist es als Stabilisator gegen die unerwünschte spontane Polymerisation von Styrol besonders effektiv.

In Tafel 5.10 wird die Rolle von Sauerstoffmolekülen bei der Inhibition der radikalischen (Meth-)Acrylpolymerisation diskutiert.

Erläuterungen zu Tafel 5.10

Im Falle einer spontanen Radikalbildung X· kann der im System vorhandene Luftsauerstoff, der ohnehin ein Diradikal darstellt, mit diesem Radikal X· reagieren
und ggf. auch in eine Polymerkette eingebaut werden. Hier findet quasi eine alternierende Copolymerisation von Vinylmonomeren mit Sauerstoff statt. Schließlich
wird ein Sauerstoffradikal, das an einer Gruppe X kovalent fixiert ist, von Methylhydrochinon abgefangen.

Praktischer Hinweis: Wenn z. B. Lösungen von Diacrylaten im Vakuum
konzentriert werden, sollte unbedingt von Zeit zu Zeit genügend Sauerstoff in das
Gefäß dringen. Andernfalls besteht die Gefahr, dass trotz Zusatz von Inhibitoren
durch spontane Radikalbildung ein unlösliches Gel entsteht.

In Tafel 5.11 werden der technisch wichtige Inhibitor 2,4-Di-*tert*-butylphenol
(BHT) sowie das Phenothiazin vorgestellt, das keinen zusätzlichen Sauerstoff für
das Entfernen von freien Radikalen aus dem System benötigt.

Erläuterungen zu Tafel 5.11

Im oberen Teil wird die Wirkung von Sauerstoff als Comonomer für die
radikalische Polymerisation skizziert. Sehr leicht kann das an X gebundene Sauer-
stoffatom ein H-Atom von der Methylgruppe von BHT abspalten, wobei ein
stabiles Benzylradikal resultiert. Das freiwerdende H-Atom der Phenolgruppe
kann zum Abfangen eines weiteren freien Radikals dienen.

Das im unteren Teil der Tafel aufgeführte Phenothiazinmolekül kann direkt mit
unerwünschten freien Radikalen unter Wasserstoffabspaltung reagieren. Das entstehende N-Radikal ist mesomeriestabilisiert und stoppt somit unkontrollierte und
somit eventuell gefährliche bzw. exotherme Polymerisationsreaktionen.

In Tafel 5.12, der letzten Tafel zum Thema Verhinderung bzw. Verlangsamung
unerwünschter radikalischer Polymerisationen von Vinylmonomeren, wird über
Nitrobenzol als „Retarder" (Verzögerer) berichtet.

Erläuterungen zu Tafel 5.12

Hier wird gezeigt, wie eine wachsende Polymerkette P_n· mit Nitrobenzol in der
Weise reagiert, dass zunächst eine Anlagerung an das O-Atom der Nitrogruppe
erfolgt. Diese Zwischenstufe addiert eine zweite, radikalisch wachsende Kette
P_m·, wobei eine etherverbrückte verlängerte Polymerkette neben Nitrosobenzol
resultiert. Es werden also quasi zwei wachsende Radikale aus dem System entfernt.

Natürlich kann in Gegenwart von Nitrobenzol eine neue Radikalkette gestartet
werden, bis wieder das Nitrobenzolmolekül das Wachstum beendet. Im Endeffekt
wird durch diese Nebenreaktion die Geschwindigkeit der Polymerisation, d. h. des
Monomerverbrauchs pro Zeiteinheit, deutlich retardiert.

In Tafel 5.13 wird das Kettenwachstum bei der Radikalik näher beleuchtet.

Erläuterungen zu Tafel 5.13

Das Kettenwachstum ist dadurch definiert, dass Monomere verbraucht werden, um
diese in Polymerketten einzubauen. Die Geschwindigkeit für das Kettenwachstum
v_w wird definiert durch den Verbrauch an Monomeren pro Zeiteinheit in einem

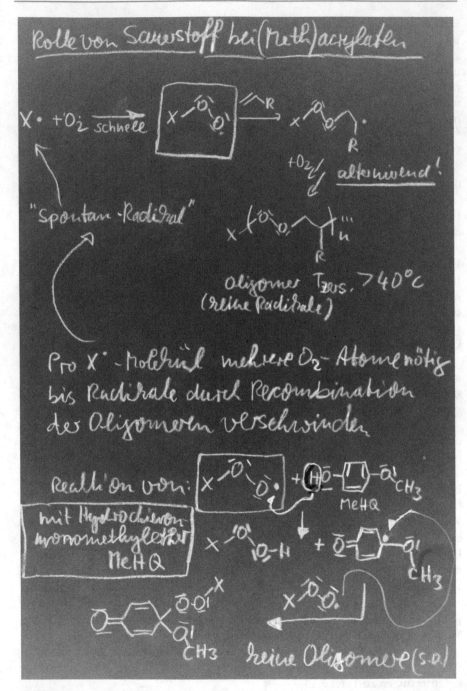

Tafel 5.10 Rolle von Sauerstoffmolekülen bei der Inhibition der radikalischen (Meth-)Acryl-polymerisation

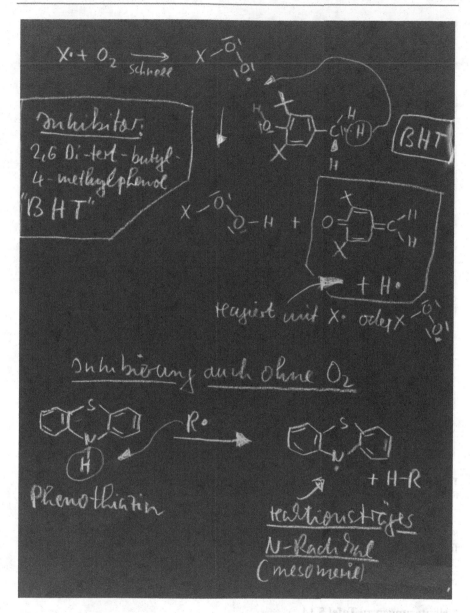

Tafel 5.11 Inhibitor 2,6-Di-*tert*-butylmethylphenol (BHT) mit Sauerstoffbeteiligung sowie das inhibierende Phenothiazin ohne Sauerstoffbedarf

Volumenelement. Chemisch betrachtet findet überwiegend eine Kopf-Schwanz-Verknüpfung statt. In seltenen Fällen, wenn die üblichen Kriterien nicht erfüllt sind, kann auch eine Kopf-Kopf-Verknüpfung erfolgen. Ursachen für die überwiegende Kopf-Schwanz-Verknüpfung sind sterische Effekte, Dipol-Dipol-Wechselwirkungen

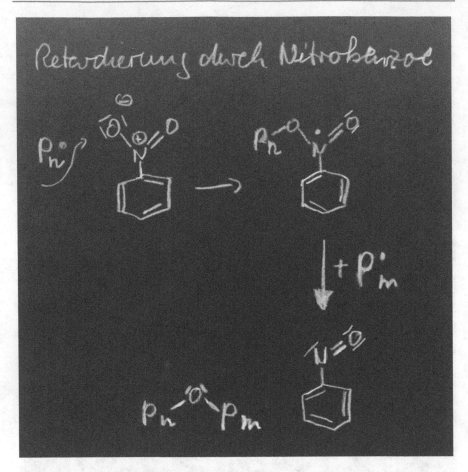

Tafel 5.12 Verlangsamung freier radikalischer Vinylpolymerisationen mit Nitrobenzol als Reaktionsverzögerer („Retarder")

sowie Substituenteneinflüsse an der Radikalposition, die eine Stabilisierung der freien Radikale bewirken kann.

Tafel 5.14 richtet den Blick auf eine wichtige „Nebenreaktion" in der Radikalik, und zwar die Kettenübertragung.

Erläuterungen zu Tafel 5.14
Die Hauptreaktion bei der radikalischen Polymerisation ist das Kettenwachstum. Dennoch kann in Gegenwart eines sogenannten Kettenüberträgers (R–X) das eigentliche Längenwachstum der Kette beendet und eine neue Reaktionskette gestartet werden. Man spricht auch von *kinetischer Kettenlänge,* die durch diesen Schritt nicht unterbrochen wird. Das bedeutet: Ein neues Starterradikal bewirkt eine bestimmte mittlere Anzahl von Reaktionsschritten, die sich durch den eingeschobenen Schritt der Kettenübertragung nicht ändern. Eine große Bedeutung

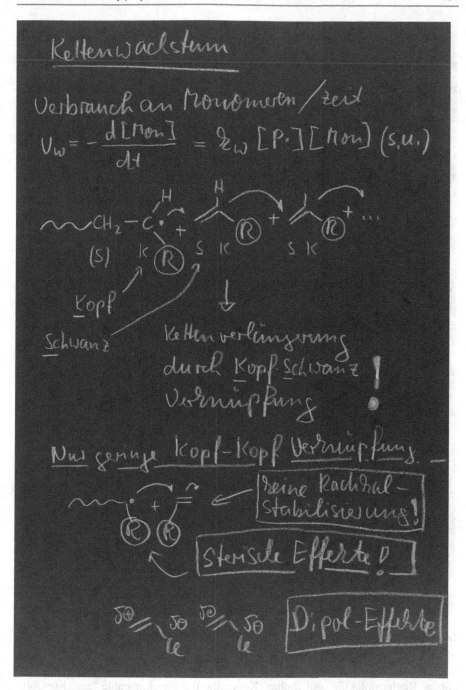

Tafel 5.13 Allgemeines zum Kettenwachstum bei der Radikalik

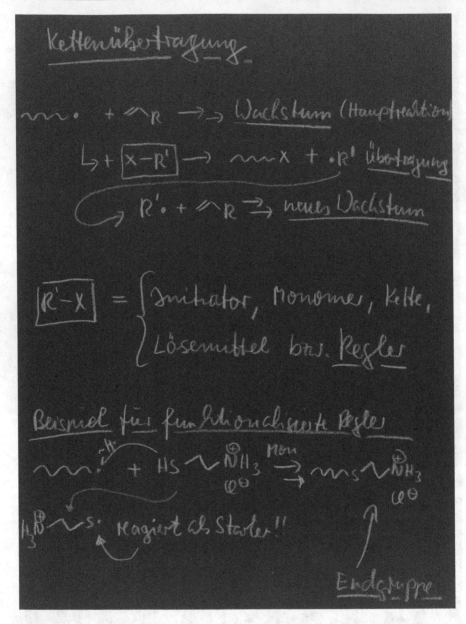

Tafel 5.14 Kettenübertragung in der Radikalik zur Molmassenkontrolle und zum Einbringen spezieller Endgruppen

haben Reglermoleküle mit hoher Kettenübertragungskonstante zur Kontrolle der Molmassen bei der Vinylpolymerisation und zum Einbringen bestimmter funktioneller Endgruppen. Letzteres ist in der Tafel am Beispiel von 2-Aminoethyl mercaptanhydrochlorid eindrucksvoll dargestellt. Nach dieser Methode lassen sich z. B. Aminoendgruppen in Polymere einführen, die zum Aufbau von Blockpolymeren genutzt werden könnten.

Eine Kettenübertragung kann auch intramolekular verlaufen, wenn ein H-Atom an das radikalische Kettenende in einem sterisch günstigen sechsgliedrigen Übergangszustand übertragen wird. Außerdem spielt die Übertragung bei Allylverbindungen eine besonders große Rolle, wie Tafel 5.15 illustriert.

Erläuterung zu Tafel 5.15
Die radikalische Kettenübertragung durch ein H·-Atom kann intramolekular verlaufen, wenn sich das radikalische Kettenende durch Eigendynamik zufällig in einem sterisch günstigen sechsgliedrigen Übergangszustand befindet. Obwohl diese Reaktion nur sehr selten erfolgt, hat sie doch dramatische Auswirkungen: Es werden nämlich in die Hauptkette Esterfunktionen eingebaut, die bei einer Hydrolyse der Acetylgruppen zu einer Kettenspaltung führen. Dies ergibt eine drastische Verringerung des Molekulargewichts.

Außerdem spielt die Übertragung bei Allylverbindungen eine besondere große Rolle. Beispielsweise kann Propen radikalisch nicht polymerisiert werden. Die relativ elektronenreichen Allylradikale sind mesomeriestabilisiert und neigen nicht zur weiteren Polyreaktion. Falls sie aber auf elektronenarme Doppelbindungen treffen wie in Maleinsäureanhydrid, können tatsächlich Oligomere entstehen.

In Tafel 5.16 werden die wichtigen Übertragungen bei der radikalischen Ethenpolymerisation behandelt.

Erläuterungen zu Tafel 5.16
Ein wachsendes Polymerradikal kann auch mit einer fertigen Polymerkette unter Übertragung eines H·-Atoms reagieren. Dies führt z. B. bei Polyethen (PE) dazu, dass in statistischer Weise eine Pfropfung an die PE Kette erfolgt, wobei eine sogenannte *Langkettenverzweigung* resultiert. Wie bei der Vinylacetatpolymerisation, die in Tafel 5.15 beschrieben wurde, kann die H·-Übertragung bevorzugt in der Nähe des Kettenendes erfolgen. Dies führt automatisch bei PE zur sogenannten *Kurzkettenverzweigung* bzw. zum vermehrten Auftreten von Butyloder seltener von Pentylseitengruppen. Durch diese Verzweigungsreaktionen entsteht ein PE, das kaum noch kompakte Kristallite bilden kann und daher eine relativ geringere Dichte aufweist: LDPE („low density polyethylene").

Wenn die Polymerisation von Vinylmonomeren in Lösung stattfindet, spielt die Übertragungskonstante $C_{ü}$ des Lösemittels eine wichtige Rolle, s. Tafel 5.17.

Erläuterungen zu Tafel 5.17
Bei der Kettenübertragung spielt die Konkurrenzreaktion von Kettenwachstum v_w und Kettenübertragung $v_{ü}$ eine wichtige Rolle und wird durch deren Konstanten $k_{ü}/k_w = C_{ü}$ definiert. Wie in der Tafel gezeigt, ist die Stabilität des entstehenden Radikals für die Kettenübertragung essenziell: Toluol überträgt leichter als Benzol und wird von Ethylbenzol übertroffen. Bemerkenswert ist schließlich, dass chlorierte Verbindungen eine relativ hohe Übertragungskonstante $C_{ü}$ aufweisen.

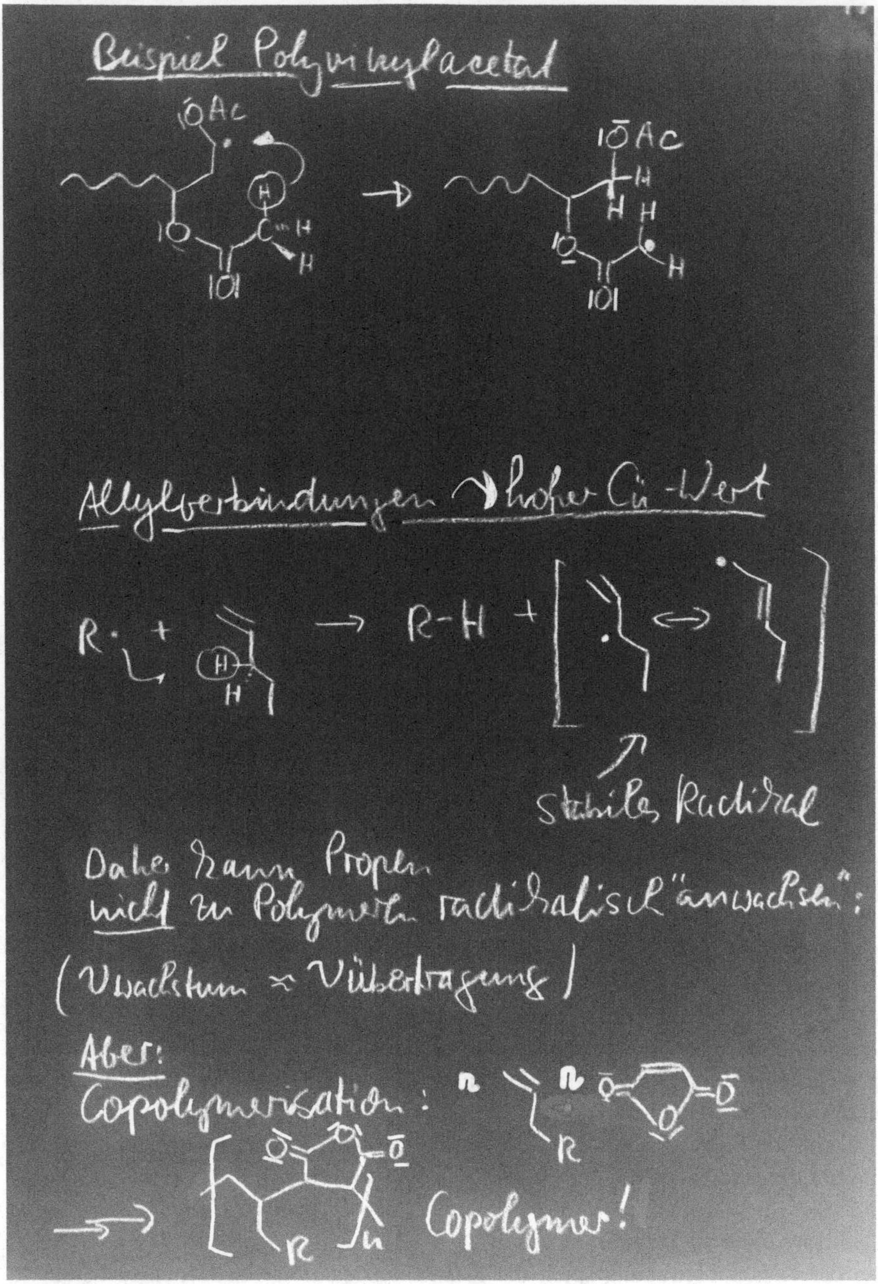

Tafel 5.15 H·-Übertragung bei der Vinylacetatpolymerisation und Übertragung bei Allylverbindungen

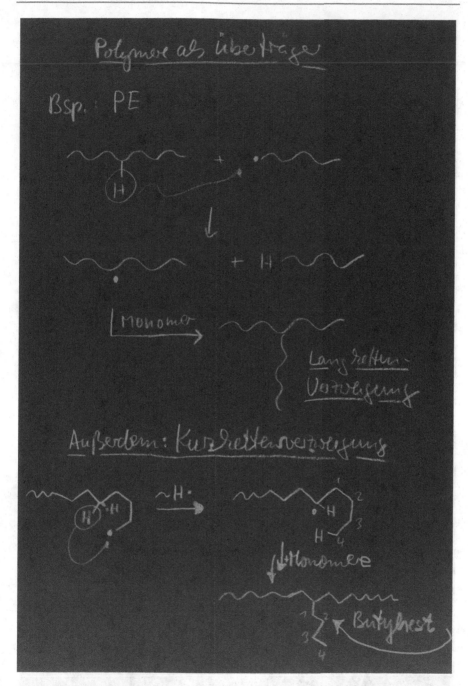

Tafel 5.16 Übertragungen bei der radikalischen Ethenpolymerisation

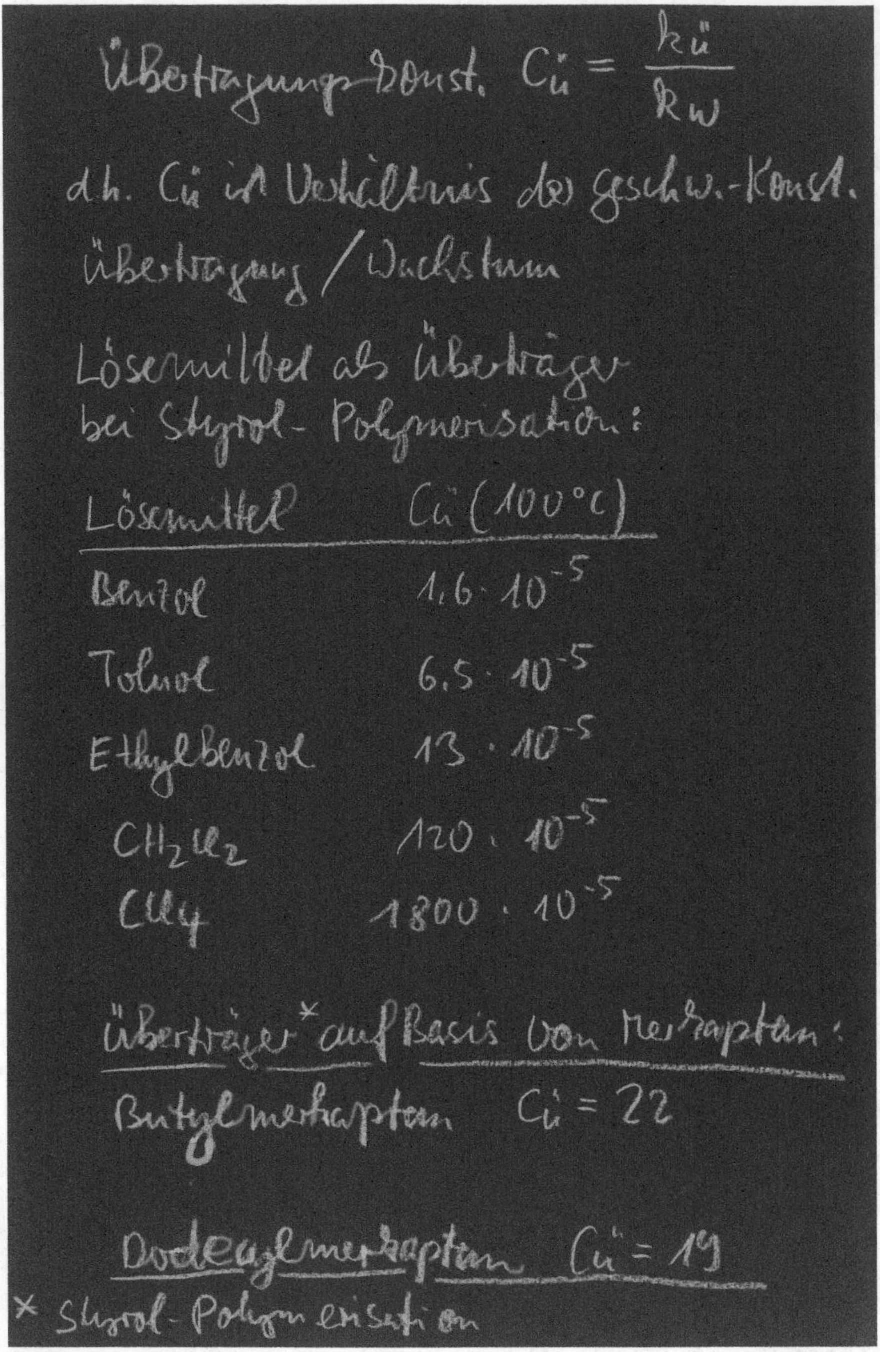

$$\text{Übertragungs-Konst. } C_{\ddot{u}} = \frac{k_{\ddot{u}}}{k_w}$$

d.h. $C_{\ddot{u}}$ ist Verhältnis der geschw.-Konst.

Übertragung / Wachstum

Lösemittel als Überträger
bei Styrol- Polymerisation:

Lösemittel	$C_{\ddot{u}}\,(100\,°C)$
Benzol	$1{,}6 \cdot 10^{-5}$
Toluol	$6{,}5 \cdot 10^{-5}$
Ethylbenzol	$13 \cdot 10^{-5}$
CH_2Cl_2	$120 \cdot 10^{-5}$
CCl_4	$1800 \cdot 10^{-5}$

Überträger* auf Basis von Merkaptan:

Butylmerkaptan $C_{\ddot{u}} = 22$

Dodecylmerkaptan $C_{\ddot{u}} = 19$

* Styrol-Polymerisation

Tafel 5.17 Übertragungskonstante $C_{\ddot{u}}$ des Lösemittels bei der Styrolpolymerisation

Findet die Polymerisation z. B. in Tetrachlorkohlenstoff als Lösemittel statt, werden Oligomere mit Chlor- bzw. Trichlormethyl-Endguppen gebildet. Zur effektiven Molmassenkontrolle werden in der Technik Mercaptane verwendet, die keinen unangenehmen Geruch aufweisen.

Findet die Polymerisation in Wasser statt, so ist die Übertragungskonstante extrem gering, und es werden allgemein sehr hohe Molmassen erzielt. Dies wird z. B. bei der Herstellung von ultrahochmolekularem Polyacrylamid genutzt.

In Tafel 5.18 wird von der Radikalkinetik und ihren Schwerpunkten v_{Start}, $v_{Wachstum}$ und $v_{Abbruch}$ zunächst nur auf die wichtigen Startreaktionen eingegangen:

- thermisch
- photochemisch
- Redoxsystem

Erläuterungen zu Tafel 5.18
In der Radikalkinetik unterscheidet man drei wichtige Reaktionsstufen, nämlich:

1. v_{Start},
2. $v_{Wachstum}$ und
3. $v_{Abbruch}$.

Die Kinetik der Kettenübertragung wird später in das Differenzialgleichungssystem eingefügt.

Eine *thermische Startreaktion,* bei der die Radikalbildung durch Erwärmen erfolgt, wird durch den Zerfall z. B. eines Azoinitiators nach erster Ordnung ausgelöst bzw. initiiert. Der Buchstabe f steht für Effektivität und zeigt an, dass nicht jedes entstehende Radikal zum Start der Polymerisation fähig ist. Dies erklärt sich durch die Existenz von Lösemittelkäfigen in der Weise, dass direkt nach Abspaltung des Stickstoffmoleküls eine quasi nutzlose Rekombination stattfindet, die durch das kurzfristig relativ unbewegliche Lösemittel verursacht wird.

Die *photochemische Initiierung* der Polymerisation gelingt am besten in dünnen Schichten, da die Eigenabsorption des Systems grundsätzlich eine große Rolle spielt. Auch sollten möglichst keine Partikel, Pigmente oder Füllstoffe das Eindringen des Lichts durch Streuung an den Grenzflächen erschweren. Ideal für die Lichthärtung sind daher Klarlacke.

Die Startreaktion unter Verwendung eines *Redoxsystems* verläuft nach einfacher Beziehung. Diese Systeme werden besonders dann genutzt, wenn man bei möglichst niedrigen Temperaturen polymerisieren muss. In wässriger Phase eignet sich z. B. das Gemisch Natriumhydrogensulfit und Kaliumperoxodisulfat. In organischer Phase werden Dibenzoylperoxid oft spezielle aromatische Amine als Reduktionsmittel zugesetzt. Man nennt diese Amine auch „Aminbeschleuniger".

In Tafel 5.19 wird die Kinetik des Kettenwachstums behandelt.

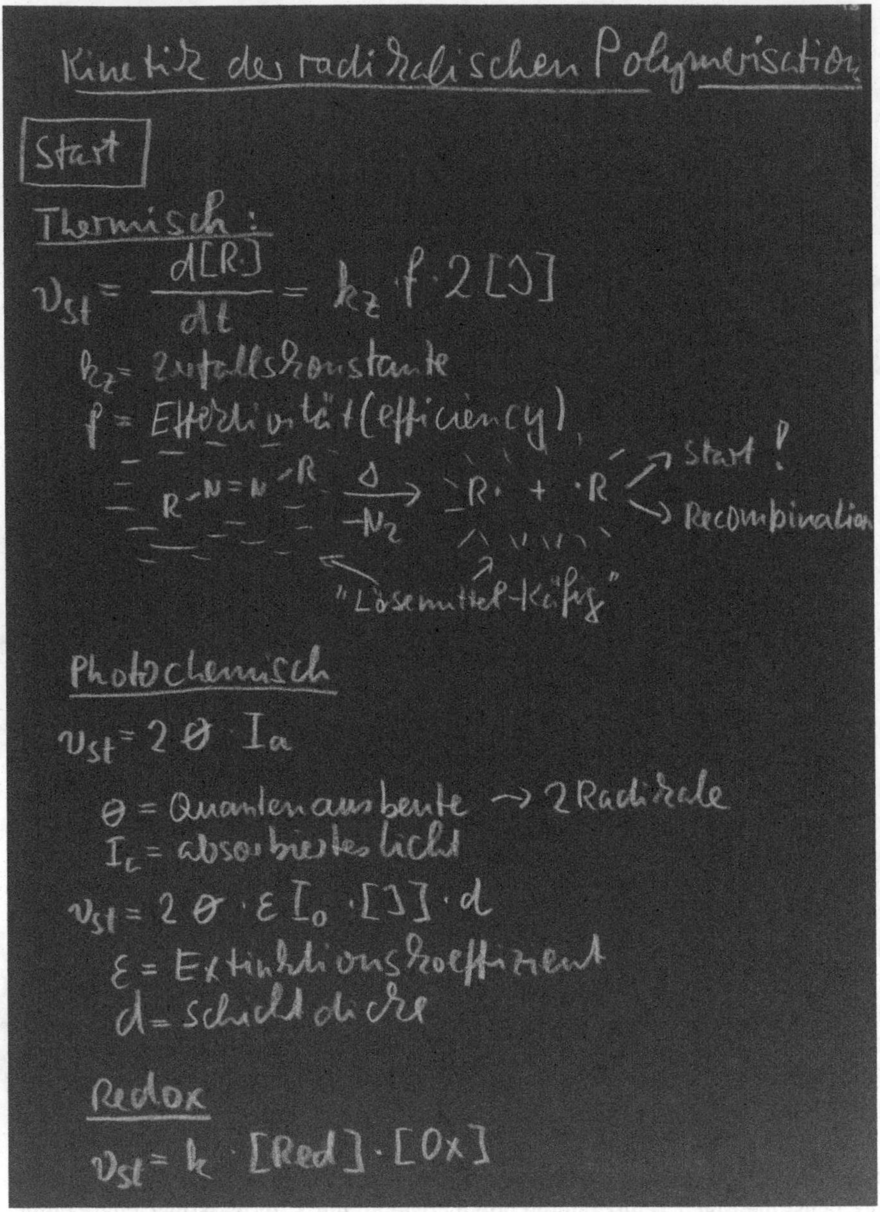

Kinetik der radikalischen Polymerisation

Start

Thermisch:

$$v_{st} = \frac{d[R\cdot]}{dt} = k_z \cdot f \cdot 2 [J]$$

k_z = Zerfallskonstante

f = Effektivität (efficiency)

$$R-N=N-R \xrightarrow[-N_2]{\Delta} \cdot R\cdot + \cdot R\cdot \begin{array}{l} \rightarrow Start! \\ \rightarrow Recombination \end{array}$$

"Lösemittelkäfig"

Photochemisch

$$v_{st} = 2 \Theta \cdot I_a$$

Θ = Quantenausbeute → 2 Radikale

I_c = absorbiertes Licht

$$v_{st} = 2 \Theta \cdot \varepsilon I_0 \cdot [J] \cdot d$$

ε = Extinktionskoeffizient

d = Schichtdicke

Redox

$$v_{st} = k \cdot [Red] \cdot [Ox]$$

Tafel 5.18 Startreaktionen als Teil der Radikalkinetik

Erläuterungen zu Tafel 5.19

Beim *Wachstum der Polymerkette* wird entsprechend Monomer verbraucht. Dieser Verbrauch entspricht der Wachstumsgeschwindigkeit v_w, die man auch als Brutto-polymerisationsgeschwindigkeit v_{br} bezeichnend. Der Initiator, der nur in Mengen

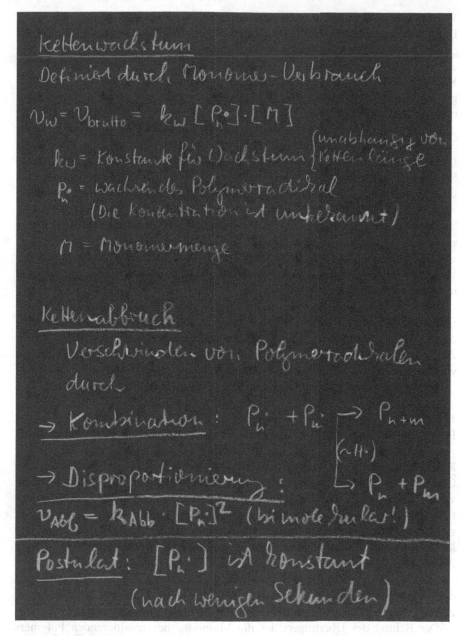

Tafel 5.19 Kinetik des radikalischen Kettenwachstums

von ca. 1–5 Mol-% zugesetzt wird, spielt daher für die Gesamtkonzentration keine Rolle. Die Geschwindigkeit der Bruttopolymerisation v_{brutto} ist das Produkt aus Polymerradikal- und Monomerkonzentration. Experimentell lässt sich v_{brutto} durch spektroskopische Methoden oder besonders leicht durch die spezifische *Volumenkontraktion* des Systems ermitteln.

Warum gibt es bei der Polymerisation einen Volumenschrumpf?

Der *Volumenschrumpf* resultiert dadurch, dass die Monomermoleküle einen größeren Raumbedarf aufweisen als die daraus hergestellten Polymerketten. Um das zu verstehen, kann man sich einen Schulhof mit vielen bewegungsfreudigen Kindern vorstellen. Dieser Schulhof wird normalerweise flächenmäßig gut ausgefüllt. Werden aber Menschenketten gebildet, entsteht plötzlich ein großer Freiraum zwischen den Ketten.

Dieses *Volumenschrumpfen* ist grundsätzlich bei allen Polymerisationsarten zu berücksichtigen. Beispielsweise hat man bei der Entwicklung von Zahnfüllungen aus Kunststoff verschiedene Methoden gefunden, dieses unerwünschte Schrumpfen einzuschränken. Man mischt z. B. Füllstoffe, die Vinylgruppen an der Oberfläche tragen, der Monomermatrix zu und reduziert somit den organischen Anteil in der Mischung (Composite). Außerdem führt man die Polymerisation schichtweise durch, um die Kavität des Zahns perfekt zu füllen. Schließlich versucht man Monomere einzusetzen, die ein relativ hohes Molekulargewicht aufweisen. Vergleicht man die Reihe Methyl-, Ethyl- und Butylacrylat bezüglich des *Volumenschrumpfes* beim Polymerisieren, so sinkt dieser Wert erwartungsgemäß mit zunehmender Seitenkettenlänge.

Der *Kettenabbruch* erfolgt bimolekular, d. h., es reagieren zwei Polymerradikale direkt durch Rekombination oder durch Übertagung eines H·-Atoms miteinander. Dadurch verschwinden Radikale. Es wird postuliert, dass nach kurzer Zeit genauso viele Radikale verschwinden, wie durch Initiatorzerfall gebildet werden. Das bedeutet, die Konzentration an P· muss konstant sein.

Das Bodenstein-Stationaritätsprinzip wird in Tafel 5.20 näher betrachtet.

Erläuterungen zu Tafel 5.20

Das Postulat von Bodenstein besagt allgemein, dass kurzlebige Zwischenstufen genauso schnell verschwinden werden, wie sie entstehen. Setzt man dies in der Radikalkinetik ein, so vereinfacht sich das Gleichungssystem erheblich. Die Geschwindigkeit des Starts ist gleich der Geschwindigkeit des Abbruchs, d. h. $v_{st} = v_{abb}$. Durch den bimolekularen Abbruch ist die Konzentration an Polymerradikalen proportional zur Wurzel aus der Initiatorkonzentration. Daraus ergibt sich die Bruttopolymerisationsgeschwindigkeit mit der Proportionalität zur Monomerkonzentration und zur Wurzel aus der Initiatorkonzentration. Dieser Zusammenhang wird als das *„Wurzel-I-Gesetz"* bezeichnet.

Die Geschwindigkeit der *Kettenübertragungsreaktion* $v_{ü}$ ist durch die Abnahme der Konzentration an Radikalüberträger definiert. Diese Abnahme ist proportional zur Zeit, zur Polymerkonzentration sowie zur Konzentration an Überträger.

Der Beitrag des Überträgers auf die Molmasse des resultierenden Polymers wird in Tafel 5.21 diskutiert.

Erläuterungen zu Tafel 5.21

Für den Anwender ist es wichtig, den Polymerisationsgrad in Zusammenhang mit den einzelnen Parametern (Konzentration an Monomer, Initiator und Kettenüberträger) zu kennen. Anschaulich ist es, dass der Polymerisationsgrad proportional zur Wachstumsgeschwindigkeit und umgekehrt proportional zur Summe aller

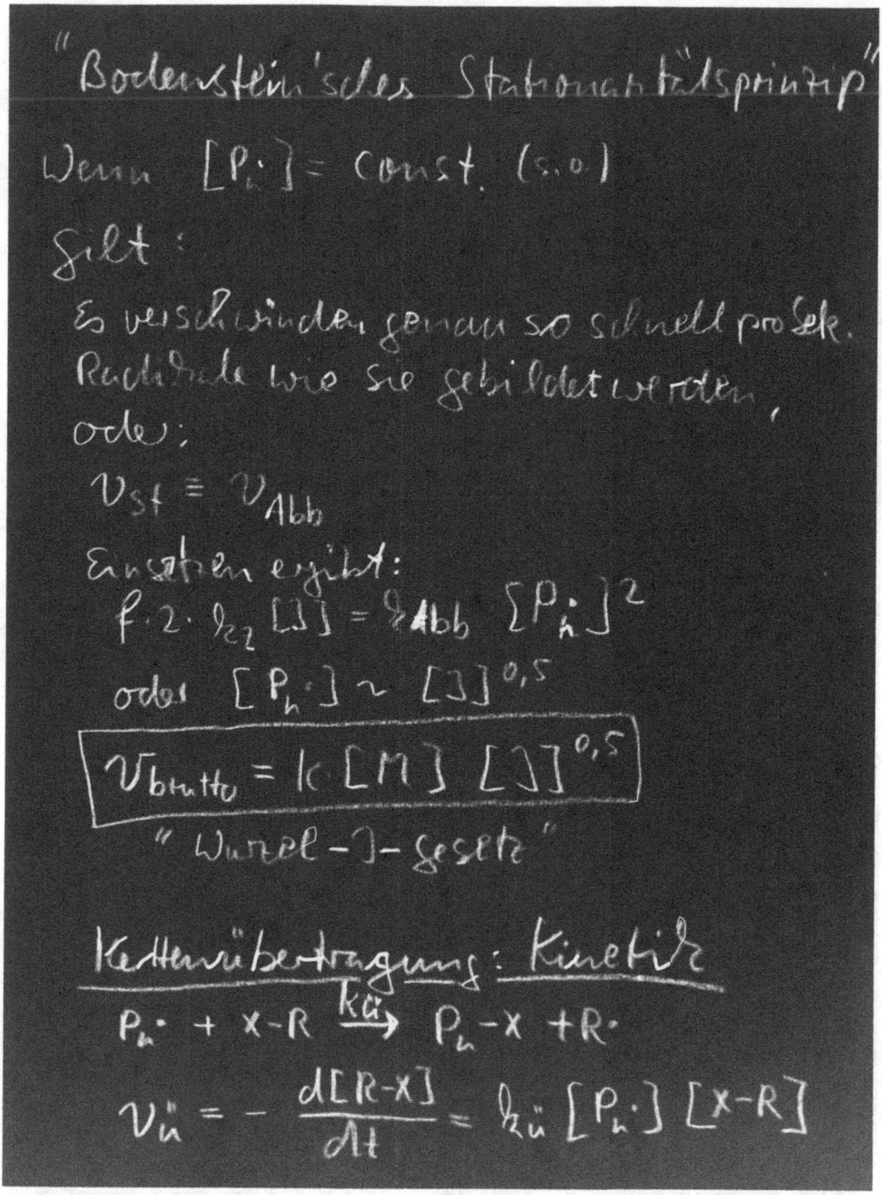

$$\text{„Bodenstein'sches Stationaritätsprinzip"}$$

$$\text{Wenn } [P_i \cdot] = \text{const. } (s.o)$$

$$\text{gilt:}$$

Es verschwinden genau so schnell pro Sek.
Radikale wie sie gebildet werden,
oder:

$$V_{st} \doteq V_{Abb}$$

Einsetzen ergibt:

$$f \cdot 2 \cdot k_z [J] = g_{Abb} [P_n \cdot]^2$$

$$\text{oder } [P_n \cdot] \sim [J]^{0,5}$$

$$\boxed{V_{brutto} = k [M] [J]^{0,5}}$$

$$\text{„Wurzel-J-Gesetz"}$$

$$\underline{\text{Kettenübertragung: Kinetik}}$$

$$P_n \cdot + X-R \xrightarrow{k_\ddot{u}} P_n-X + R\cdot$$

$$V_\ddot{u} = - \frac{d[R-X]}{dt} = k_\ddot{u} [P_n \cdot] [X-R]$$

Tafel 5.20 Bodenstein-Stationaritätsprinzip und „Wurzel-I-Gesetz"

Abbruchsgeschwindigkeiten sein muss. Wenn in einer Volumeneinheit pro Sekunde 1000 Monomere miteinander verknüpft werden und genau eine Abbruchreaktion stattfindet, dann ist der Polymerisationsgrad $P_n = 1000$. Finden zwei Abbrüche statt, reduziert sich P_n auf durchschnittlich 500. Aus rechnerischen Gründen vereinfacht sich die Gleichung, wenn man auf beiden Seiten den Kehrwert nimmt. Im zweiten

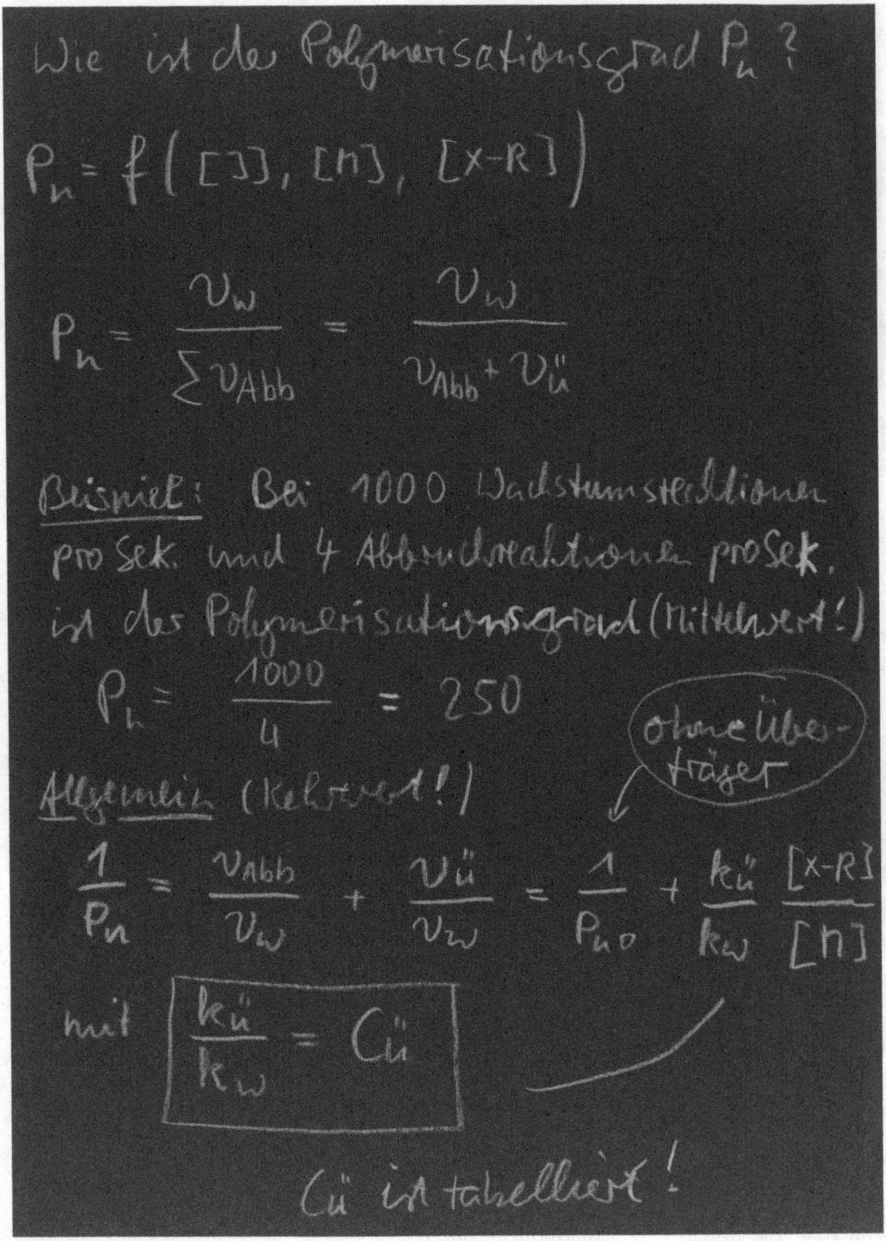

Wie ist der Polymerisationsgrad P_n ?

$$P_n = f\left([J], [M], [X-R]\right)$$

$$P_n = \frac{v_w}{\sum v_{Abb}} = \frac{v_w}{v_{Abb} + v_{\ddot{u}}}$$

Beispiel: Bei 1000 Wachstumsreaktionen pro Sek. und 4 Abbruchreaktionen pro Sek. ist der Polymerisationsgrad (Mittelwert!)

$$P_n = \frac{1000}{4} = 250 \qquad \text{(ohne Über-träger)}$$

Allgemein (Kehrwert!)

$$\frac{1}{P_n} = \frac{v_{Abb}}{v_w} + \frac{v_{\ddot{u}}}{v_w} = \frac{1}{P_{n0}} + \frac{k_{\ddot{u}}}{k_w} \frac{[X-R]}{[M]}$$

mit $\boxed{\dfrac{k_{\ddot{u}}}{k_w} = C_{\ddot{u}}}$

$C_{\ddot{u}}$ ist tabelliert!

Tafel 5.21   Beitrag der Überträger auf die Molmasse des resultierenden Polymers

Glied taucht das Verhältnis zwischen den Geschwindigkeitskonstanten für die Übertragung $k_{\ddot{u}}$ und das Wachstum k_w auf, das bereits vorab in Tafel 5.17 als $C_{\ddot{u}}$ definiert wurde.

Wenn auch für viele Überträger und Monomere $C_ü$-Werte aus der Literatur vorliegen, muss im Einzelfall dennoch eine Bestimmung erfolgen, da die Werte von mehreren Parametern abhängen. Dies ist Gegenstand von Tafel 5.22.

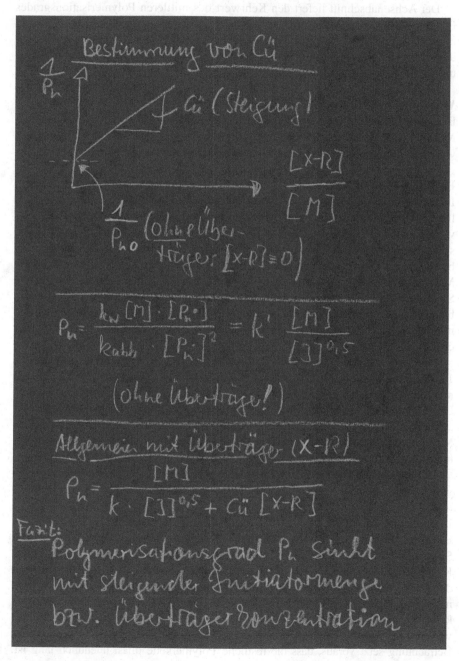

Tafel 5.22 Bestimmung der $C_ü$-Werte und der Zusammenhang mit P_n

Erläuterungen zu Tafel 5.22
Trägt man den Kehrwert des Polymerisationsgrades gegen das Konzentrationsverhältnis aus Überträger/Monomer auf, so erhält man als Steigerungsfaktor $C_{ü}$. Die zugehörige Gleichung findet man in Tafel 5.21.

Der Achsenabschnitt liefert den Kehrwert des mittleren Polymerisationsgrades P_n ohne Überträger. Die untere Gleichung zeigt den allgemeinen Zusammenhang zwischen Polymerisationsgrad, Konzentration an Monomer, Initiator und Kettenüberträger. Allgemein sinkt der mittlere Polymerisationsgrad P_n mit der Initiator- und Überträgerkonzentration.

Was ist noch wichtig bei der Radikalik?
Ein großes Kapitel in der Radikalik ist die *Copolymerisation*. Hier können durch Mischen von Monomeren viele Eigenschaften der resultierenden Copolymere in weitem Umfang gesteuert werden. Dies ist Gegenstand von Tafel 5.23.

Erläuterungen zu Tafel 5.23
In der *Organischen Chemie* ist es oft sehr aufwendig, Eigenschaften wie Löslichkeit oder Schmelzpunkt von Molekülen grundlegend zu verändern. Beispielsweise muss bei Farbstoffen eine hydrophile Gruppe in das eigentliche Molekül synthetisch eingeführt werden, um eine genügend hohe Wasserlöslichkeit zu bewirken. Im Gegensatz dazu können in der *synthetischen Polymerchemie* einfach Mischungen von Monomeren verwendet werden, um z. B. die Löslichkeit bzw. die Steifigkeit der resultierenden Kette zu verändern oder um sogar eine Farbigkeit zu bewirken. Die zentrale Frage lautet nun, wie sich bei einem vorgegebenen Monomermischungsverhältnis das Einbauverhältnis dieser Monomere im Copolymer ergibt.

Die sogenannte *Copolymerisationsgleichung* wurde bereits in den 1940er-Jahren entwickelt. Die absoluten Geschwindigkeitskonstanten interessieren nicht, sondern nur deren Verhältnisse, die mit r_1 und r_2 gekennzeichnet werden. Der Parameter r_1 ist gleich dem Verhältnis der Geschwindigkeitskonstanten der „Homoaddition" (k_{11}: Das wachsende Polymerradikal P_1 reagiert mit dem gleichen Monomertyp M_1) zur entsprechenden „Heteroaddition" (k_{12}: Das wachsende Polymerradikal P_1 reagiert mit fremdem Monomer M_2).

In Tafel 5.24 wird auf die kinetische Herleitung der *Copolymerisationsgleichung* eingegangen.

Erläuterung zu Tafel 5.24
Bei der radikalischen Copolymerisation existieren vier Grundgleichungen. Die Systematik der Herleitung dieser Gleichung besteht darin, dass die wachsende Kette, die das Monomer – $M_1 \cdot$ am Ende der Kette als reaktives Radikal trägt, mit demselben freien Vinylmonomer M_1 quasi im Sinne einer Homoaddition (Gl. 1) bzw. nach Gl. 2 mit dem fremden Monomer M_2 im Sinne einer Heteroaddition reagieren kann. Im ersten Fall ändert sich an der langkettigen Polymerstruktur fast nichts, während im zweiten Fall das Monomer – $M_2 \cdot$ als neue Endgruppe fungiert. Diese Betrachtung setzt voraus, dass die restliche Polymerkette quasi unendlich lang ist.

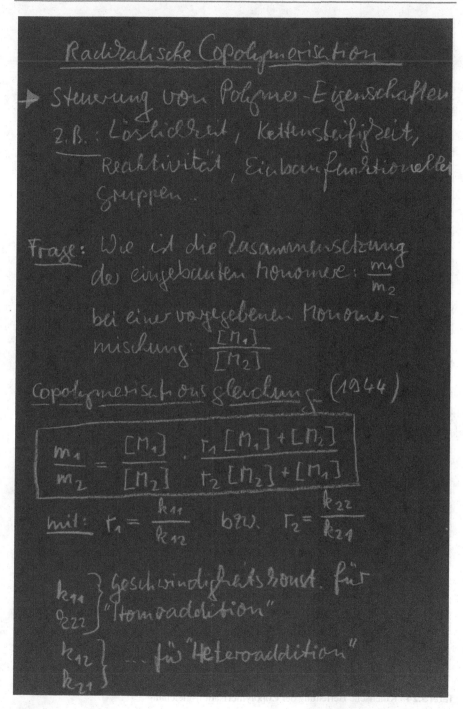

Radikalische Copolymerisation

➤ Steuerung von Polymer-Eigenschaften
  z.B.: Löslichkeit, Kettensteifigkeit,
      Reaktivität, Einbau funktioneller
      Gruppen.

Frage: Wie ist die Zusammensetzung
    der eingebauten Monomere: $\frac{m_1}{m_2}$

    bei einer vorgegebenen Monomer-
    mischung: $\frac{[M_1]}{[M_2]}$

Copolymerisationsgleichung (1944)

$$\frac{m_1}{m_2} = \frac{[M_1]}{[M_2]} \cdot \frac{r_1[M_1]+[M_2]}{r_2[M_2]+[M_1]}$$

mit: $r_1 = \frac{k_{11}}{k_{12}}$ bzw. $r_2 = \frac{k_{22}}{k_{21}}$

$\left.\begin{array}{c} k_{11} \\ k_{22} \end{array}\right\}$ Geschwindigkeitskonst. für
         "Homoaddition"

$\left.\begin{array}{c} k_{12} \\ k_{21} \end{array}\right\}$ ... für "Heteroaddition"

Tafel 5.23 Radikalische Copolymerisation

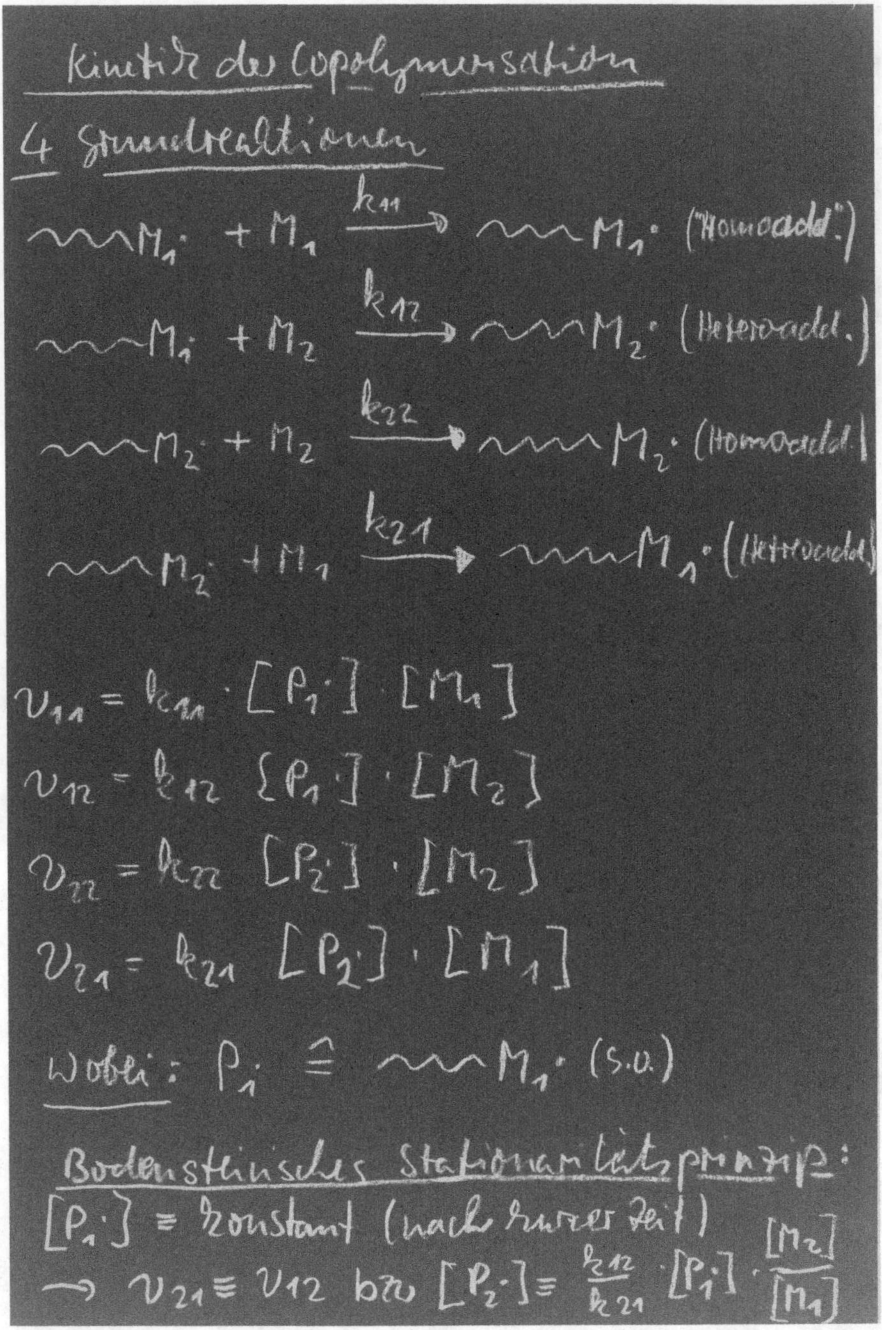

<u>Kinetik der Copolymerisation</u>

<u>4 Grundreaktionen</u>

$$\sim\sim M_1\cdot \; + M_1 \xrightarrow{\;k_{11}\;} \sim\sim M_1\cdot \; (\text{"Homoadd."})$$

$$\sim\sim M_i \; + M_2 \xrightarrow{\;k_{12}\;} \sim\sim M_2\cdot \; (\text{Heteroadd.})$$

$$\sim\sim M_2\cdot \; + M_2 \xrightarrow{\;k_{22}\;} \sim\sim M_2\cdot \; (\text{Homoadd.})$$

$$\sim\sim M_2\cdot \; + M_1 \xrightarrow{\;k_{21}\;} \sim\sim M_1\cdot \; (\text{Heteroadd.})$$

$$v_{11} = k_{11} \cdot [P_1\cdot] \, [M_1]$$

$$v_{12} = k_{12} \, [P_1\cdot] \cdot [M_2]$$

$$v_{22} = k_{22} \, [P_2\cdot] \cdot [M_2]$$

$$v_{21} = k_{21} \, [P_2\cdot] \cdot [M_1]$$

<u>wobei</u> : $P_i \triangleq \sim\sim M_i\cdot$ (s.o.)

<u>Bodensteinsches Stationaritätsprinzip</u> :
$$[P_i\cdot] \equiv \text{konstant (nach kurzer Zeit)}$$
$$\rightarrow v_{21} \equiv v_{12} \; \text{bzw} \; [P_2\cdot] \equiv \frac{k_{12}}{k_{21}} \cdot [P_1\cdot] \cdot \frac{[M_2]}{[M_1]}$$

Tafel 5.24 Kinetische Herleitung der Copolymerisationsgleichung

Die Systematik setzt sich fort, wie in den Gl. 3 und 4 (von oben gezählt) in der Tafel erkennbar ist. Aus diesen vier Grundgleichungen werden vier Geschwindigkeitsgleichungen mit den entsprechenden Konstanten formuliert. Wieder lässt sich das Bodenstein-Stationaritätsprinzip anwenden. Geht man davon aus, dass die Konzentration an Polymerradikalen nach kurzer Zeit konstant ist, muss die Bildungsgeschwindigkeit von freien Radikalen gleich der Geschwindigkeit des Verschwindens von Radikalen sein. Einsetzen ergibt den Zusammenhang zwischen der Polymerradikalkonzentrationen $[P_2]$ und $[P_1]$.

In Tafel 5.25 wird die kinetische Herleitung der Copolymerisationsgleichung fortgeführt.

Erläuterungen zu Tafel 5.25
Das Wachstum der Copolymerkette geht mit dem Verbrauch der entsprechenden Monomere einher. Beispielsweise verschwindet das Monomer M_1 pro Zeiteinheit in den Gl. 1 und 3 (vgl. Tafel 5.24); dies entspricht der Summe der beiden Geschwindigkeiten: $v_{11} + v_{21}$. Die Geschwindigkeit einer Reaktion bedeutet nichts anderes als die Zahl der Reaktionsschritte in einem Volumenelement pro Zeiteinheit. Nochmal zur Erläuterung der Symbolik: v_{11} bedeutet, dass das Polymerradikal $P_1 \cdot$ (erste Indexziffer) im Sinne einer Homoaddition mit dem Monomer M_1 (zweite Indexziffer) reagiert; entsprechend bedeutet v_{21}, dass das Polymerradikal $P_2 \cdot$ ebenfalls mit dem Monomer M_1 diesmal aber im Sinne einer Heteroaddition, reagiert.

Aus den beiden oberen Gleichungen für den jeweiligen Monomerverbrauch ergibt sich der gewünschte Gesamtzusammenhang durch Verhältnisbildung, nämlich die Veränderung der Konzentrationen des Monomers M_1 zur Veränderung der Konzentration des Monomers M_2.

Es ist offensichtlich, dass die beiden Verbrauchsraten $[M_1]/[M_2]$ mit dem molaren Verhältnis der in das Copolymer eingebauten Monomeren m_1/m_2 identisch sind. Einsetzen der jeweiligen Geschwindigkeitsgleichungen für v und Umformung ist klassische Algebra und liefert die in Tafel 5.23 bereits vorweggenommene Copolymerisationsgleichung.

Was bedeutet der Begriff „Azeotrop"?
Es gibt in einigen Fällen einen Punkt in dem Copolymerisationsdiagramm (vgl. Tafel 5.26), bei dem die molare Zusammensetzung im Copolymer (m_1/m_2) identisch ist mit der molaren Zusammensetzung der vorgelegten Monomermischung $[M_1]/[M_2]$. Die Gleichsetzung bedeutet aber, dass in der Copolymerisationsgleichung der zweite Faktor gleich 1,0 sein muss. Durch einfache Umformung bzw. durch Einsetzen ergibt sich die in der Tafel gezeigte Beziehung. Das Azeotrop lässt sich also bei Kenntnis der Werte für r_1 und r_2 berechnen. In der Praxis bedeutet das, dass man bis zu hohen Umsätzen immer die gleiche Monomerzusammensetzung hat und somit nicht zudosieren muss.

In Tafel 5.26 sind Diagramme zur radikalischen Copolymerisation aufgeführt.

Erläuterungen zu Tafel 5.26
Es lassen sich bei Kenntnis der r-Werte (vgl. Tafel 5.23) Diagramme erstellen, die den Zusammenhang zwischen dem vorgegebenen molaren Monomermischungsverhältnis und der molaren Zusammensetzung im Copolymer übersichtlich aufzeigt.

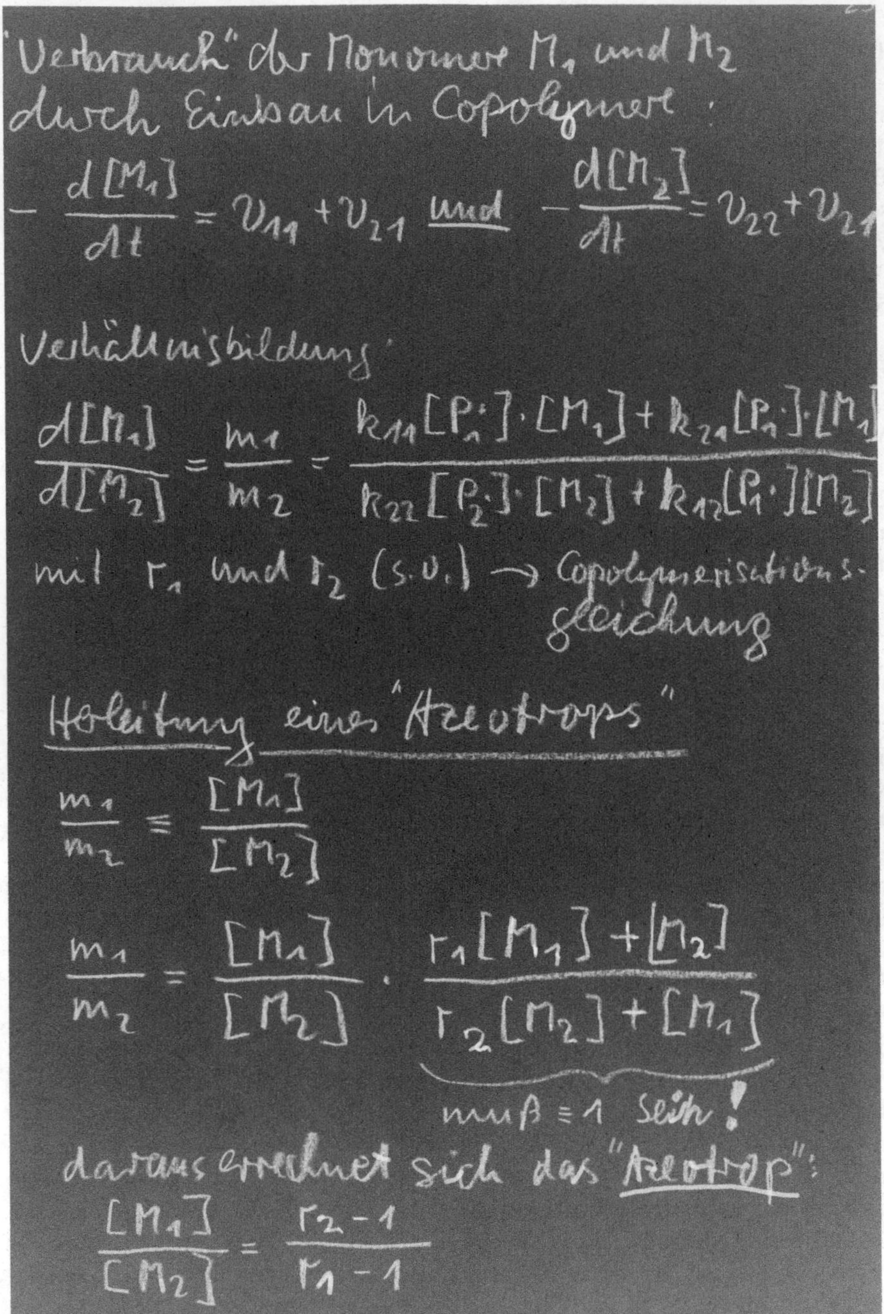

"Verbrauch" der Monomere M_1 und M_2
durch Einbau in Copolymere:

$$-\frac{d[M_1]}{dt} = v_{11} + v_{21} \quad \underline{und} \quad -\frac{d[M_2]}{dt} = v_{22} + v_{21}$$

Verhältnisbildung:

$$\frac{d[M_1]}{d[M_2]} = \frac{m_1}{m_2} = \frac{k_{11}[P_1^\cdot]\cdot[M_1] + k_{21}[P_1^\cdot]\cdot[M_1]}{k_{22}[P_2^\cdot]\cdot[M_2] + k_{12}[P_1^\cdot]\cdot[M_2]}$$

mit r_1 und r_2 (s.o.) → Copolymerisations-
                                    gleichung

Ableitung eines "Azeotrops"

$$\frac{m_1}{m_2} \equiv \frac{[M_1]}{[M_2]}$$

$$\frac{m_1}{m_2} = \frac{[M_1]}{[M_2]} \cdot \underbrace{\frac{r_1[M_1] + [M_2]}{r_2[M_2] + [M_1]}}_{muß \equiv 1 \text{ sein!}}$$

daraus errechnet sich das "Azeotrop":

$$\frac{[M_1]}{[M_2]} = \frac{r_2 - 1}{r_1 - 1}$$

Tafel 5.25 Kinetische Herleitung der Copolymerisationsgleichung und Berechnung des „Azeotrops"

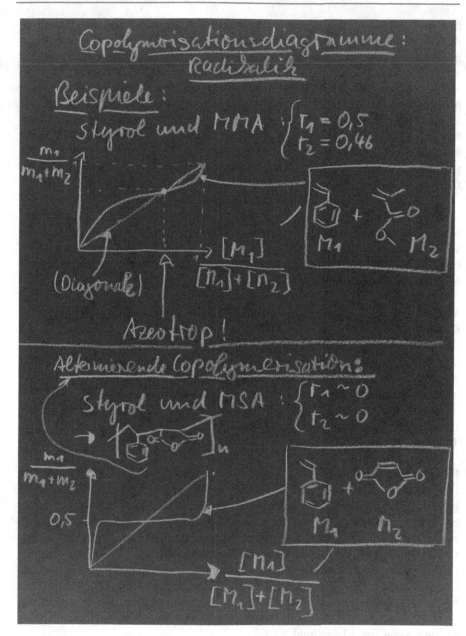

Tafel 5.26 Diagramme zur radikalischen Copolymerisation

Wichtig für die Ermittlung dieses Zusammenhangs ist die strikte Umsatzbegrenzung (max. ca. 10 %). Es ist klar, dass sich bei unterschiedlicher Reaktivität der beiden Monomere die Zusammensetzung der Monomermischung entsprechend laufend ändert. Führt man diese Analytik kontinuierlich während der Polymerisation durch, so kann man mit einem Ansatz, z. B. bei einem 1/1-Mol-Verhältnis der eingesetzten Monomere, direkt die beiden r-Werte ermitteln. Das obere Diagramm zeigt auch klar die Existenz eines Azeotrops. Das untere Diagramm ist ebenfalls sehr interessant, und zwar dann, wenn es sich um alternierende Copolymerisationen handelt. Hier ist es gleichgültig, welche Monomermischung vorgegeben wird: Die molare Zusammensetzung im Copolymer beträgt stets 50 %, d. h. eins zu eins. Das hier gezeigte Beispiel mit Styrol (elektronenreich) und Maleinsäureanhydrid (MSA; elektronenarm) ist auch technisch relevant. Die alternierenden Copolymere werden gelegentlich *Styromal* genannt; die Anhydridfunktion dient zur weiteren Modifizierung, z. B. mit Wasser, Alkoholen oder Aminen.

Die alternierende Struktur der Copolymere kommt dadurch zustande, dass ein elektronenweiches Styrylradikal am Ende einer Copolymerkette bevorzugt mit einer elektronenarmen MSA-Doppelbindung reagiert. Ist diese Addition erfolgt, wird das elektronenarme, endständig mit der wachsenden Polymerkette verbundene MSA-Radikal nahezu ausschließlich eine elektronenreiche Styroldoppelbindung angreifen.

Welche Polymerisationsgeschwindigkeit ergibt sich bei der alternierenden Copolymerisation?
Es hat sich gezeigt, dass sich durch die Dipolinteraktionen der stark unterschiedlich polarisierten Monomertypen eine enorme Polymerisationsbeschleunigung gegenüber den jeweiligen Homopolymerisationen ergibt. Abgesehen davon, kann MSA radikalisch nur ganz langsam zu Oligomeren reagieren.

Statt Styrol kann z. B. auch *N*-Vinylpyrrolidon (NVP) im Sinne einer schnell verlaufenden alternierenden Copolymerisation mit MSA umgesetzt werden, wie in Tafel 5.27 gezeigt.

Erläuterungen zu Tafel 5.27
Das oben gezeigte NVP ist durch die elektronenreiche Vinyldoppelbindung gekennzeichnet. Das Elektronenpaar des Stickstoffs delokalisiert nicht nur zur Carbonylgruppe, sondern auch zur Doppelbindung. Wie bereits erwähnt, resultieren mit MSA (engl. maleic acide anhydride, MAA) streng alternierende Copolymere. Auch das unten gezeigte elektronenreiche *N*-Vinylcaprolactam (NVC) liefert mit dem relativ elektronenarmen *N*-Phenylmaleinimid altenierende Copolymere. Die N-Arylmaleinimide sind präparativ leicht zugänglich. Man lässt MSA mit Arylaminen unter milden Bedingungen zum Säureamid reagieren und cyclisiert anschließend das Säureamid in Gegenwart von Essigsäureanhydrid und Natriumacetat zum Maleinimid.

Die in Tafel 5.28 aufgezeigte ideale Copolymerisation ist immer dann zu erwarten, wenn sich die Monomere chemisch und sterisch nur geringfügig unterscheiden.

Erläuterungen zu Tafel 5.28
Wenn die im Copolymer eingebauten Monomere das gleiche molare Verhältnis m_1/m_2 aufweisen wie die vorgegebene Monomermischung M_1/M_2, sind beide

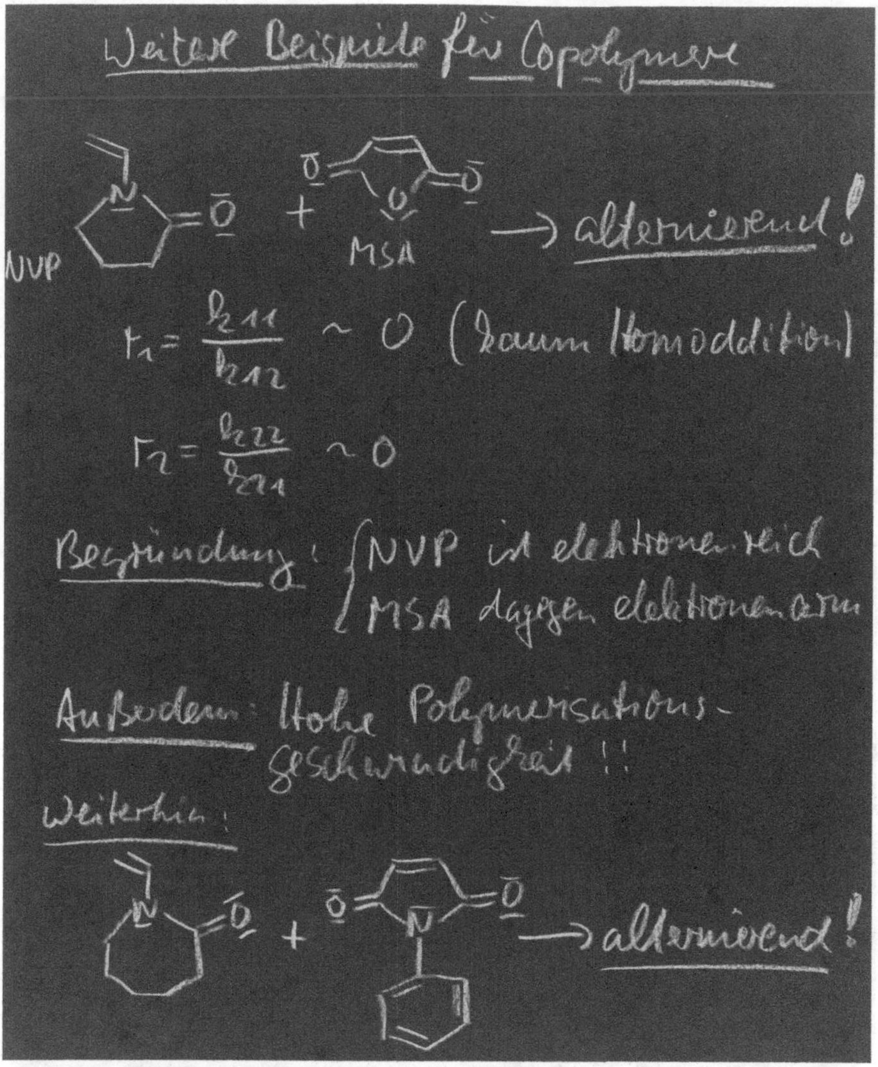

Tafel 5.27 Alternierende Copolymerisation

r-Werte zwangsläufig gleich 1. Im Copolymerisationsdiagramm resultiert eine Diagonale. In der Literatur lassen sich Beispiele finden.

Ein kurzer Hinweis zu dem unteren Beispiel in Tafel 5.28: Ethen-Vinylacetat-(EVA-)Copolymere werden aufgrund ihrer leichten Verformbarkeit in vielen Bereichen praktisch eingesetzt: Beispielsweise werden Pulver aus EVA mittels Stickstoff in einem offenen Gefäß mit porösem Boden aufgewirbelt (Wirbelbett-verfahren); anschließend werden beliebig geformte Metallgegenstände, die vor-her genügend erhitzt wurden, in das quasi schwebende Pulver eingetaucht. Durch

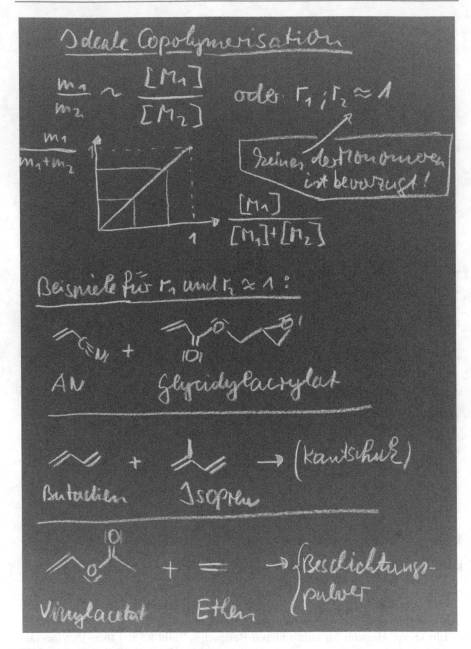

Tafel 5.28 Ideale radikalische Copolymerisation

die Wärme des Metalls schmelzen die an der Oberfläche haftenden EVA-Partikel auf, *versintern* untereinander und bleiben als Beschichtung auf dem Metall haften. So werden beispielsweise beschichtete Drahtgitter für Spülmaschinen oder beschichtete Gartenmöbel hergestellt.

Warum Copolymere aus Ethen und Vinylacetat?

Reines Polyethylen würde auf Metall nicht haften, da keine polare Wechselwirkung an der Grenzfläche möglich ist. Reines Polyvinylacetat hat eine Glasübergangstemperatur T_g bei Raumtemperatur und ist daher viel zu weich. Durch Copolymerisation lassen sich die gewünschten Eigenschaften gezielt einstellen.

In Tafel 5.29 soll die experimentelle Bestimmung der r-Werte betrachtet werden.

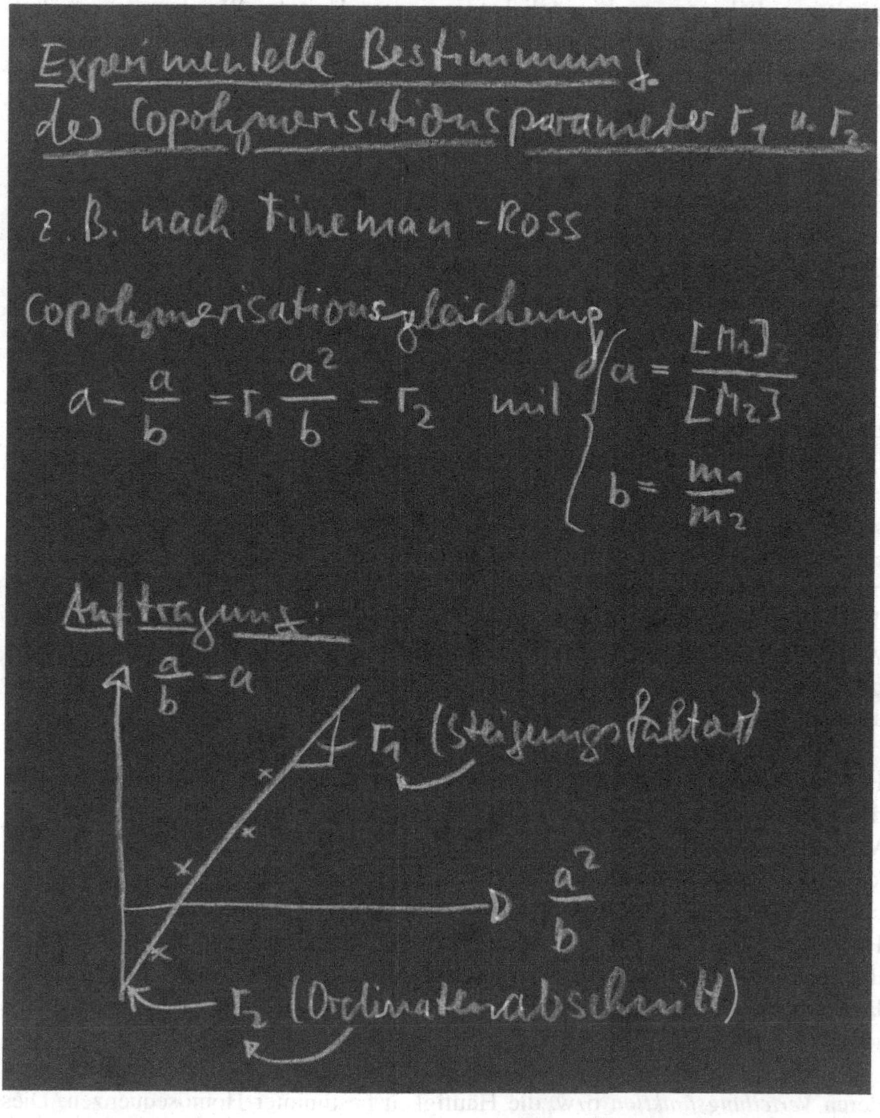

Tafel 5.29 Experimentelle Bestimmung der r-Werte nach Fineman und Ross

Erläuterungen zu Tafel 5.29

Viele r-Werte von Standardpolymeren sind in der Literatur verfügbar. Allerdings sind die r-Parameter auch von Lösemittel und Temperatur abhängig. Um genaue r-Werte für bestimmte Bedingungen zu erhalten – das gilt besonders dann, wenn neue Monomere synthetisiert wurden –, ist die Bestimmung der entsprechenden r-Parameter unumgänglich. Da es sich um eine Gleichung mit zwei Unbekannten handelt, müssen mindestens zwei Experimente durchgeführt werden, um die Gleichungen zu lösen. Man setzt demnach verschiedene molare Mischungsverhältnisse M_1/M_2 an und ermittelt die molare Zusammensetzung m_1/m_2 der erhaltenen Polymere nach möglichst geringem Umsatz. Wie bereits erwähnt, genügt natürlich auch ein einziges Experiment, wenn kontinuierlich der Verbrauch an Monomeren während der Polymerisation bestimmt werden kann. Dies gelingt vorzugsweise durch kontinuierliche NMR-Spektroskopie. Es gibt gemäß Literatur mehrere mathematische Methoden, die zur Bestimmung von *r*-Werten geeignet sind. Die hier in Tafel 5.29 aufgeführte Methode basiert darauf, dass die Copolymerisatonsgleichung durch Verwendung von a und b umgewandelt bzw. vereinfacht wird. Die Messwerte werden entsprechend aufgetragen, wobei eine Gerade resultiert. Da die Einzelmessungen üblicherweise relativ ungenau sind, müssen mehrere Versuche durchgeführt werden, um den Steigerungsfaktor und den Achsenabschnitt möglichst genau zu ermitteln.

Tafel 5.30 befasst sich mit der mittleren Sequenzlänge im Copolymer.

Erläuterungen zu Tafel 5.30

Bei der statistischen Copolymerisation ist es unumgänglich, dass mehrere Homoanlagerungen von M_1 während der Polymerisation erfolgen. Diese Homosequenzen sind definiert durch eine mittlere Sequenzlänge l_1, die durch eine Heteroaddition beendet wird. Diese Sequenzlänge l_1 lässt sich durch das Verhältnis der Geschwindigkeitskonstante in $v_{11}/v_{12}+1$ berechnen. Der Summand +1 ist durch das Radikalende vorgegeben und muss zur kinetischen Sequenz zuaddiert werden (s. Tafel 5.30 oben). Das Geschwindigkeitsverhältnis v_{11}/v_{12} bedeutet, dass pro Zeiteinheit die Anzahl der Homoanlagerungen durch die Anzahl der Heteroadditionen geteilt wird.

Das mag ein Beispiel illustrieren: Wenn in einem Volumenelement 1000 Homoadditionen pro Zeiteinheit erfolgen und zwei Heteroadditionen, dann ist die Sequenzlänge l_1 genau $500+1$. Setzt man die mittleren Sequenzlängen ins Verhältnis und bringt die Geschwindigkeitsgleichungen in die Formel ein, dann kürzen sich die Konzentrationen an Polymerradikalen heraus. Daraus ergibt sich in eleganter Weise die Copolymerisationsgleichung. Während bei meiner kinetischen Herleitung (vgl. Tafel 5.24) das Bodenstein-Stationaritätsprinzip angewendet, d. h. die Radikalkonzentration als konstant postuliert wurde, wird bei der Sequenzlängenmethode eine unendlich lange Polymerkette postuliert. Das Ergebnis ist jedoch identisch.

Neben der *mittleren* Sequenzlänge im Copolymer interessiert natürlich auch deren *Verteilungsfunktion* bzw. die Häufigkeit bestimmter Homosequenzen. Dies ist Gegenstand von Tafel 5.31.

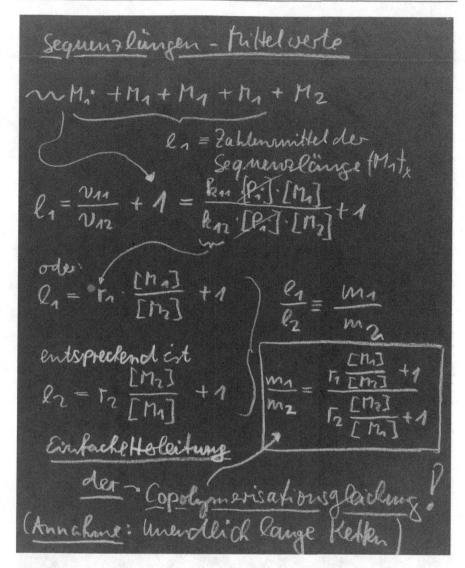

Tafel 5.30 Sequenzlängen-Mittelwerte im Copolymer

Erläuterungen zu Tafel 5.31

Eine Sequenzlängenverteilung kann man dadurch ermitteln, dass man die Einzelwahrscheinlichkeiten für eine Homoaddition multipliziert. Beim Würfelspiel beträgt die Wahrscheinlichkeit, zweimal eine 6 zu würfeln, $1/6 \times 1/6$, also ein $1/36$.

Das Beispiel in Tafel 5.31 beschreibt die Wahrscheinlichkeit für eine Vierersequenz ($n=4$) dadurch, dass drei Homoadditionen von M_1 an eine – $M_1\cdot$-Radikalkette und eine Heteroaddition von M_2 stattfinden müssen. Die Gesamtwahrscheinlichkeit $w_{11}+w_{12}$ für eine solche Ereigniskette muss 100 % betragen bzw.

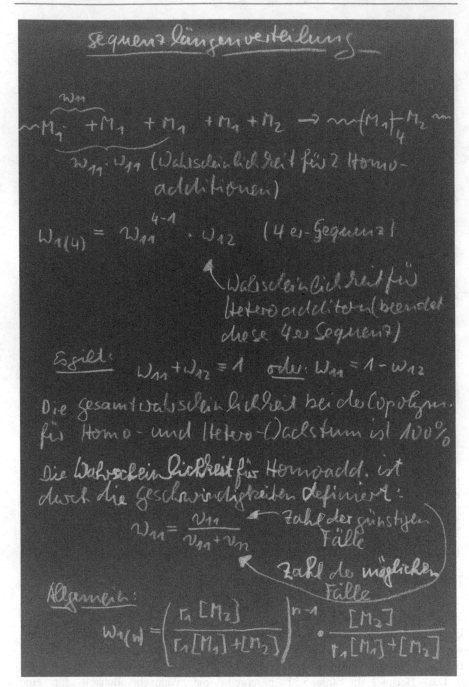

Tafel 5.31 Verteilungsfunktion von Homoaddukten im Copolymer

genau gleich 1 sein. Ersetzt man w_{11} durch die Geschwindigkeiten $v_{11}(v_{11}+v_{12})$, d. h. die Zahl der günstigen Fälle pro Zeiteinheit für eine Homoaddition durch die Zahl der möglichen Fälle pro Zeiteinheit, und ersetzt man das anschauliche Beispiel der Vierersequenz allgemein durch die natürliche Zahl n, so ergibt sich die unten in der Tafel 5.13 gezeigte Gleichung.

Welchen Nutzen kann man aus der Kenntnis der Sequenzlängenverteilung ziehen?
Ein Aspekt besteht in der Polymerchemie nun darin, dass Nachbargruppen entlang der Polymerketten oftmals eine erhebliche Rolle spielen und z. B. den Ablauf chemischer Reaktionen kinetisch stark verändern können. IR-Absorptionen und NMR-Daten werden durch den Einfluss von Nachbargruppen ebenfalls stark beeinflusst (s. Band 2, ab 2019).

Zum Abschluss der Radikalik folgt nun in Tafel 5.32 ein übergreifender Aspekt, nämlich der Gel- oder Trommsdorff-Effekt.

Erläuterungen zu Tafel 5.32
Führt man die radikalische Polymerisation in Substanz bzw. in Masse durch, d. h. ohne Lösemittel, so beobachtet man ab einem bestimmten Umsatz eine zunehmende Beschleunigung der Reaktion, die sich bis zu einem explosionsartigen Verlauf hochschaukeln kann.

Parallel dazu steigt sprunghaft auch das mittlere Molekulargewicht der Polymere. Eine Erklärung für den Effekt wurde erstmalig durch Ernst Trommsdorff geliefert (Trommsdorff-Effekt, Abschn. 1.3). Die Ursache liegt im zunehmenden Viskositätsanstieg. Im Gleichgewichtszustand, d. h. nach kurzer Reaktionszeit, ist die Geschwindigkeit der Radikalbildung gleich der Geschwindigkeit des Radikalabbruchs. Mit zunehmender Viskosität können sich jedoch die Radikalkettenenden aufgrund der eingeschränkten Beweglichkeit nicht mehr annähern und somit keine Abbruchreaktionen durchführen. Die Bildung der freien Radikale findet weiterhin statt, sodass deren Gesamtkonzentration ansteigt. Die vorhandenen Monomere sind trotz der hohen Viskosität beweglich und können sich weiterhin an die Radikalkettenenden anlagern. Dabei wird Wärme frei, und die thermische Initiierung bzw. der Initiatorzerfall wird erheblich beschleunigt. Das System kann sich, wie oben erwähnt, unkontrollierbar aufschaukeln bis zum Siedepunkt des Monomers oder des Lösemittels. Für den Experimentator bzw. Anwender ist es daher stets wichtig, für eine ausreichende Wärmeabfuhr bei der Substanzpolymerisation zu sorgen.

Aus eigener Erfahrung kann ich berichten, dass z. B. bei der wässrigen Acrylamidpolymerisation mit ca. 100 g Monomer, Radikalinitiator und 300 ml Wasser, bei der eine so schnelle Polymerisation mit starkem Viskositätsanstieg erfolgte, dass nach kurzer Zeit der Siedepunkt des Wassers erreicht wurde, große Teile des Ansatzes das Reaktionsgefäß verlassen haben und bis zur Decke des Abzugs hochgeschossen waren.

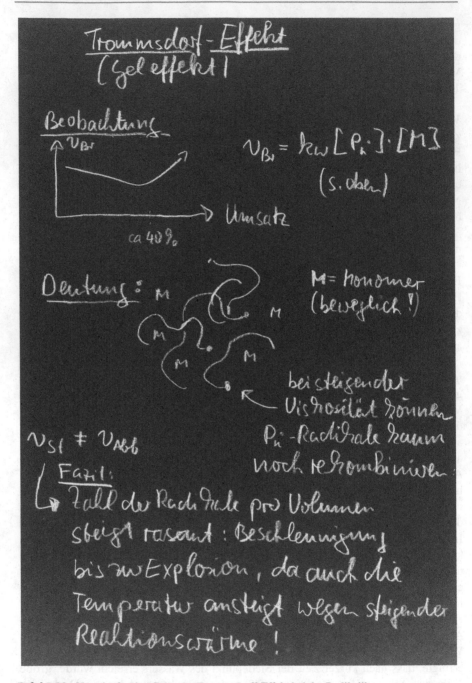

Tafel 5.32 Ursache für den Gel- oder Trommsdorff-Effekt bei der Radikalik

Erfolgt die Substanzpolymerisation in kleinen Tröpfchen, die in Wasser dispergiert sind, so ist die Wärmeabfuhr perfekt gegeben. Diese Art der Polymerisation wird als Perlpolymerisation bezeichnet (s. Band 2, ab 2019).

Minitest 1

1. Erläutern Sie die thermodynamische Triebkraft der Vinylpolymerisation.
2. Weshalb dominiert die Kopf-Schwanz-Verknüpfung bei der Vinylpolymerisation?
3. Benennen Sie zwei Radikalinhibitoren und die Bedeutung von Sauerstoff.
4. Welche Initiatortypen kennen Sie?
5. Was ist das „Wurzel-I-Gesetz"?
6. Welche zwei Arten zur Herleitung der Copolymerisationsgleichung kennen Sie?
7. Was bedeutet azeoptrope Copolymerisation?
8. Geben Sie zwei Beispiele für alternierende Copolymerisationen an. Welche Verwendung könnte interessant sein?
9. Welche r-Werte liegen der alternierenden Copolymerisation zugrunde?
10. Wie wird die Verteilungsfunktion von Homoadditionen bei Copolymeren berechnet?
11. Was bedeutet EVA, und wo wird es angewendet?
12. Beschreiben Sie kurz das Sinterverfahren zur Metallbeschichtung.
13. Was bedeutet der „Geleffekt" bei der Radikalik?
14. Welche Dispersität weisen radikalisch hergestellte Polymere auf, und wie lässt sich dies ermitteln?
15. Wie lässt sich definiert eine Säureendgruppe in ein radikalisch hergestelltes PMMA einbauen? Beschreiben Sie alle Reaktionsschritte.
16. Weshalb sinkt die Kettenlänge von Polyvinylacetat beim Verseifen?
17. Warum erhält man bei der radikalischen Ethenpolymerisation ein LDPE?

5.3 Ionische Vinylpolymerisation

Nachdem nun in Abschn. 5.2 die radikalische Vinylpolymerisation behandelt wurde, befassen sich die folgenden Abschnitte nun mit der ionischen Vinylpolymerisation, und zwar mit der Anionik (Abschn. „Anionische Polymerisation") und der Kationik (Abschn.).

Anionische Polymerisation

In Tafel 5.33 werden anionische Initiatoren und die Startreaktion vorgestellt.

Erläuterungen zu Tafel 5.33
Geeignete Initiatoren für die anionische Polymerisation sind z. B. Butyllithium, Phenyllithium oder Naphthylnatrium. Protische Moleküle wie Wasser, Alkohol

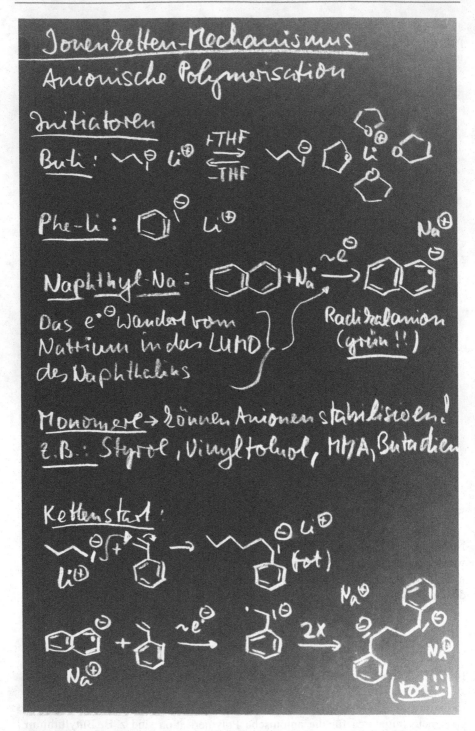

Tafel 5.33 Ionenkettenmechanismus bei der Anionik mit Initiatoren und Startreaktion

oder Amine sind absolut schädlich für die anwesenden Carbanionen, da diese durch H^+-Übertragung sofort neutralisiert werden. Oberstes Gebot bei der Anionik ist daher eine perfekte Trocknung.

Interessant ist der Initiator Naphthylnatrium, der durch Dispergieren von metallischem Natrium in einer Naphthalinlösung entsteht. Hier wird das äußere Elektron vom Natrium in das LUMO des Naphthalins übertragen. Dadurch entstehen Naphthylradikalanionen, die das sichtbare Licht absorbieren und sich durch eine tiefgrüne Farbe auszeichnen.

Eine große Rolle bei der Anionik spielt das verwendete Lösemittel. Lösemittelmoleküle mit Ethergruppen, wie THF oder 1,2-Dimethoxyethan, die zur Stabilisierung des Gegenions beitragen, bilden solvatgetrennte Ionenpaare. Unpolare Lösemittel wie z. B. Toluol haben diese Eigenschaft nicht, wodurch Kontaktionenpaare den Reaktionsablauf bestimmen.

Im unteren Teil von Tafel 5.33 werden Startreaktionen aufgeführt. Geeignete Vinylmonomere für die anionische Polymerisation sind in der Lage, Carbanionen durch Mesomerie zu stabilisieren. Dazu zählen die elektronenarmen C–C-Doppelbindungen wie (Meth-)Acrylate, Maleinimide oder Vinylpyridin. Relativ elektronenreiche Vinylmonomere, die Anionen stabilisieren können, sind Styrol, α-Methylstyrol, Vinyltoluol, Isopren oder Butadien.

Ein mehr exotisches Beispiel für die Fähigkeit zur anionischen Polymerisation ist das Vinylferrocen (s. Nuyken et al. 1997).

Kann man durch anionische Polymerisation Polymethacrylsäure herstellen?
Ja, aber dazu sind Schutzgruppen nötig. Beispielsweise eignet sich *tert*-Butylmethacrylat für die anionische Polymerisation. Die anschließende Hydrolyse zu Polymethacrylsäure gelingt im sauren Medium, z. B. mittels Trifluoressigsäure unter Abspaltung von gasförmigen Isobutylen. Auch rein thermisch bei >200 °C lässt sich Isobutylen durch syn-Eliminierung freisetzten. Monomere mit OH-Gruppen, z. B. 2-Hydroxypropylmethacrylat, lassen sich mittels Trimethylsilylgruppen gegen anionischen Angriff schützen und anschließend hydrolytisch leicht entfernen.

Tafel 5.34 befasst sich mit dem anionischen Kettenwachstum.

Erläuterungen zu Tafel 5.34
Allgemein werden anionische Polymerisationen bei tiefen Temperaturen unter −40 °C durchgeführt, um Nebenreaktionen zu vermeiden. Polymerisiert man z. B. Methylmethacrylat anionisch, dann besteht bei Temperaturen >40 °C die Gefahr des nucleophilen Angriffs an das C-Atom der Carbonylgruppe anstelle des Angriff an die elektronenarme C=C-Doppelbindung. Hier wird die Polymerisation unselektiv, und es bilden sich andere Kettenstrukturen.

Nach der ersten Anlagerung des Butylanions an Styrol reagiert das stark rot gefärbte Styrylanion in sehr schneller Abfolge mit den vorhandenen Styrolmonomeren. Wie in der Formel oben rechts angedeutet, gibt es keinen Grund für einen Kettenabbruch des negativ geladenen Polystyrylanions. Im Gegensatz zur Radikalik, bei der zwei ungeladene Radikalenden sich nicht abstoßen und miteinander rekombinieren können, bleibt das Polymeranion lange bestehen; es lebt quasi und zeigt seine Existenz durch die rote Farbe an.

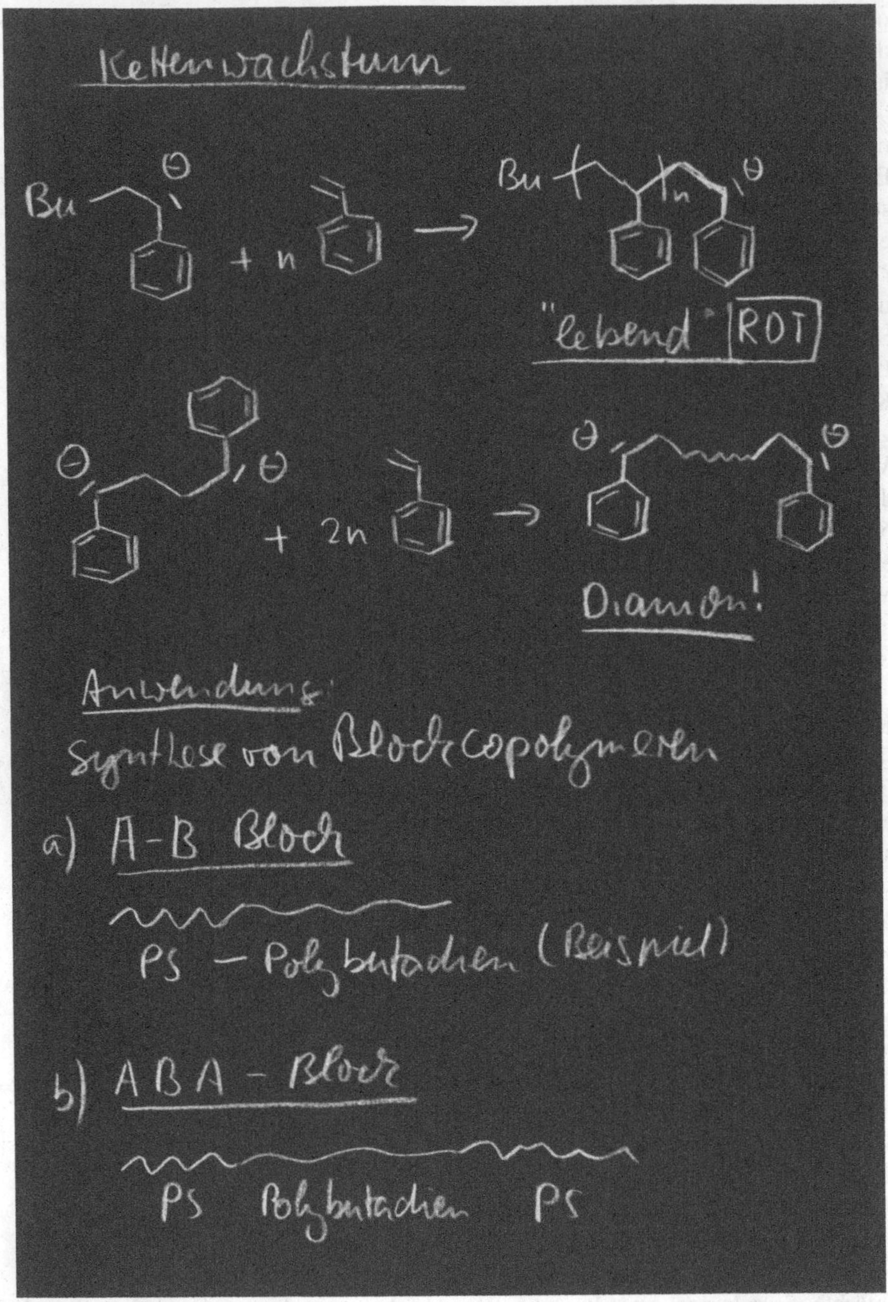

Tafel 5.34 Anionisches Kettenwachstum

Im zweiten Beispiel der Tafel 5.34 ist ein Dianion gezeigt. Dieses entsteht dadurch, dass vom Naphthylnatrium ein Elektron auf Styrol übertragen wird und zwei so entstandene Radikalanionen anschließend sofort oder nach einigen Polymerisationsschritten dimerisieren. Der Radikalcharakter verschwindet, die beiden endständigen Anionen verbleiben und wachsen durch schnelle anionische Polymerisation unabhängig. Insgesamt verläuft die anionische Kettenreaktion extrem schnell. Werden der Monomerlösung erst einmal geeignete Carbanioninitiatoren, z. B. in Form von Butyllithium, zugeführt, ist die Polymerisation schon sehr bald abgeschlossen. Um dennoch Kinetiken zu messen, haben z. B. Axel H.E. Müller et al. einen Rohrreaktor verwendet. Bei diesem spritzt man von oben den Initiator in das fließende Monomer, lässt in dem dünnen Rohr mit bekannter Länge und Durchmesser reagieren und beendet die Reaktion sofort in einem Fällbad. Durch die Gesamtmenge an Lösung, die durch das Reaktionsrohr pro Zeiteinheit geflossen ist, kann man die sehr kurze Reaktionszeit im Rohr präzise errechnen und die Umsätze pro Zeit ermitteln.

Die lebenden anionischen Kettenenden lassen sich leicht durch Zugabe von Fremdmonomeren in AB-Blockcopolymere umwandeln. Die Herstellung von ABA-Blockcopolymeren gelingt z. B. unter Verwendung des Dianions. Im letzten Beispiel wird ein thermoplastisches Elastomer gezeigt: Die harten PS-Blöcke bilden feste Phasen, die durch hochbewegliche Polybutadienketten verbunden sind.

In Tafel 5.35 wird die Chemie des Kettenabbruchs und das resultierende präparative Potenzial betrachtet.

Erläuterungen zu Tafel 5.35
In dem Beispiel wird das rotgefärbte, lebende Polystyrylanion mit unterschiedlichen Elektrophilen zur Reaktion gebracht, wobei sofort Entfärbung eintritt und die Polymerisationsfähigkeit beendet wird. Das lebende Ende wird somit quasi „ermordet".

Die Umsetzung mit CO_2 liefert ein Polymer mit Säureendgruppe. Dieses Polymer kann in Folgereaktionen an Polyester oder Polyamide angedockt werden, wodurch Blockcopolymere entstehen.

Das dritte Beispiel von oben zeigt die Verknüpfung zweier Ketten mit Cl–S–S–Cl unter Einbau einer entsprechenden Disulfidbrücke. Solche Disulfide lassen sich reduktiv spalten, was z. B. für die Entwicklung abbaubarer Polymere interessant ist.

Das vierte Bespiel zeigt allgemein, dass spezielle Endgruppen durch nucleophile Substitution eingebracht werden können. Solche Endgruppen können z. B. Farbstoffe, Haftvermittler für Grenzflächen oder auch ein UV-Absorber sein. Die Zugabe protischer Lösemittel führt durch H^+-Übertragung sofort zum Kettenabbruch. Das untere Beispiel illustriert die Vielfältigkeit der Endgruppenchemie bei der Anionik.

In Tafel 5.36 werden Hinweise auf Molmassen und Verteilungsfunktionen bei der Anionik gegeben.

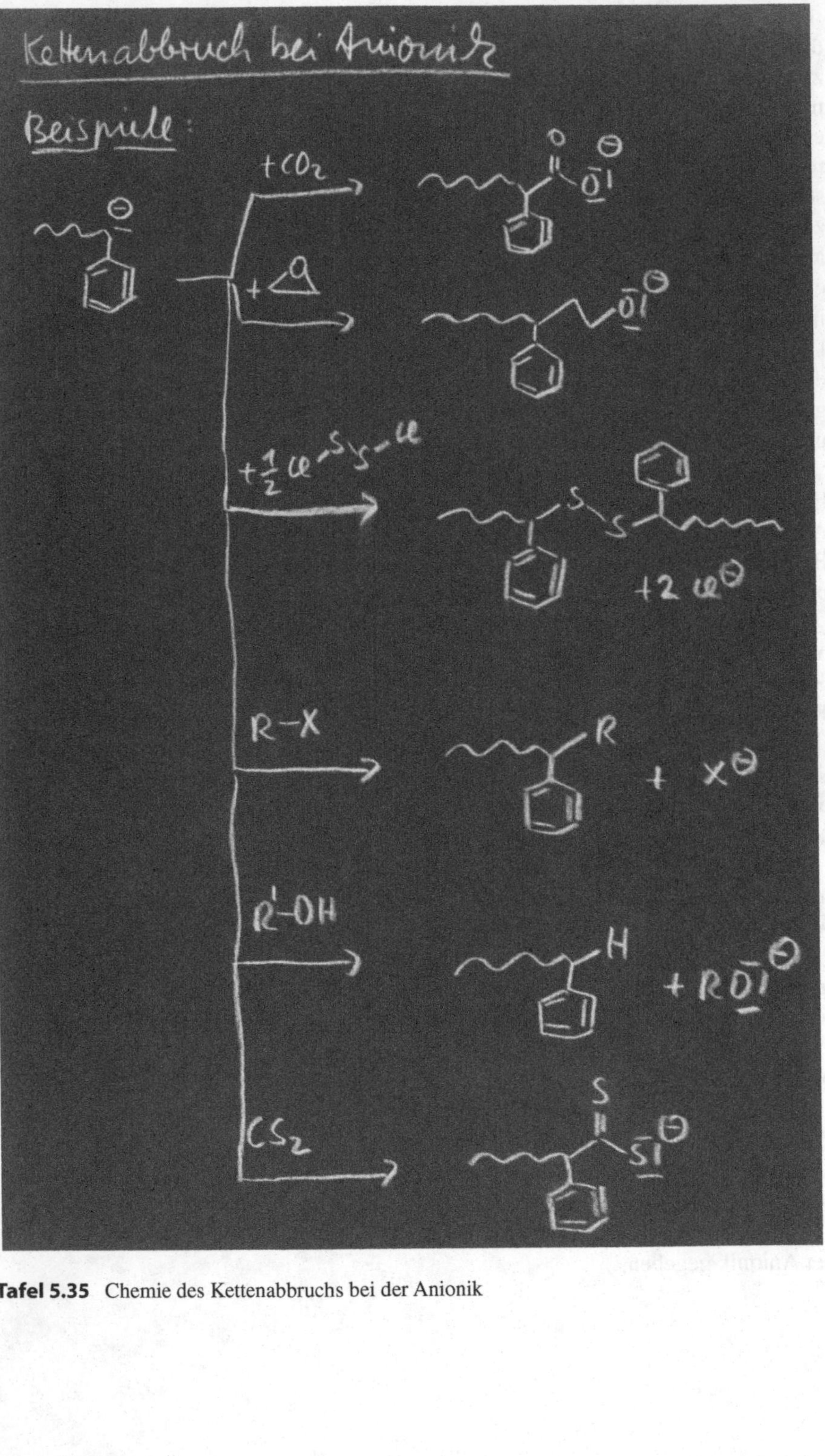

Tafel 5.35   Chemie des Kettenabbruchs bei der Anionik

Erläuterungen zu Tafel 5.36

Die Molmassen bei der Anionik ergeben sich durch einfache Berechnung: Sind in einem Volumenelement z. B. 1000 Monomere und zwei Anionen als Startermoleküle, dann resultiert ein mittlerer Polymerisationsgrad von $P_n = 500$. Im Gegensatz zur Radikalik findet hier kein Abbruch statt, und es bilden sich nicht laufend neue Startermoleküle. Die einfache Gleichung für P_n ist demnach anschaulich verständlich.

Die Molmassenverteilung bzw. Dispersität D ist bei der Anionik im Idealfall sehr eng bei ca. $D = 1$ und unterscheidet sich somit markant von der Dispersität bei der Radikalik ($D_{rad} = 1,5$ bis $D_{rad} = 2$; s. Tafel 5.36). Der Idealfall wird bei der Anionik allerdings nur dann annähernd erreicht, wenn eine sofortige und perfekte Durchmischung des Initiators mit dem überschüssigen Monomer erfolgt. Dies ist bei dem oben erwähnten Rohrreaktor technisch recht gut möglich.

In Tafel 5.37 wird auf die Taktizität bei der Anionik näher eingegangen.

Erläuterungen zu Tafel 5.37

Es wurde schon vor einigen Dekaden beobachtet, dass bei der anionischen Polymerisation von Methylmethacrylat isotaktisches PMMA in unpolaren Lösemitteln entsteht, während in relativ polaren Lösemitteln syndiotaktisches PMMA resultiert.

In Toluol als Lösemittel ist das Gegenion Li^+ direkt räumlich in der Nähe des wachsenden Kettenendes als Kontaktionenpaar und dirigiert somit die ankommenden Monomere in jeweils gleicher räumlicher Weise zum Anion. In THF als Lösemittel dagegen sind die Carbanionen frei, d. h. solvatgetrennt vom Li^+-Gegenion, sodass der sterisch günstigere isotaktische Kettenaufbau resultiert. Um den Effekt zu verstärken, sind Kronenether zur Komplexierung des Li^+-Ions verwendet worden. Auf die anionische Ringöffnung, z. B. von Oxiranen, wird hier nicht näher eingegangen.

Allgemein ist die praktische Anwendung der lebenden anionischen Vinylpolymerisation nicht so verbreitet, da höchste Anforderungen an die Reinheit der Substrate gestellt werden und sehr tiefe Temperaturen eingehalten werden müsse. Dies treibt die Kosten in die Höhe. Die Radikalik ist dagegen üblicherweise deutlich kostengünstiger und somit in der Praxis wesentlich bedeutungsvoller. Viele Strukturen, die bei der Anionik diskutiert wurden, lassen sich auch auf radikalischem Wege herstellen; beispielsweise können durch Verwendung funktionalisierter Mercaptanregler gezielt Polymerendgruppen erhalten werden.

Minitest 2

1. Welche Monomere lassen sich anionisch polymerisieren?
2. Wie kann man ein ABA-Triblock-Copolymer herstellen, das elastisch ist?
3. Wann ist ein AB-Blockcopolymer transparent?
4. Welche Monomertypen sind sowohl radikalisch als auch anionisch polymerisierbar?

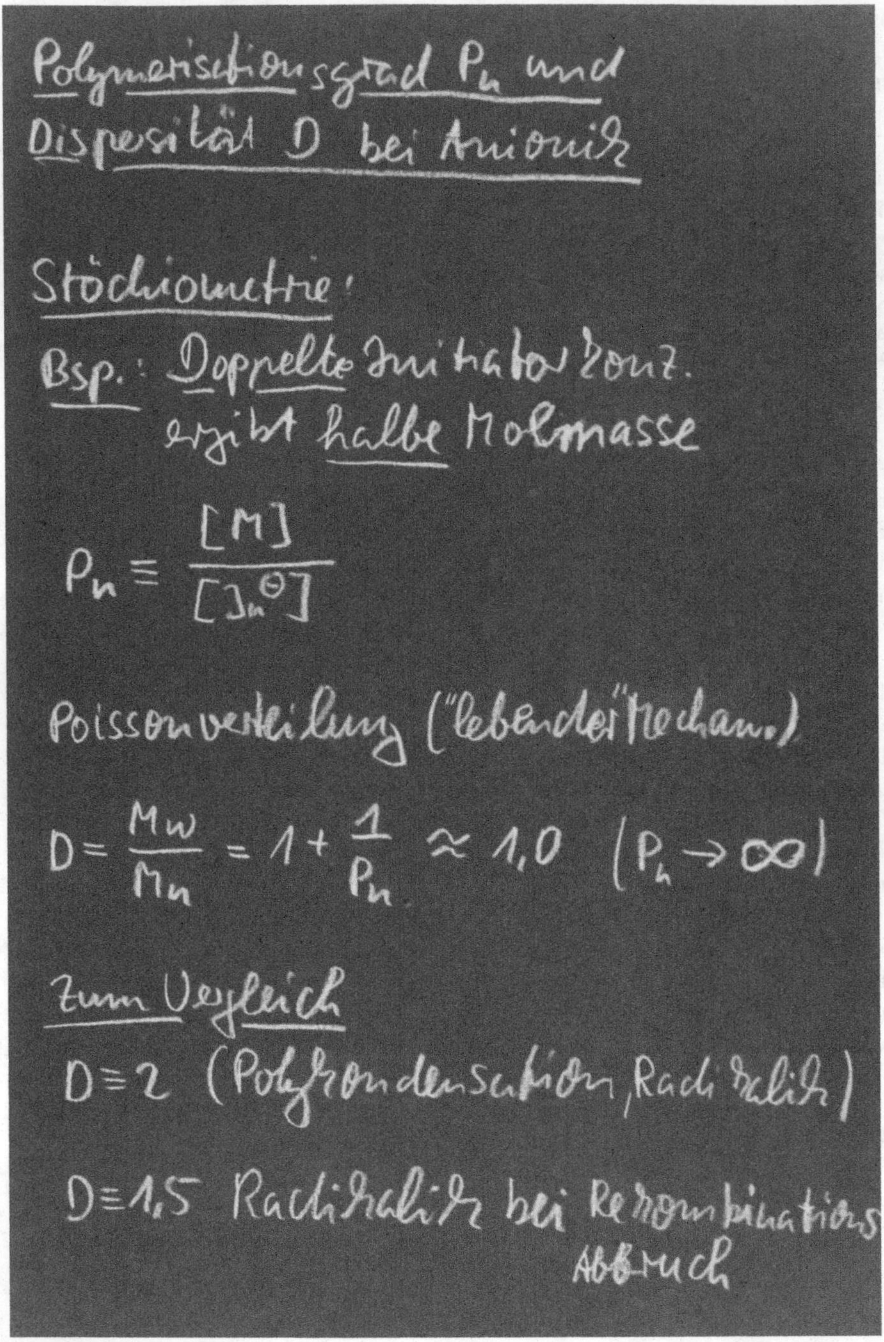

Polymerisationsgrad P_n und
Dispesität D bei Anionik

Stöchiometrie:

Bsp.: Doppelte Initiator Konz.
      ergibt halbe Molmasse

$$P_n \equiv \frac{[M]}{[J_n^\ominus]}$$

Poissonverteilung ("lebender" Mechan.)

$$D = \frac{M_w}{M_n} = 1 + \frac{1}{P_n} \approx 1{,}0 \quad (P_n \to \infty)$$

Zum Vergleich

$D \cong 2$ (Polykondensation, Radikalik)

$D \cong 1{,}5$ Radikalik bei Rekombinations Abbruch

Tafel 5.36 Molmassen und Verteilungsfunktionen bei der Anionik

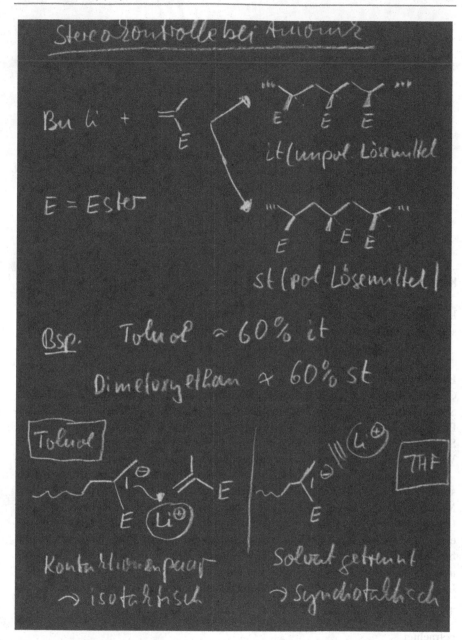

Tafel 5.37 Die polaritätskontrollierte Taktizität bei der Anionik

5. Wie lässt sich idealerweise feststellen, ob eine Polymerprobe radikalisch oder anionisch hergestellt wurde?
6. Schlagen Sie eine Schutzgruppe für Methacrylsäuren vor, die eine anionische Polymerisation ermöglichen.
7. Wie lassen sich Disulfide in die Mitte einer Polymethacrylsäurekette einbauen?
8. Beschreiben Sie Wege zur anionischen Polymerisation von 2-Hydroxypropylmethacrylat.
9. Wie kann man isotaktische Polymethacrylsäure mit einer Hydroxyethylendgruppe herstellen, und welche Kettenstrukturen bilden sich, wenn jede diese OH-Endgruppen mit einer der freien Säuregruppen verestert werden?
10. Diskutieren Sie, warum die Anionik in der Industrie klar weniger bedeutsam ist als die Radikalik.

Kationische Polymerisation

Im Folgenden wird auf die praktisch relevante kationische Vinylpolymerisation sowie auf die ringöffnende Polymerisation eingegangen.

In Tafel 5.38 sind einige Initiatoren für die Kationik aufgeführt.

Erläuterungen zu Tafel 5.38
Grundsätzlich wird die kationische Polymerisation durch Protonen bzw. Lewis-Säuren initiiert. Allerdings können auch Oniumsalze sowie die unten aufgeführten Photoinitiatoren, die durch UV-Belichtung Protonen freisetzen, interessant sein. Sehr häufig reagieren die Lewis-Säure und Oniumsalze mit Spuren von restlichem Wasser, sodass auch hier Protonen die eigentlichen Initiatoren darstellen.

Besonders interessant für die Praxis ist der aufgezeigte Photoinitiator: Beispielsweise wird die Kationik in der Drucktechnik benutzt, um ortskontrolliert Material (Präpolymere, Monomere) mit polymerisierbaren Resten auf der Oberfläche der Druckplatte chemisch zu vernetzen. Trifft der Lichtstrahl auf eine gleichmäßig mit Präpolymeren beschichtete Platte, dann wird nur an der belichteten Stelle durch kationische Polymerisation ein unlösliches Netzwerk aufgebaut. Der unbelichtete Teil der Druckplatte lässt sich leicht durch geeignete Lösemittel entfernen. Allerdings muss dies sofort geschehen, da oft eine gewisse „Dunkelreaktion" festgestellt wird.

In Tafel 5.39 wird die kationische Polymerisation am Beispiel von Styrol näher betrachtet.

Erläuterungen zu Tafel 5.39
Ein klassischer Versuch besteht darin, dass man zu 5 ml reinem Styrol einige Tropfen an konzentrierter Schwefelsäure zufügt. Unmittelbar danach findet unter starkem Erhitzen Polymerisation statt, und es resultiert ein festes, glasartiges Polystyrolmaterial. Dieses enthält noch restliches Styrol, das einen starken Geruch verursacht.

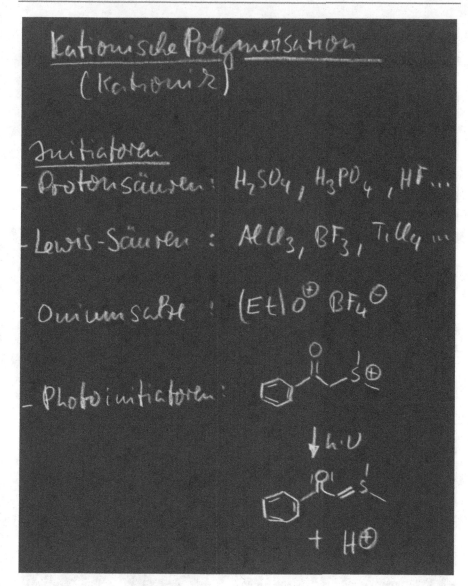

Tafel 5.38 Initiatoren für die Kationik

Oben in Tafel 5.39 wird gezeigt, wie sich ein Proton an die Doppelbindung von Styrol anlagert, wobei ein Benzylkation resultiert, das durch Mesomerie stabilisiert ist. Dieses Kation kann in schnellen Reaktionsabläufen mit weiterem Styrol reagieren, wobei die Kette aufgebaut wird. Ein möglicher Abbruch des Kettenwachstums besteht darin, dass am Ende ein Proton unter Bildung einer Doppelbindung freigesetzt wird, und dieses Proton wieder eine neue Kette im Sinne einer Übertragungsreaktion startet. Ein dominierender Abbruch erfolgt jedoch durch nucleophilen Angriff von Fremdstoffen. Dies sind oft Spuren von

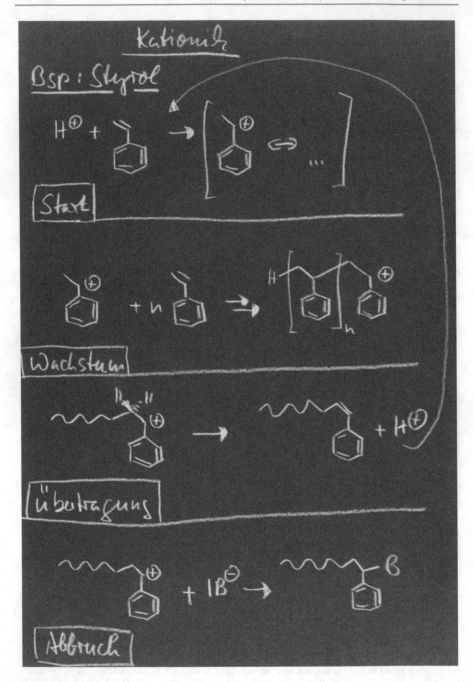

Tafel 5.39 Kationische Polymerisation von Styrol

Wasser, die am benzylischen Ende der Kette angreifen und damit auch ein Starter-proton freisetzen. Wegen dieser vielen Möglichkeiten an Nebenreaktionen verläuft die Kationik nicht so einheitlich wie die Anionik, sodass hier oftmals deutlich größere Dispersitäten gefunden werden.

Die kationische Polymerisation von Isobutylen spielt in der Praxis eine große Rolle. Dieses Monomer wird aus der C_4-Fraktion bei der Erdölzersetzung in großem Umfange gewonnen. In Tafel 5.40 wird beispielhaft die kationische Poly-merisation vor 3-Methylbuten, einem Monomer aus der C_5-Fraktion, vorgestellt. Hier finden eine Polymerisation und Isomerisierung durch Hydridwanderung statt, wodurch eine Stabilisierung der Carbokationen resultiert.

Erläuterung zu Tafel 5.40
In dieser Tafel werden zwei Reaktionsmechanismen miteinander verglichen. Im oberen wird die kationische Polymerisation von 3-Methyl-1-buten gezeigt, die

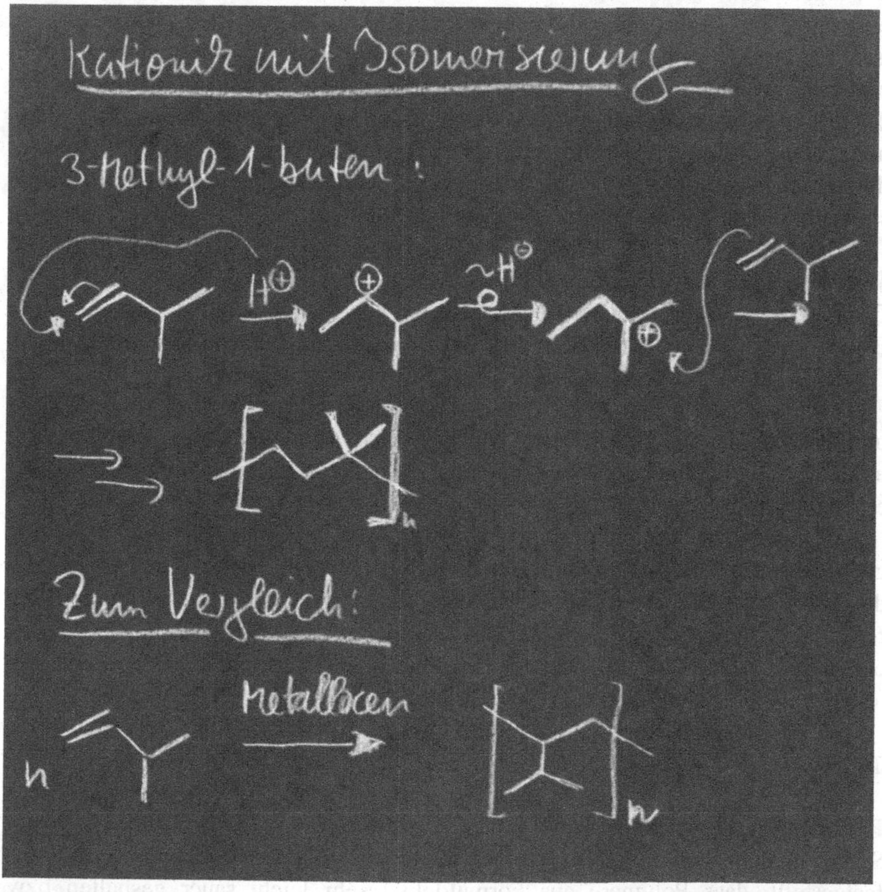

Tafel 5.40 Kationische Polymerisation vor 3-Methylbuten

stufenweise unter Hydridumlagerung erfolgt. Dadurch entstehen aus den zuerst gebildeten sekundären Carbeniumionen die stabileren, tertiären Kationen. Es entsteht schließlich ein isomerisiertes Polymer mit drei C-Atomen in der Wiederholungseinheit und mit zwei Methylgruppen am quartären C-Atom. Verwendet man zum Vergleich dasselbe Monomer und führt eine Polyinsertion mit einem Metallocenkatalysator durch (Wie wird THF industriell hergestellt?), so wird das erwartete Poly(1-isopropyl-ethen) gebildet.

In Tafel 5.41 wird auf die praktisch wichtige Ringöffnungspolymerisation der cyclischen Ether THF und Trioxan eingegangen.

Erläuterungen zu Tafel 5.41
Der elektrophile Angriff eines Kations R$^+$ an das freie Elektronenpaar des Ethersauerstoffs von Tetrahydrofuran (THF) in Gegenwart des *nichtnucleophilen* Gegenions BF$_4$– führt dazu, dass das benachbarte C-Atom neben dem Sauerstoff positiviert wird. Dies schafft die Voraussetzung für den nucleophilen Angriff des Sauerstoffs eines weiteren THF-Moleküls, wodurch letztlich stufenweise eine Poly-THF-Kette mit relativ niedriger Molmasse resultiert. Üblicherweise ist diese Polymerisation nämlich Schritt für Schritt reversibel und oberhalb einer bestimmten Temperatur gar nicht mehr möglich. Diese maximale Temperatur, bei der das Gleichgewicht fast zu ca. 100 % auf der Seite des monomeren THF liegt, nennt man „ceiling temperature" (T$_c$). Ein allgemeiner Hinweis dazu: Aus thermodynamischen Gründen wird die Spaltung größerer Moleküle in kleinere Bruchstücke immer durch Temperaturerhöhung beschleunigt.

Wie wird THF industriell hergestellt?
Der klassische Weg ist die zweifache Addition von Formaldehyd an Acetylen unter Bildung von 1,4-Dihydroxy-2-butin, das erst zu 1,4-Butandiol reduziert wird. Dieses Butandiol lässt sich sauerkatalysiert zu THF cyclisieren.

Die Verwendung von Poly-THF ist für die Herstellung von weichen Polyurethanschäumen essenziell. Matratzen aus solchen Polyurethanen, die meist nur unter 10 % an Urethankomponenten enthalten, werden im Volksmund auch „Polyethermatratzen" genannt.

Das zweite technisch wichtige Beispiel der kationischen Polymerisation cyclischer Ether ist im unteren Teil der Tafel gezeigt: Hier dient Trioxan, das durch Cyclotrimerisierung aus Formaldehyd hergestellt wird, als Monomer. Das resultierende Polyoxymethylen (POM) kristallisiert zu ca. 80 % (T$_m$ = 175 °C) und eignet sich daher sehr gut zur Herstellung von mechanisch stabilen Präzisionsteilen wie z. B. Schalthebeln im Auto, Zahnrädern oder Steckverbindungen.

Das Problem der Rückspaltung von POM zu Formaldehyd ist Gegenstand von Tafel 5.42.

Erläuterungen zu Tafel 5.42
Schon in den Anfängen der Polymerchemie wurde durch Hermann Staudinger festgestellt, dass Polymere aus Formaldehyd sehr leicht sauer gespalten bzw. abgebaut werden. Durch Bestimmung der Abbaukinetik erkannte man, dass die

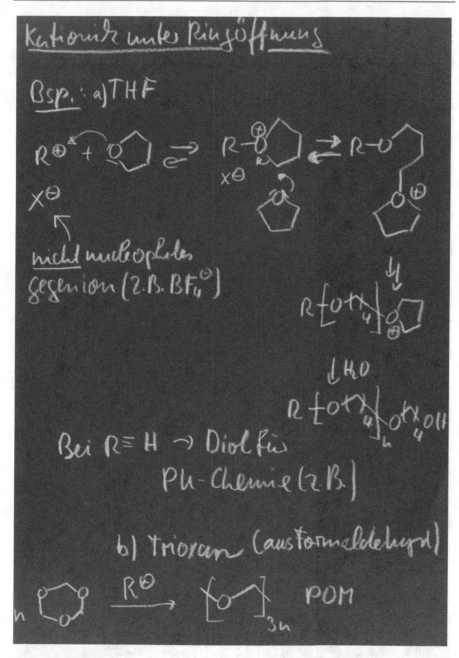

Tafel 5.41   Ringöffnungspolymerisation von THF und Trioxan

Molmasse zunächst langsam geringer wird und erst gegen Ende stark abbaut. Dies lässt auf einen *Reißverschlussmechanismus* (engl. „unzipping mechanism") schließen. Fände nämlich ein statistischer Abbau statt, dann würden die ersten Abbaureaktionen im Mittel jeweils eine Halbierung der Kette bewirken.

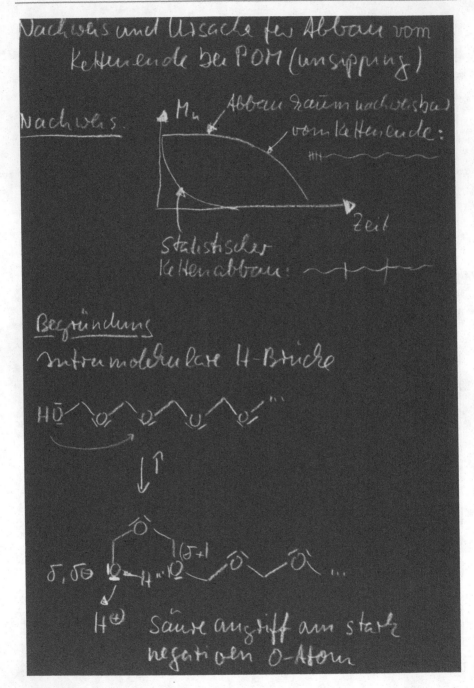

Tafel 5.42 Rückspaltung von POM zu Formaldehyd vom Kettenende

Warum erfolgt der POM-Abbau vom Kettenende her?

Tafel 5.42 liefert im unteren Teil eine plausible Erklärung dahingehend, dass die endständige OH-Gruppe in einem bevorzugten sechsgliedrigen Übergangsmechanismus zu einer starken Erhöhung der Elektronendichte des endständigen Sauerstoffs führt. Somit ist der Angriff eines Wasserstoffions speziell an diesem Sauerstoff leicht möglich, was direkt zur Abspaltung von endständigem Formaldehyd führt.

Neben der intramolekularen Endgruppenaktivierung kann dies auch durch intermolekulare Wechselwirkung im festen Zustand erfolgen, wie in Tafel 5.43 kurz dargestellt wird.

Erläuterungen zu Tafel 5.43

Auch durch die wahrscheinliche Bildung der intermolekularen H-Brücken wird ausschließlich das endständige O-Atom stark negativiert und kann daher in der Folge leicht protoniert werden. Der nachfolgende Abbau durch Freisetzung von Formaldehyd ist Gegenstand von Tafel 5.44.

Erläuterungen zu Tafel 5.44

Die besondere Basizität der endständigen OH-Gruppe durch Bildung von H-Brücken wurde bereits in Tafel 5.42 bzw. Tafel 5.43 erläutert. Nach Protonierung und Freisetzung eines Wassermoleküls bildet sich ein Carbeniumion, das durch die benachbarten freien Elektronenpaare des Sauerstoffs stabilisiert wird. Allerdings kann bei erhöhter Temperatur ein Molekül Formaldehyd leicht freigesetzt werden, wodurch ein neues Carbeniumion entsteht, das ebenfalls Formaldehyd freisetzt. Somit findet ein rascher Abbau nur vom Kettenende aus statt. Zwei praktikable Möglichkeiten zur Stabilisierung dieser POM-Produkte werden in Tafel 5.45 aufgeführt.

Erläuterungen zu Tafel 5.45

Paraformaldehyd, eine oligomere Vorstufe des Polyoxymethylens, war wegen der oben erwähnten Abbaureaktion viele Jahre als Werkstoff nicht zu gebrauchen. Erst

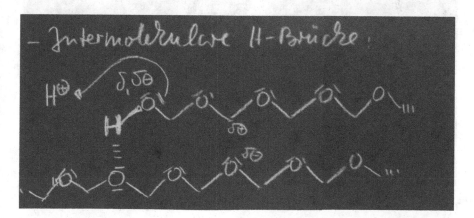

Tafel 5.43 Endgruppenaktivierung von POM durch intermolekulare Wechselwirkung im festen Zustand

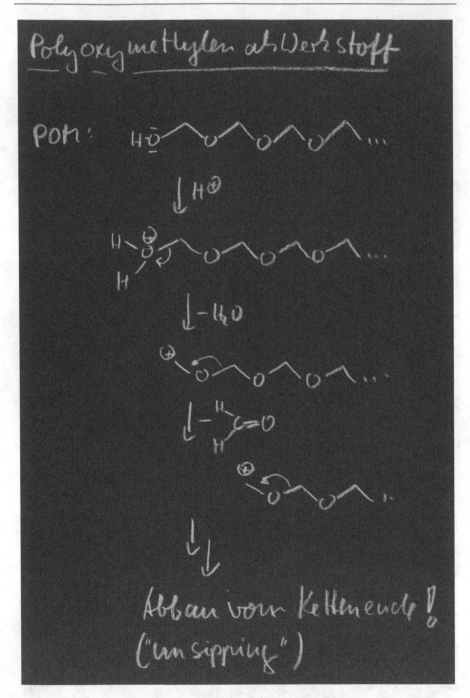

Tafel 5.44 Abbaumechanismus von POM nach dem Reißverschlussprinzip („unzipping")

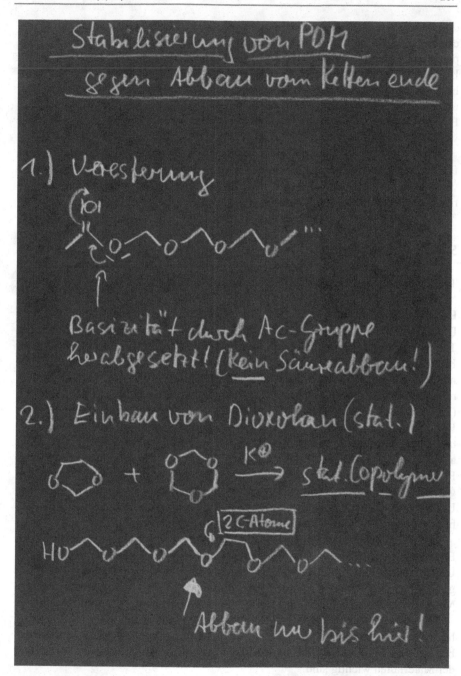

Tafel 5.45 Stabilisierung von POM gegen Abbau vom Kettenende

durch die Veresterung der Endgruppe, von der aus der Abbau stattfindet, gelang es, ein in der Praxis brauchbares Material herzustellen. Da dies in den USA patentrechtlich geschützt worden war, bestand die Aufgabe bei den Farbwerken Hoechst darin, eine Alternative zu finden. Tatsächlich gelang es durch den Einbau von einigen Ethyleneinheiten in die Kette (siehe Teil 2 von Tafel 5.45), den unvermeidlichen Abbau an dieser statistisch eingebauten Einheit zu stoppen. Diese Ethyleneinheiten basieren auf 1,3-Dioxolan, das neben Trioxan als Comonomer verwendet wurde.

Auch wenn das große Gebiet der kationischen Polymerisation in diesem einführenden Buch „Makromolekulare Chemie 1" nicht erschöpfend behandelt werden kann, soll in Abschn. 5.4 nun als letzte technisch sehr wichtige Polyreaktion noch auf die Polyinsertion eingegangen werden.

5.4   Polyinsertion

Tafel 5.46 zeigt den klassischen Vier-Zentren-Mechanismus bei der Polyinsertion.

Erläuterungen zu Tafel 5.46

Die *Polyinsertion* basiert auf einer Zufallsentdeckung. Beim Experimentieren mit Titankomplexen fanden Karl Ziegler und Mitarbeiter am Max-Planck-Institut für Kohleforschung in Mülheim, dass beim drucklosen Einleiten von Ethen, das als möglicher Ligand für das Titan-Zentralatom vorgesehen war, ein farbloses Pulver resultierte. Dieses Produkt erwies sich als hochmolekulares, lineares Polyethylen (PE). Das Besondere daran war, dass dieses PE aufgrund seiner streng linearen Kettenstruktur eine höhere Dichte aufwies als das radikalisch hergestellte kurz- und langkettenverzweigte PE. Das durch Polyinsertion hergestellte PE wird daher auch HDPE („high density polyethylene") genannt. Das radikalisch gewonnene PE ist dagegen ein LDPE („low density polyethylene"). Es ist in letzter Zeit gelungen, durch Verwendung verbesserter Metallocenkatalysatoren auch ein UHMW-PE („ultra high molecular weight polyethylene") herzustellen, das insbesondere zur Produktion von z. B. Hüftgelenkprothesen geeignet ist.

In Tafel 5.46 wird oben allgemein die Vier-Zentren-Insertion der ankommenden Ethenmonomere zwischen dem Metallatom und der wachsenden Kette dargestellt. Unten ist ein aktuelles Beispiel für einen chiralen Metallocenkatalysator aufgeführt, der sich auf einem Methylaluminiumoxid-(MAO-)Träger befindet. Dieser MAO-Träger hat sich allgemein bei fast allen Metallocenkatalysatoren bewährt.

Die chirale Struktur des Katalysators ist bedeutsam, wenn es um die Bildung hochgradig taktischer Polypropylenketten geht. Je sauberer die Taktizität, desto besser können sich Kristallite bilden, die für die Mechanik und Thermostabilität der Materialien wichtig sind.

In der letzten Tafel in diesem Buch wird die Synthese eines Metallocens beispielhaft dargestellt und noch ein praktisches Beispiel für transparente Polyolefine geliefert.

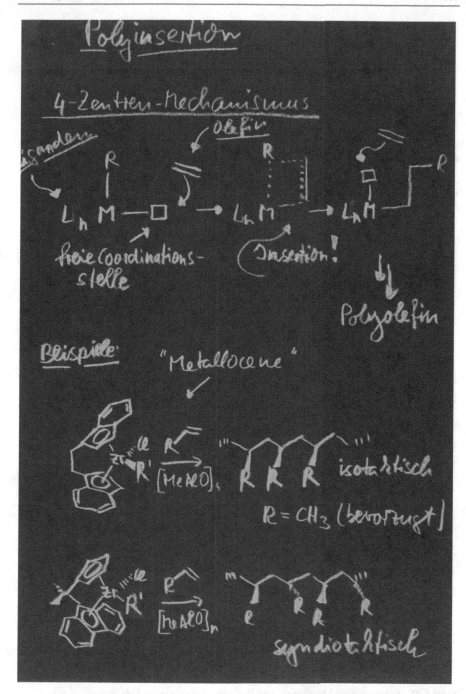

Tafel 5.46 Klassischer Vier-Zentren-Mechanismus bei der Polyinsertion

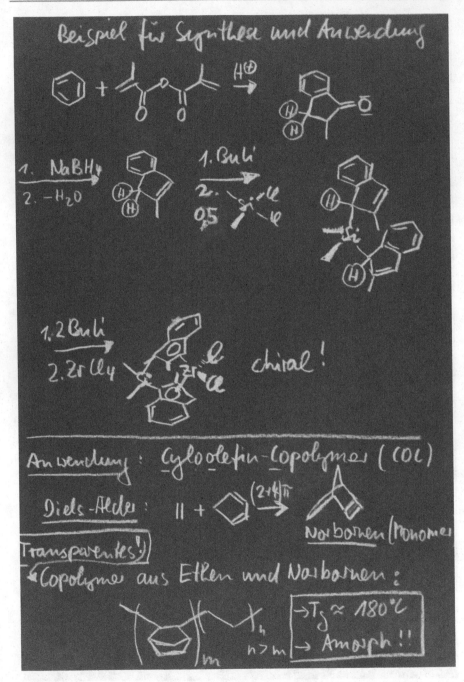

Tafel 5.47 Synthese eines Metallocens und Beispiel für transparente Polyolefine

Erläuterung zu Tafel 5.47

Der chirale Metallocenkatalysator wird durch eine einfache Reaktionsfolge aufgebaut. Nach Friedel-Crafts-Acylierung von Benzol mit Methacrylsäureanhydrid, Cyclisierung und reduktiver Eliminierung wird ein Proton mittels Butyllithium abgespalten. Dadurch resultiert ein aromatisches Nucleophil, das mit Dimethyldichlorsilan zu dem zweizähnigen Liganden für Zirkon reagiert.

Im unteren Teil der Tafel ist ein Beispiel für die Herstellung transparenter Polyolefine gezeigt. Das durch Diels-Alder-Reaktion aus Ethen und Cyclopentadien gewonnene Norbornen ist als Comonomer für die Ethenpolymerisation geeignet. Durch die sperrigen Seitengruppen ist die Tendenz zur Kristallisation der PE-Ketten sterisch vollkommen unterbunden, was eine perfekte Transparenz zur Folge hat. In einem solchen amorphen Material existieren demnach keinerlei optische Streuzentren, die den Lichtstrahl beeinträchtigen würden. Durch die starre Struktur der 1,2-verknüpften bicyclischen Komponente wird die Polymerkette unbeweglicher, was eine relativ hohe Glasübergangstemperatur von ca. 180 °C bewirkt.

Weiterhin soll nicht unerwähnt bleiben, dass es spezielle Metallocenkatalysatoren gibt, die es erlauben, außer den klassischen unpolaren Monomeren wie Ethen, Propen, 1-Olefin, Butadien oder Isopren auch (Meth-)Acrylate zu polymerisieren.

Dieser volkswirtschaftlich bedeutsame Teil der Polyreaktion wurde relativ kurz abgehandelt. Viele Details und Erkenntnisse zu diesem Thema sind in Patenten verborgen bzw. Teil des Wissens der Hersteller.

Minitest 3

1. Welche Monomere lassen sich kationisch polymerisieren?
2. Welches Monomer lässt sich radikalisch, anionisch, kationisch und durch Metallocene polymerisieren? Bitte geben Sie eine kurze Begründung.
3. Begründen Sie die hervorragenden mechanischen Eigenschaften von POM.
4. Wie verläuft der Kettenabbau von Polyoxymethylen? Begründung und Nachweis.
5. Was bedeutet die „ceiling temperature" T_c?
6. Wie wird THF technisch hergestellt, und wie lässt es sich ringöffnend polymerisieren?
7. Welche Anwendung findet Poly-THF?
8. Wie lässt sich ein vollkommen transparenter Kohlenwasserstoff (COC) herstellen?
9. Welcher Träger wird bei der Olefinpolymerisation benutzt?
10. Beschreiben Sie den Vier-Zentren-Mechanismus.
11. Wie lässt sich Propen zu hochmolekularen Produkten polymerisieren?
12. Wie kann man durch Polyinsertion von Ethen ein PE herstellen, das Butylseitenketten aufweist? Welches Comonomer wird dazu benötigt?

Kurzes Schlusswort

6

Sie haben sich bis zu dieser Stelle des Buches durchgearbeitet. Sie haben meine von Hand geschriebenen Formeln und Texte in den Tafeln entziffert und die Erläuterungen dazu studiert. Schließlich haben Sie die Fragen in den „Minitests" am Ende der einzelnen Abschnitte mithilfe der Erläuterungen in diesem Buch beantwortet. Das ist prima.

Sie haben hiermit wesentliche Grundlagen der präparativen Polymerchemie erlernt und können das erworbene Wissen zur Planung wissenschaftlicher und praktischer Entwicklungen nutzen.

Sie haben wichtige Zusammenhänge zwischen chemischen Strukturen der Polymeren und deren physikalischen Eigenschaften grundsätzlich kennengelernt und können somit einige Vorhersagen treffen. Durch die genannten Beispiele zur Herstellung der Grundchemikalien für die Kunststoff-Produktion aus Kohle, Erdöl oder Biomasse konnten Sie ein Gespür für Marktpreise entwickeln. Sie mussten auch erkennen, dass das große Thema „Makromolekulare Chemie" an dieser Stelle überhaupt nicht abgeschlossen sein kann. Daher soll bzw. muss es eine Fortsetzung geben. Ein weiterer Band „Makromoleküle 2" ist bereits fest eingeplant und soll voraussichtlich 2019 erscheinen.

Diese zweite Band wird spezielle Monomerstrukturen und Polyreaktionen aufzeigen, die teilweise neu und teilweise vergessen wurden. Klassische Polyreaktionen in zweiphasigen Medien werden behandelt. Es werden darüber hinaus in breitem Umfang wissenschaftlich und technisch wichtige Reaktionen an Polymeren beschrieben. Dazu wird z. B. die Peptid-Synthese nach Merrifield unter Einbeziehung von Mikrowellen Reaktoren sowie die Oligonucleotid Synthese behandelt. Schließlich werden Besonderheiten im Kunststoff-Bereich hervorgehoben, wie z. B. Hochleistungsmaterialien im Faserbereich, Membranen für die Meerwasser-Entsalzung, Zahnfüllmassen, Intraoccularlinsen, Hohlfasern für künstliche Nieren sowie Materialien die Optoelektronik und Speichertechnik. Es werden auch Superabsorber behandelt, die heute eine große Rolle in der Pflege erlangt haben.

© Springer-Verlag GmbH Deutschland, ein Teil von Springer Nature 2018
H. Ritter, *Makromoleküle I,* https://doi.org/10.1007/978-3-662-55956-7_6

Sachverzeichnis

A

AB$_2$-Monomer, 97
Abbau, statistischer, 203
Abbaukinetik, 202
Abbaumechanismus von POM nach
    Reißverschlussprinzip, 206
Abbruchreaktion, 145
Abbruchsgeschwindigkeit, 171
Absolutmethode, 40
AB-Typ-Monomer, 110
Aceton, 15, 93
Acetonchemie, 134
Acetylen, 141
Acrolein, 128
Acrylfaser, 15
Acrylglas, 5
Acrylnitril, 18
Additions-Eliminierungs-Mechanismus
    (AE-Mechanismus), 100
Additiv, 3
    für Reifen, 3
Adipinsäure, 112
AH-Salz, 110
AIBN s. Azoinitiator
Alkydharz, 96, 97
    ölmodifiziertes, 97
    ölsäuremodifiziertes, 98
Alkydsystem, ölmodifiziertes, 96
Alkylierungsreaktion, 128
Allylradikal, 163
Allyl-Si-H-Vernetzungsreaktion, 126
Amin, tertiäres, 135
Aluminiumfolie, 137
Aminocapronsäure, 110
Aminogruppe, 130
Aminosäure, 77, 114
    cyclokondensierte, 114
Aminosäuresequenz, 114
Aminoundecansäure, 113
Ammonoxidation, 15, 18

Anhydrid, 130
    cyclisches, 104
Anilin, 134
Anion, 151
Anionik, 189, 195, 196
    Taktizität, 197
Anordnung
    ataktische, 29
    helikale, 32
    isotaktische, 29
    syndiotaktische, 29
Antistatika, 9
Äquivalenz, 107
Aramid, 7, 114–116
    kettensteifes, 114
Aramidmaterial, 118
Armin, elektronenreiches, 151
Aromat, elektronenarmer, 100
Atomabstand im Gitter, 70
Atomradius, 124
Ausfälle, 48
Autoklav, 110
Autoreifen, 59
Avogadrozahl, 40
Azeotrop, 177, 178
Azoinitiator (AIBN), 149

B

Baekeland, L.H., 4
Bakelit, 4
BASF, 5
Bayer AG in Krefeld-Uerdingen, 7
Bayer, O., 6
Beeinflussung von T_g, 60
Benzol, 112
Benzylradikal, 157
Bestrahlung, 148
Bindung der Vinylgruppe, 145

© Springer-Verlag GmbH Deutschland, ein Teil von Springer Nature 2018
H. Ritter, *Makromoleküle I*, https://doi.org/10.1007/978-3-662-55956-7

Printed in the United States
By Bookmasters